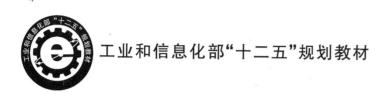

工业和信息化部"十二五"规划教材

人体工效学

主　编　丁　立
副主编　柳忠起　李　艳

北京航空航天大学出版社

内容简介

随着社会的不断进步,工效已经逐步深入人们生活的各个方面。作为生物医学工程一个重要的研究方向,本书针对生物医学工程的医学和工程双重背景,将医学和工程有机结合,阐述了人体工效学所涉及的基本知识、基本原理和研究方法。全书共分8章,分别介绍人体工效的发展概况、人体测量、人的特性、人-机关系、人-环关系、工作负荷、工效学评价方法和典型工效学问题等。书中配有典型工效学问题和思考题,侧重运用基本人体工效学知识去解决工程和实际生活中的工效问题。

本书可作为生物医学工程专业、航空航天工效学专业学生的教材,也可为生物医学工程设备、航空航天个体防护装备设计人员、管理人员和工程技术人员提供参考。

图书在版编目(CIP)数据

人体工效学/丁立主编. -- 北京:北京航空航天大学出版社,2016.5

ISBN 978-7-5124-2116-5

Ⅰ.①人… Ⅱ.①丁… Ⅲ.①工效学—高等学校—教材 Ⅳ.①TB18

中国版本图书馆CIP数据核字(2016)第095214号

版权所有,侵权必究。

人体工效学

主　编　丁　立

副主编　柳忠起　李　艳

责任编辑　王　实

*

北京航空航天大学出版社出版发行

北京市海淀区学院路37号(邮编100191)　http://www.buaapress.com.cn
发行部电话:(010)82317024　传真:(010)82328026
读者信箱:goodtextbook@126.com　邮购电话:(010)82316936

北京兴华昌盛印刷有限公司印装　各地书店经销

*

开本:787×1 092　1/16　印张:13　字数:333千字
2016年5月第1版　2016年5月第1次印刷　印数:2 000册
ISBN 978-7-5124-2116-5　定价:39.00元

若本书有倒页、脱页、缺页等印装质量问题,请与本社发行部联系调换。联系电话:(010)82317024

前　言

　　生物医学工程是近年来发展非常迅速的交叉学科,人体工效学是其中一个重要的研究方向,国外已有多所大学的生物医学工程专业将人体工效学列为必修或选修课程。而在我国生物医学工程专业领域,这门学科的发展相对滞后。为适应生物医学工程专业快速发展的需要,本教材针对生物医学工程专业学生医工结合的特点,侧重介绍了人的基本特性、人与机器交互时的人体能力、环境对人的影响、工效评价方法中人的生理参数测试等内容,力图使教材知识体系中人的能力和工效评价达到较好的平衡。

　　为了系统地在教材中向该专业的人员介绍人体工效学的基本理论、基本方法和应用设计等方面的知识,编者以人、人-机、人-环为主线来安排教材的内容和章节。全书共分8章。第1章为导论,介绍人体工效学的基本定义、发展史、研究内容和主要研究方法。第2章和第3章为人体测量及人的能力和特性,第2章侧重于介绍与工效学相关的主要的人体测量方法、测量工具、人体数据处理方法、人体基本参数,以及人体生理数据在各行业的工效学应用;第3章侧重于介绍与工效学相关的眼、耳、皮肤、前庭等感知觉器官接收外界信息的能力,大脑进行信息综合处理的能力和人体运动系统、语言、眼动等的执行能力。第4章为人与机器的关系,通过人与机器的各种能力比较,介绍人-机工效分配的基本原则、分配依据,探讨人如何适应机器、人-机界面设计等的基本原理和方法,并结合一些具体实例来说明人与机器的关系。第5章为人与环境的关系,介绍高低温、低压缺氧、失重、超重、光照和噪声等各种环境对人的机能、作业工效的影响及相关防护措施。第6章为工作负荷,介绍工作负荷的基本定义、体力和脑力负荷的界定,以及相关的生理机理、测量方法、评价方法和预测方法。第7章为工效学评价方法,系统地分析工效学评价方法的基本原则和评价步骤,结合实例介绍动作分析法、问卷调查法、连接分析、检查表法、环境指数法、海洛德分析评价法、德尔斐法和模糊综合评价法等现今常用的工效学评价方法的原理和应用范围。第8章为典型工效学问题,以航空和航天的典型工况为例,分别从仿真和试验的角度介绍4个典型的工效学研究实例,力图使读者能够系统了解工效学的评价方法。

　　鉴于工效学是一门应用性很强的学科,本书力求理论与实际并重;尽量介绍得简明扼要、条理清晰、深入浅出,并紧密结合工程实际。作者根据多年从事工效学教学的经验,在每章开始给出概要的探索问题,帮助读者了解该章节所要阐述的内容,掌握研究要点。在每章最后又都针对性地提出了思考题,这对学生的创新思维能力和工程素质的培养都能起到积极的作用。此外,为了帮助读者了解更多相关的内容，作者还给出了推荐读物目录，供有兴趣的读者选读。

  本教材由丁立任主编，柳忠起、李艳任副主编。第1章和第8章由丁立编写，第2章由叶青编写，第3章由李艳编写，第4章由李先学编写，第5章由田寅生编写，第6章和第7章由柳忠起编写，全书由丁立统稿。本书在编写过程中，参考了大量国内外文献资料和兄弟院校的有关教材，在此谨对原作者深表谢意。

  由于编者水平有限，书中不足之处，敬请读者批评指正。

编 者
2016年4月于北京航空航天大学

目 录

第1章 导 论 ... 1
1.1 人体工效学的定义 ... 1
1.2 人体工效学的发展历史 ... 2
1.3 研究内容 ... 7
1.4 研究方法 ... 9
本章小结 ... 13
思考题 ... 13
参考文献 ... 15

第2章 人体测量 ... 16
2.1 概 述 ... 16
2.2 人体尺寸及结构参数 ... 18
2.2.1 人体尺寸 ... 18
2.2.2 结构参数 ... 26
2.3 人体测量方法和仪器 ... 28
2.3.1 人体测量方法 ... 28
2.3.2 人体测量仪器 ... 33
2.4 数据处理方法 ... 39
2.5 人体测量数据的应用 ... 42
本章小结 ... 46
思考题 ... 46
参考文献 ... 47

第3章 人的能力和特性 ... 48
3.1 概 述 ... 48
3.2 人的能力 ... 49
3.2.1 信息接收 ... 49
3.2.2 信息处理 ... 62
3.2.3 命令执行 ... 65
3.3 人的特性 ... 67
本章小结 ... 69
思考题 ... 69

| 参考文献 | 70 |

第4章 人与机器的关系 ... 72

- 4.1 人-机系统概述 ... 72
- 4.2 人机功能分配 ... 76
  - 4.2.1 人与机器的功能比较 ... 76
  - 4.2.2 人机功能分配原则 ... 78
  - 4.2.3 人机功能分配方法 ... 79
  - 4.2.4 人机功能分配依据 ... 84
- 4.3 人-机系统设计 ... 85
  - 4.3.1 飞行员头盔工效学设计 ... 85
  - 4.3.2 舱外航天服手套工效学设计 ... 86
  - 4.3.3 人-机系统设计仿真 ... 87
- 4.4 人-机界面设计 ... 89
  - 4.4.1 概述 ... 89
  - 4.4.2 显示装置设计 ... 90
  - 4.4.3 控制装置设计 ... 93
  - 4.4.4 人-机界面评价方法 ... 95
  - 4.4.5 人-机界面发展趋势 ... 95
- 本章小结 ... 96
- 思考题 ... 96
- 参考文献 ... 97

第5章 人与环境的关系 ... 99

- 5.1 温度 ... 99
  - 5.1.1 航空航天环境中温度对工效的影响 ... 100
  - 5.1.2 人体的热调控机制 ... 102
  - 5.1.3 典型人体温度实验介绍 ... 104
  - 5.1.4 温度的监控方法 ... 106
- 5.2 低压缺氧 ... 107
  - 5.2.1 压力对生理的意义 ... 107
  - 5.2.2 航空航天环境中的低压和缺氧现象 ... 108
  - 5.2.3 低压情况下的工效学问题 ... 108
  - 5.2.4 低压的防护措施及其产生的工效问题 ... 109
- 5.3 重力 ... 111
  - 5.3.1 超重的生理影响 ... 111
  - 5.3.2 失重的生理影响 ... 112
  - 5.3.3 超重对工效的影响和解决措施 ... 113
  - 5.3.4 失重对工效的影响和解决措施 ... 113

| 5.3.5　个体防护装备的工效性问题 ……………………………………………… 114
| 5.4　光　照 ………………………………………………………………………………… 115
| 5.4.1　光强与颜色 …………………………………………………………………… 115
| 5.4.2　航天中对光的特殊要求 ……………………………………………………… 115
| 5.4.3　航空中对光的特殊要求 ……………………………………………………… 117
| 5.4.4　航天照明的设计 ……………………………………………………………… 117
| 5.4.5　航空照明标准 ………………………………………………………………… 118
| 5.5　噪　声 ………………………………………………………………………………… 118
| 5.5.1　噪声的定义 …………………………………………………………………… 118
| 5.5.2　噪声对人体的损害 …………………………………………………………… 119
| 5.5.3　振动对人体的损害 …………………………………………………………… 120
| 5.5.4　航空航天噪声防护浅谈 ……………………………………………………… 120
| 本章小结 ……………………………………………………………………………………… 121
| 思考题 ………………………………………………………………………………………… 122
| 参考文献 ……………………………………………………………………………………… 123

第6章　工作负荷 ………………………………………………………………………… 125

| 6.1　概　述 ………………………………………………………………………………… 125
| 6.1.1　定　义 ………………………………………………………………………… 125
| 6.1.2　测量和评价方法及要求 ……………………………………………………… 126
| 6.1.3　工作负荷测量在航空航天中的意义 ………………………………………… 126
| 6.2　体力负荷 ……………………………………………………………………………… 127
| 6.2.1　定　义 ………………………………………………………………………… 127
| 6.2.2　体力作业特点 ………………………………………………………………… 127
| 6.2.3　体力负荷的生理学特点 ……………………………………………………… 128
| 6.2.4　体力负荷的测量方法 ………………………………………………………… 129
| 6.2.5　体力作业时的能量消耗 ……………………………………………………… 130
| 6.2.6　体力作业时的氧耗 …………………………………………………………… 131
| 6.2.7　作业时人体的最佳体力负荷 ………………………………………………… 132
| 6.2.8　体力疲劳 ……………………………………………………………………… 132
| 6.3　脑力负荷 ……………………………………………………………………………… 134
| 6.3.1　定　义 ………………………………………………………………………… 134
| 6.3.2　脑力负荷的理论模型 ………………………………………………………… 135
| 6.3.3　脑力负荷的测量和评价方法 ………………………………………………… 136
| 6.4　脑力负荷的预测 ……………………………………………………………………… 144
| 6.4.1　时间压力模型 ………………………………………………………………… 145
| 6.4.2　波音公司方法 ………………………………………………………………… 145
| 6.4.3　Aldrich方法 …………………………………………………………………… 146
| 本章小结 ……………………………………………………………………………………… 148

思考题 149
　参考文献 151

第7章　工效学评价方法 153
7.1　概　述 153
7.2　工效学评价原则及过程 154
　7.2.1　工效学评价原则 154
　7.2.2　评价的步骤 154
7.3　常用的工效学评价方法 156
　7.3.1　动作分析法 156
　7.3.2　问卷调查法 159
　7.3.3　连接分析 162
　7.3.4　检查表法 166
　7.3.5　环境指数法 169
　7.3.6　海洛德分析评价法 171
　7.3.7　德尔斐法 172
　7.3.8　模糊综合评价法 174
　本章小结 177
　思考题 178
　参考文献 179

第8章　典型工效学问题 181
8.1　典型的航天工效学问题 181
　8.1.1　舱外航天服手套工效学评价 181
　8.1.2　舱外作业工效仿真评价 184
8.2　典型的航空工效学问题 190
　8.2.1　飞行员个体防护装备加压工效研究 191
　8.2.2　飞行员高空减压肺损伤仿真 194
　本章小结 197
　思考题 197
　参考文献 198

第1章 导 论

> **人体工效学探索的问题**
> ➢ 什么是工效学、人体工效学？
> ➢ 为什么说工效学是门交叉学科？
> ➢ 人体工效学有哪几个发展阶段？
> ➢ 人体工效学的主要研究内容是什么？
> ➢ 人体工效学的研究方法有哪些？

1.1 人体工效学的定义

1. 命 名

工效学（Ergonomics 或 Human Factors）是一门研究人、机器及周边环境之间相互作用，使整个系统能够适应人的生理和心理特点，保障人的安全和健康，使人能够高效又舒适地工作和生活的学科。自20世纪40年代以来，该学科逐步有机地融合了各相关学科的理论，不断完善自身的基本概念、理论体系、研究方法以及技术标准和规范，形成了一门研究和应用都非常广泛的综合性学科。

由于该学科研究和应用的范围极其广泛，涉及领域多，世界各国对该学科的命名不尽相同。欧洲国家多称为 Ergonomics（工效学），Ergonomics 是由希腊词根"ergon"（工作、劳动）和"nomos"（规律、规则）复合而成，其本义就是人的劳动规律。在美国，多称为 Human Factors（人因工程）。在日本，译为"人间工学"。由于词义具有中立性，能够表征学科本质，便于不同语言翻译上的统一等特点，因此目前较多国家采用"Ergonomics"或"Human Factors"作为该学科的命名。

工效学在我国起步较晚，受国外和学科领域的影响，名称亦尚未统一，如"工效学"、"人体工效学"、"人类工效学"、"人机工程学"、"人-机-环境系统工程"、"工程心理学"、"宜人学"等。这主要是研究侧重点略有区别，导致名称有所不同，但在该领域内，都默认是相似的研究内容。

2. 定 义

由于工效学在世界各国的发展过程不同，应用的侧重点也有所不同，因此，各国学者对该学科所下的定义就不尽相同。

美国工效学家 C. C. Wood（Charles C Wood）对此所下的定义为："设备设计必须适合人的各方面因素，以便在操作上付出最小的代价而求得最高效率。"

工效学创始人之一，美国应用心理学家、国际工效学会主席查帕尼斯（A. Chapanis）说："工效学是在机械设计中，考虑如何使人获得操作简便而又准确的一门学科。"

工效学先驱 Wesley Woodson 认为："这是正确地使用人的特性的工程学，为使人的作业、人机系统能有效地工作,必须对人操纵装置的要素进行设计,因此其内容还包括作用于人的感官信息显示方式,人主导的复杂系统控制方式等。"

德国学者认为:"工效学包括经济科学在内(如研究市场问题、消费者与供应者关系问题、城市布局问题等),强调提高人的工作和生活质量,注意在工作中发展人格、改善工作环境,把自然科学、技术科学、社会科学结合起来,合理地组织生产、生活和环境,达到三者结合的最优化。"

日本专家认为:"人间工学是一门从我们日常生活中建立起来的应用技术,它被用于使工作空间适合工作者和生活环境宜居,也被用于设计安全和宜人的工具和机器。"

我国著名科学家钱学森认为:"人机工程是一门非常重要的应用人体科学技术,它专门研究人和机器的配合,考虑到人的功能能力,如何设计机器以求得人在使用机器时整个人和机器的效果达到最佳状态。"

我国在《中国企业管理百科全书》中,对人类工效学所下的定义为:"研究人和机器、环境的相互作用及其结合,使设计的机器和环境系统适合人的生理、心理等特点,达到在生产中提高效率、安全、健康和舒适的目的。"

国际工效学学会(International Ergonomics Association, IEA)为该学科下的定义是:"工效学(或人因工程)是研究人与系统其他要素之间如何交互作用的学科,是应用理论、原理、数据和方法设计使人和系统总的能力达到最优的行业。"

由于本书的内容主要是基于人体特点对工效学进行研究,主要的研究侧重点是人,因此综合以上定义,本书推荐人体工效学的定义为:"人体工效学就是研究人在工作或劳动的自然规律或法则中的解剖学、生理、心理以及人与机器和环境的关系,获取最大的劳动成果,同时保证人自身的安全、健康、舒适和满意的学科。"其研究对象是人与广义环境的相互作用关系;研究目的是如何达到安全、舒适、健康和工作效率的最优化。换言之就是:最大限度地减少人的精神负担和体力负荷;尽可能使操作方便、快捷、准确、可靠;尽可能使人工作时舒适、安全、不易疲劳。

1.2 人体工效学的发展历史

英国是世界上最早开展人体工效学研究的国家之一,但人体工效学的奠定性工作是由美国完成的,因此,人体工效学界一直流传着"起源于欧洲、形成于美国"的说法。作为一门独立的学科,人体工效学已有近百年的历史,其所包含的最基本原理早在人类创造和运用劳动工具的时期就已经存在。如在石器时代,原始人用石块打制成可供敲、砸、刮、割的各种工具,这些工具满足两个条件:一是人手拿得动、握得住;二是手握的部分适合人的手形。由此,就产生了最原始的人-机关系,工具的打制便是原始人体工效学思想的体现。纵观人体工效学的发展史,可以将其大致分为孕育期、形成期和完善期三个时期。

1. 孕育期——19世纪末至20世纪初:第二次世界大战前

追根溯源,人体工效学是近代工业革命发展的产物。在19世纪后半叶,迅猛发展的工业革命激发了企业主对高产量、高利润的追求,从而促进了对生产效率的研究。基于力学、电学和热力学等学科的迅速发展,从水力到蒸汽机、电动机、内燃机等动力装置的应用,全世界工业化国家掀起了动力技术发展和机器改良的热潮,大幅度地提高了机器的效能。与此同时,不断加速运转的机器也使得人与机器之间的矛盾愈加尖锐,社会实践的需求孕育了人-机关系的研究。1857年波兰人沃伊切赫·雅恩特莱鲍夫斯基教授就首先提出了人体工效学的概念。

在这个阶段,人与机器关系方面的研究最具影响力的代表性人物是美国工程师、工业工程创始人F·W·泰勒。泰勒所进行的著名"铁锹作业实验"是人体工效学、管理学和工业工程最著名的实验。他把装5 kg、10 kg、17 kg、20 kg煤的四种铁锹交给工人使用,比较他们在8 h工作班次中的工作效率。结果表明绩效差距明显,用10 kg铁锹时每天铲料量是最多的。因此,泰勒发明了一个办法:铲轻料用大铁锹,铲重料用小铁锹,保证每锹都在10 kg之内。该研究结果使得泰勒工作的公司产量增加80%,成本降低30%,工人工资提高20%。而该实验是关于体能合理利用最早的科学实验。另外,他还进行了"搬运实验",即通过仔细地研究工人搬运时的不同工作因素,评估它们对生产效率的影响。例如,工人有时弯腰搬运,有时又直腰搬运,后来他又观察了工人行走的速度、持握的位置和其他变量。在改进后的搬运试验中,工人每天的工作量可以提高到47 t,同时并不会感到太疲劳。

另一个著名的实验是吉尔布雷斯夫妇进行的"砌砖作业实验"。他们使用当时刚问世的连续拍摄摄影机把建筑工人的砌砖作业过程拍摄下来,对动作进行详细分解,精简掉所有非必要动作,将工人的砌砖动作从17个减少为4.5个,使砌砖速度由原来的120块/h提高到350块/h,效率提高近3倍。虽然他们是从管理学的角度对劳动的时间和动作进行研究的,但是他们的成果已经体现出"人的因素"方面的内容,其思想与人体工效学已非常接近。他们还完成了动作研究和工业心理学研究,例如他们对外科手术过程的研究成果,直到今天人们还在使用。他们被认为是人体工效学领域的先驱之一。这个时期机械设计对人-机关系的考虑主要是通过选择和培训使人适应于机器,满足工作的需要。

在这个发展过程中,心理学家的加入使人体工效学的研究更上一层楼。其中最突出的代表,是美国哈佛大学的心理学教授H·蒙特伯格。他创立了工业心理学,将心理学研究与泰勒制劳动管理制度结合起来,针对选择与培训人员、改善工作条件、减轻疲劳等问题做了大量的实验和理论研究,在1912年出版了代表作《心理学与工业效率》,对提高工人的适应能力与工作效率做出了积极的贡献。

1914年爆发了第一次世界大战,战争造成的供需矛盾进一步激发了对工效研究的社会需求,促使国家力量参与到人体工效学的研究中来。1915年英国成立了军火工人保健委员会,研究生产工人的疲劳问题。战后(1929年)该组织进行了更名,进一步研究作业姿势、负担极限、休息、光照、环境温湿度和背景音乐等问题。国家力量的介入,使人体工效学拥有了发展的物质条件。另外,由于第一次世界大战后劳动力的匮乏,许多妇女进入工厂,从事一些不适宜女性的工作。这不仅导致了效率低下,而且还产生了大量的卫生与安全问题,因而刺激了欧美诸国对这方面的研究。

从19世纪末到20世纪30年代,工效学的主要研究是充分利用人体机能,使之适应于机器,重点集中在选择和培训人员、改善劳动环境、减轻疲劳等方面。这期间的"人-机关系"研究被认为是人体工效学的开端。虽然从指导思想上,它与现代工效学的理念几乎是南辕北辙的,但是其研究成果不仅奠定了工效学研究的基石,而且至今仍是人体工效学知识体系中的组成部分。最为重要的是在此基础上,工效学具有了现代科学的形态。

2. 形成期——第二次世界大战期间至20世纪60年代

在工效学的形成期,从"人迁就机器"转向"机器迁就人"的直接原因是第二次世界大战期间发生的一系列意外事故,这些事故使得人们重新思考人与机器的关系,最终导致现代工效学的产生。

在第二次世界大战期间,出于对高性能、大威力的武器和装备的需求,美、英等参战国家研制出很多新式武器装备。由于只注重性能和威力的研究,忽略了"人的因素",导致机器性能与人的能力之间出现很多矛盾,在使用过程中暴露出一系列问题,使得意外事故时有发生。其中以战斗机最为典型,如一战时期英国的 SE-5A 战斗机上只有 7 个仪表,到二战时期的"喷火"战斗机上仪表增加到了 19 个;一战时期美国"斯佩德"战斗机上的控制器不到 10 个,到二战时期 P-51 战斗机上增加到了 25 个。操控仪表的增加使得经过严格选拔、培训的"优秀飞行员"也照顾不过来,致使意外事故、意外伤亡频频发生。同时,由于座舱及仪表的显示位置设计不合理,进一步增加了飞行员读仪表或操作的错误。经过分析发现这些事故的原因主要是:①显示器和控制器的设计没有充分考虑人的生理和心理特性,致使仪器的设计和配置不当,不能适应人的要求;②操作人员缺乏训练,不能适应复杂机器系统的操作要求。通过对这些事故的分析,人们认识到"人的因素"在机器设计中是一个不可忽视的重要内容。要设计一个好的现代化设备,只具备工程技术知识是远远不够的,还必须了解设备使用者的生理和心理等方面知识。于是在第二次世界大战后不久,人体工效学作为一门新兴的边缘学科应运而生。

二战结束后,人体工效学的研究方向转到扩大人的思维力量方面,使设计能够支持、解放、扩展人的脑力劳动。其应用也逐渐由军事领域向非军事领域转移,许多科研成果被用来解决工业与工程设计中的问题,如汽车、建筑、设备以及生活用品等,逐步在工业与工程设计领域中形成了以人为中心的设计理念。如亨利·德雷夫斯就明确强调:适应于人的机器才是最有效率的机器。1955 年他出版了《为人的设计》一书,书中收集了大量的人体工程学资料,1961 年又出版了《人体度量》一书,为设计界奠定了人类工效学这门学科的基础。

从此,人体工效学的研究重心由"人迁就机器"转变为"机器迁就人"。从二战时期到 50 年代末这二三十年内,人体工效学的研究中心和社会建制便初步形成。一方面确立了以"人的因素"为核心的研究方向,形成了以解剖学、生理学、心理学、生物力学、测量学等多学科共同研究的学科框架;另一方面建立了专门的研究组织和团体。

英国海军部摩瑞尔(K. F. H. MURRELL)在一次会议上拟组成一个学会,学会成员包含人体解剖学家、生理学家、工程师、心理学家、劳动研究人员、建筑师、照明工程师等。与会者感到迫切需要为学会取一个名字,最后决定采用一个复合词"Ergonomics"(工效学)来称呼该新兴学科。之后,英、美各国相继成立了工效学学会,并发表会刊,为学科的正式建立奠定了基础。

3. 完善期——20 世纪 60 年代之后

从 20 世纪 60 年代国际工效学学会成立开始,工效学的研究进入了完善阶段。一方面逐步健全了学科的社会建制;另一方面伴随着科技进步,学科研究不断地向纵深发展,涉及人们生活的各个方面。

当前人类工效学的研究和应用领域可以概略地分为三大类:尖端技术领域中的人体工效学;计算机系统中的人体工效学;传统的人体工效学。

尖端技术领域中的人体工效学主要包括:①**军事工业中的人体工效学**。这在美国军事领域,特别是航空中的应用最为先进,仅在美国空军所属的阿姆斯特朗实验室就有数百个人体工效学研究专家和工作人员,他们研究的主要内容是飞机驾驶舱的设计,飞行员的模拟训练方法及其评价(见图 1.1),飞行员的脑力负荷,飞行员获得信息的途径,飞行员在紧急条件下的反应与操作等。②**控制室的设计与操作**。研究内容包括:系统中操作人员的脑力负荷,操作人员接收信息和作出决策的能力,各种显示和控制装置的设置,警报系统和在紧急状态下的操作程序,人的可靠性,人的错误等。③**太空航行中的人体工效学**。研究的主要内容包括:太空站的设计,人在失重情况下的工作效率问题,宇航员的运动数学模型,人在太空中的居住标准,人在长期失重情况下的生活和生理反应,地面与太空站之间的联系和控制等。

计算机系统中的人体工效学的研究内容包括:屏幕显示、键盘输入、操作系统和应用软件的设计和评价、计算机的工位设计,以及谈话式输入/输出效果的研究。

传统的人体工效学的研究内容包括:人体测量和人体力量测量、工作环境,劳动保护与安全、产品检验、消费品的设计,以及事故调查。

图 1.1 飞行模拟器

(1) 国际性的学术组织

在 Burger、Smith 等多位学者专家的不懈努力下,1958 年成立了"国际工效学学会"筹备委员会,又经过多次磋商,于 1959 年 4 月 6 日在英国牛津正式宣告"国际工效学学会(IEA)"成立,并于 1961 年在瑞士斯德哥尔摩第一届 IEA 大会上通过。此后,每三年召开一次国际性大会,交流研究成果,展望发展动向,预测发展趋势,有效地推动了学科的发展和普及。目前已有 49 个国家和地区的行业团体加入了 IEA 组织。现在每年都有相关工效学国际会议举办,较为著名的有国际工效学协会会议、国际人-机交互会议、应用人因和工效会议等。国际人-机工程学标准化技术委员会代号为 ISO/TC-159,成立于 1957 年。

(2) 专业队伍

人体工效学是一门多学科综合研究的科学,最早的研究团队是二战期间由军队召集各领域的专家学者组合而成。战后,大量相关行业的专业人员在不同的企业和公司从事专业的研究,如今从事与工效学相关的人员已经遍布航空、航天、汽车、建筑、电信、网络、电器等众多行业。特别是近年来苹果公司推出的一系列具有典型工效学特点的 iPad、iPhone、电脑等产品，使得很多行业都明显感觉到工效学的重要性，显著地增加了与人体工效学相关的人员和资金的投入。

(3) 学术刊物

《工效学》(Ergonomics)是一本具有 50 多年历史、权威性很强的专业学术刊物，1957 年创刊，本是英国工效学(ES)学会的会刊，1961 年被指定为国际工效学学会正式的官方刊物。1958 年美国学会创立了会刊《人的因素》(Human Factors)，1965 年日本学会创立了学报《人间工学》等。除了这些学会组织的会刊外，工效学类的专业刊物还有：《应用工效学》(Applied Ergonomics)、《国际工业工效学杂志》(International Journal of Industrial Ergonomics)、《事故分析与预防》(Accident Analysis & Prevention)、《国际人-机交互杂志》(International Journal of Human-Computer Interaction)、《职业工效学》(Occupational Ergonomics)、《安全科学》(Safety Science)等。

(4) 高等教育

目前全球已有超过 40 个国家和地区将工效学纳入高等教育体系之中，数百所高等学府、科研机构设有专门的教学课程，并授予相应的学位或学衔，包括理工科学士(Bse)、理工科硕士(MSe)、哲学博士(PhD)等。如英国的伯明翰大学、利兹大学、诺丁汉大学，美国的加州大学、纽约大学、莱特州立大学，德国亚琛大学，日本职业与环境健康大学等。我国的北京航空航天大学、清华大学、浙江大学、南京航空航天大学、同济大学等也设有相应的专业或类似的方向，并为硕士和博士学位授予点。

(5) 合作的国际组织

目前国际工效学学会还与其他重要国际组织有很好的合作关系，这包括 World Health Organization（WHO）、International Labour Organization（ILO）、International Organization for Standardization（ISO）、International Commission on Occupational Health（ICOH）、International Occupational Hygienist Association（IOHA）、International Council of Societies of Industrial Design 等。

4. 未来发展

2010 年 11 月，国际工效学学会成立了未来工效学委员会。该委员会于 2012 年在巴西召开的第十八届国际工效学大会上作了报告，并在 2012 年 4 月的《工效学》期刊上发表了 A strategy for human factors/ergonomics: developing the discipline and profession 一文。该文参考了来自世界各地的专家学者的观点，对人因工程/工效学(Human Factors/Ergonomics, HFE)学科和专业的未来做出了展望。此外，他们还针对未来的 HFE 提出以下主要发展策略：

① 为加强与 HFE 利益相关者对高质量 HFE 的需求，采用以下方法提升他们高质量 HFE 的意识：

(a) 使用 HFE 利益相关者理解的语言进行高水平 HFE 的交流；

(b) 与 HFE 利益相关者及其所代表的组织建立合作伙伴关系；

(c) 指导 HFE 利益相关者增强高水平 HFE 的意识和加强他们对系统设计的贡献。

② 通过以下方法来加强高水平 HFE 的应用：

(a) 提升 HFE 专家接受高水平 HFE 教育的水平；

(b) 确保 HFE 应用和 HFE 专家的高质量标准；

(c) 提升 HFE 在大学和其他组织的学术实力。

1.3 研究内容

图 1.2 所示为工效学所涉及人-机-环境系统的示意图。从图中可以看出，工效学的主要研究内容是系统中 3 个方向的单独问题以及它们之间的关系。所谓工效学、人因工程学和人体工效学等之间的不同，主要是研究的侧重点不同，下面将对人体工效学的研究内容做一个详细的介绍。

1. 人的特性

人的工作能力和相应的人体特性研究是人体工效学最重要的研究领域，也是发挥人体工效学作用的最重要内容。它包含人的基本素质测试与评价，人体测量技术，人的体力负荷、脑力负荷和心理负荷研究，人的可靠性研究，人的数学建模（控制模型和决策模型），人员的选拔和训练，人体尺寸、结构特点研究，人体获取、传递、提取和决策等信息的研究等。

在人-机系统的实际设计方面，为设计和制造最适合人体的机械装置，必须积累关于人的心理、生理特征与能力界限等方面内容的基础数据。如以身高、坐高、臂长、腰围等为主要指标的各种人体形体测量值；单手、两腕、双足、全身等动作的空间活动范围；身体各部位的动作速度、加速度、正确度等运动能力；此外，还有关于疲劳成因、在特殊环境下的应激反应特征等。以日常使用的剪刀为例（见图 1.3），通过对传统手工操作器械设计与按照人的特性改进后的比较可以看出，传统器械的操作者腕部方位不协调，手的握力减损，别扭的手部方位会使腕部疼痛，甚至导致腕管综合症、腱鞘炎等。而改进后的设计表明，腕部处于平直状态可极大地减轻不适。

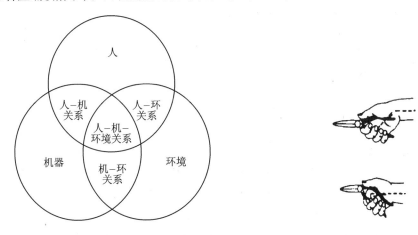

图 1.2 人-机-环境系统工程研究范畴示意图　　图 1.3 传统剪刀与按照人的特性改进后的剪刀

2. 人-机系统

机器是人与动物最大差别的代表，通过机器，人改造世界的能力得到了极大的提高。作为一个人-机系统，机器的设计和制作重点就是要按照工作目的和任务，根据人、机能力把作业内容进行合理分配。其主要的研究内容包含人-机特性、人-机功能分配、人如何适应已有机器、机器设计如何达到人体工效学要求、显控装置工效学设计、机器维修技术、人-机界面设计等。

以汽车的人-机系统为例，为使驾驶员驾驶省力、安全和舒适，在设计汽车时应根据人体测量数据和生理、心理负荷反应来考虑驾驶员的座位、各显示器和操纵机构的设置；适当降低汽车重心，使行驶较为稳定，乘坐舒适。在设计时还需考虑驾驶员在操作中可能失误或遭受外来车辆的撞击时，应有预防措施，如采用过速自动报警装置，增设安全带、缓冲保险杠、不易破碎的挡风玻璃等。而作为驾驶员首先要了解车外环境（车流、人流、交通信号和标志、道路条件等情况）和汽车本身运行状态（速度、发动机温度、压力、油量等仪表显示的情况），以确定行车方针和进行适当的操纵。

在人-机系统中，人-机界面的信息交流是一个十分复杂的过程，人与机器之间的信息交流和控制活动都发生在人-机界面上。机器的各种显示都"作用"于人，实现人-机信息传递；人通过视觉和听觉等感官接收来自机器的信息，经过脑的加工、决策，然后做出反应，实现人-机的信息传递。人-机界面的设计直接关系到人-机关系的合理性，因此人-机交互界面的研究愈来愈受到重视，国际上有多个组织和协会从事相关研究，如英国Loughbocough大学的HUSAT研究中心和美国Xerox公司的Palo Alto研究中心。

3. 人-环系统

环境对人的影响很大，将直接影响整个人-机系统的运行效率，必须搞清楚不同环境下人体的特性，才能保证人-机功能分配的合理性。通常的环境因素包括：重力（超重/微重力）、温湿度、高空低压、光、噪声、振动、辐射、空气粉尘和有害气体等。人-环系统主要研究的是在各种环境下人的生理、心理反应，环境对人工作和生活的影响；研究以人为中心的环境质量评价准则；研究控制、改善和预防不良环境的措施，使之适应人的要求。除了物理作业环境因素外，还有社会环境因素对人工作效率的影响。

对于航空航天来讲，特殊的环境（超重、失重、高低温、高空低压等）对人的作业能力影响非常突出，本书将对此进行重点介绍。如航天员在失重环境下的生理变化，如何对抗失重环境对人体作业能力的降低；飞行过载影响了飞行员的哪些生理学能力，飞行员需如何对抗等。

4. 人-机-环境系统

人-机-环境系统研究的目的是使整体人-机系统的工作效能最佳。因此，在进行人-机系统设计时，应克服片面强调机器性能的设计思想，使所设计的机器在特定环境下适应人的特性。同时，也应考虑个体差异因素，建立适当的人员选拔原则。人具有很强的可塑性，通过学习和培训可以提高人的技能和素质，有助于人-机-环境系统的优化，因此还应制定合理的人员培训计划与方法。此外，研究人-机功能的合理分配，使系统中人与机器都能发挥出各自的能力，相互取长补短、有机结合，保证人-机系统在环境中的整体性能最优。

5. 工效学评价

工效学评价就是检验人使用的产品是否符合人的特性及要求，是否符合人的生理、心理。一个人-机系统的工效学设计好坏从开始就要进行工效学评价，要对制作进程的每个阶段、每个组成部分和局部进行评价，最后要对系统进行整体评价。系统运行后还要对系统的运行过程进行评价。只有对系统进行评价并根据评价后的结果才能判断是否能将其投入到生活或生产中。因此，工效学评价的主要研究内容是综合不同学科的优势，根据人-机系统的特点和工效学评价要求，建立适合所研究系统的评价方法，并进行工效学评价。

由于人-机系统是复杂多样的，因此对系统的工效学评价方法要根据实际工程进行选择和设计。如评价计算机的输入设备之一——键盘的优劣,可以通过输入速度、输入正确率和引起疲劳的程度三方面入手。对于驾驶舱显示系统,工效学评价指标的建立是驾驶舱显示系统工效学评价中的关键问题,可根据现有的标准、规范和手册之类的资料对其进行评价,也可以利用改进的菲尔德法来对该系统进行工效学评价,其评价方法有:标准化的检查问卷调查、心理物理学方法、生理学模型、生物力学模型等。对作业场所的工效学评价方法包括人-机界面、体力劳动负荷、环境因素、精神作业负荷、组织因素、社会因素和个体能力的评价等。

1.4 研究方法

人体工效学的研究方法关联到生理学、心理学、统计学、测量学、材料学、环境学、美学等学科,科学地将这些学科为我所用,必然有着研究方法的效能问题,很大程度上取决于具体研究对象的性质和目的。根据客观性、系统性的原则,常规的研究方法有以下几种,本书将在第7章进一步介绍一些广泛用于人体工效学的评价方法。

1. 实测法

实测法是借助工具、仪器设备进行测量的方法。如人体尺寸测量,人体生理参数(能量代谢、呼吸、脉搏、血压、尿、汗、肌电、心电等)测量,作业环境参数(温度、湿度、照明、噪声、特殊环境下的失重、辐射等)测量。从测量技术的历史发展过程和实际使用情况看,数据的测量与采集方法如下:

① 用最简单的工具进行人工测量、人工记录。
② 用仪器进行测量、人工记录。
③ 用自动化数据采集系统进行测量、记录和处理。

用于数据采集的仪器设备种类繁多,按它们的功能和使用情况又可分为:传感器、放大器、显示器、记录器、分析仪器、数据采集器等,或一个完整的数据采集系统等。

为了得到人体测量的正确数据,必须按照统一的测定方法和测定点进行测量。如人体尺寸最少测定点为205项,尽管我们在日常生活和工作中不会用上所有的数据,但是作为人体计测学来说必须在205项以上。人体计测值的表示法有:平均值、标准偏差、最大值、最小值、百分位数值、分布曲线、累积度数分布曲线、矩形图表等。其中,最大值、最小值、百分位数值是必备的。

2. 实验法

实验法是在人为设计的环境中测试实验对象的行为或反应的一种研究方法,一般在实验室进行,但也可以在作业现场进行。实验法与观察法相比所不同的是,实验法是指人们根据一定的科学研究目的,利用科学仪器设备,在人为控制或模拟的特定条件下,排除各种干扰,对研究对象进行观察和测试的方法。

随着自然科学的不断进步、实验手段的日益提高,实验法的种类也越来越多。基于科学实验法的不同方面,可以分为许多种类型。根据实验在科学研究过程中的不同作用进行分类,可分为析因实验、判决实验、探索实验、比较(对照)实验、中间实验等。

① **析因实验**　是为寻找引起某些变化或结果的原因而安排的实验。其特点是从已知的结果中找出未知的原因。

② **判决实验** 是为判定某种假说是否正确而安排的实验。其特点是能够宣判这一假说的前途命运。经过这类实验，假说就可以被证实或被否定。

③ **探索实验** 是创设一定的条件来达到某一目的而安排的实验。其特点是从已知的原因来发现它将产生的未知结果。

④ **比较(对照)实验** 是两个或两个以上的相似组群进行比较，一个是"对照"组，作为比较的标准；另一个是试验组，是对试验采取一些措施，通过一些实验步骤，然后观察其结果，并与"对照"组进行比较，得出这种措施对研究对象所产生的影响。其特点是可获得措施导致的差异性，常用于生命科学中。

⑤ **中间实验** 是指在科学研究中已取得初步成效，在生产应用前必须进行的一种模拟生产条件的实验。这种实验方法一般应用于工程技术试验中比较复杂、规模又比较大的研究项目，以便通过中间实验来最后确定其科研成果能否应用于生产的科学价值。

根据实验结果的性质进行分类，可分为定性实验、定量实验和结构分析实验。

① **定性实验** 是为测定研究对象的性质及其组成部分而安排的实验。其目的是判定某种组成部分是否存在，或是否起作用。它的特点是回答"有没有"或者"是不是"等问题。这种实验在科学研究中经常使用。科学史上很多著名的实验都属于定性实验，如戴维用二氧化氮作麻醉剂的实验，美国科学家富兰克林揭开雷电之谜的实验等。

② **定量实验** 是在测定研究对象组成成分的基础上，进一步测定各组成成分之间的数量关系，确定含有某一组成成分的数值等实验。如利用温度传感器对人体不同节段进行测量，通过权重计算后可得到人体平均温度，以此评判被测试者是否达到热应激。

③ **结构分析实验** 是指为测定研究对象的空间结构状况并对其进行分析而安排的实验。它既有定性的一面，也有定量的一面。

实验方法也可以根据实验场所的不同进行分类，如地面实验、空间实验、地下实验等；还可以根据实验对象的不同进行分类，如化学实验、物理实验、生物实验等。总之，实验方法根据其分类的标准不同可以进行多种区分，并且随着生产的发展和科学技术的进步，实验方法的种类将不断丰富。

3. 调查法

调查法，有时也称为询问法，是调查者为达到设想的目的，制订某一计划全面或比较全面地收集研究对象的某一方面情况的材料，并作出分析、综合，得到某一结论的研究方法。它的目的可以是全面把握当前的状况，也可以是揭示存在的问题，弄清前因后果，为进一步研究或决策提供观点和论据。调查法需要调查者具备高超的技巧和丰富的经验，调查者要对询问的问题、先后顺序和具体的提法做好充分准备；对所调查的问题采取绝对中立的态度；对被调查者要热情关心，建立友好关系。这种方法能帮助被调查者整理思路，对了解被调查者过去没有认真考虑过的问题特别有效。调查法主要可以用下列几种方式进行：

① **面谈调查法** 调查者根据所拟调查事项直接向被调查对象当面询问以获得所需资料。该方式具有回答率高、能深入了解情况、可直接观察被调查者的反应等优点，较别的方式能得到更为真实、具体、深入的资料。但是这种方式也存在调查成本高、资料受被调查者的主观偏见影响大等缺点。

② **邮寄调查法** 调查者把事先设计好的调查问卷或表格，通过邮局或电子邮件寄给被调查者，要求被调查者填妥后寄回，籍以收集所需资料。其优点是调查范围大、成本低、被调查者

有充分时间独立思考问题。同时存在耗时长、受被调查者文化程度限制、问卷回收率低等缺点。

③ **电话调查法** 通过电话与被调查者进行交谈以收集资料。这种方式的主要优点是收集资料快、成本低、电话簿有利于分类。其主要缺点是只限于简单的问题，难以深入交谈；被调查者年龄、收入、身份、家庭情况等不便询问；图像无法利用等。

④ **网络调查法** 通过在网络上发布调研信息来收集、记录、整理、分析和公布网民反馈信息的调查方法，是传统调查方法在网络上的应用和发展。这种方式的优点是组织简单、费用低廉、客观性好、不受时空与地域限制、速度快；缺点是网民的代表性存在不准确性、网络的安全性不容忽视、受访对象难以限制。

⑤ **混合调查法** 以上四种调查方式混合起来加以综合使用。

4. 观察法

通过直接或间接观察，记录实验中被调查对象的行为表现、活动规律，然后进行分析研究的方法。其技巧在于能客观地观察并记录被调查者的行为而不受任何干扰。根据调查目的，可事先让被调查者知道调查内容，也可不让知道而秘密进行；有时也可借助摄影或录像等手段进行。它是有目的、有计划地通过对被观察者言语和行为的观察、记录来判断其生理和心理特点的工效学基本研究方法之一。

观察法很早就为人们所采用。孔子曰："始吾於人也，听其言而信其行；今吾於人也，听其言而观其行"，就是指用观察法来认识人。在观察手段方面，研究者用自己的感官进行的观察称为直接观察法；借助于仪器设备（如录音机、摄像机等）的观察称为间接观察法。在观察记录上，又有事件记录观察法和范畴记录观察法：前者是对行为发生发展的整个事件进行观察记录，后者仅选择有关的一类行为进行观察记录。根据观察者与被观察者的关系，还有参与观察法和非参与观察法：参与观察是观察者成为被观察者团体中的一员，观察和记录该团体或该团体某一成员的行为；非参与观察则为研究者未介入被观察者团体之中所进行的观察。在研究心理和行为时因工作的需要可采用不同方式的观察法。

观察法的主要优点是：① 可以观察到被观察者在自然状态下的行为表现，获得的结果比较真实。② 可实地观察到行为的发生发展，能够把握当时的全面情况、特殊的气氛和情境。观察法的主要缺点是：① 研究者处于被动地位，往往难以观察到研究所需要的行为，搜集资料较费时。② 观察所获得的结果只能说明"是什么"，而不能解释"为什么"。因此，由观察法所发现的问题，尚需用调查法、实验法进行研究，才能得到解决。

5. 模型和模拟法

由于机器和环境对人的影响一般比较复杂，因而在人-机-环境系统研究时常采用模型仿真和模拟法。它是运用各种技术和装置的模拟，对某些操作系统进行逼真的试验，可得到所需要的更符合实际数据的一种方法。例如训练模拟器、各种人体模型、机械模型、计算机仿真等。因为模拟器或模型仿真通常比所模拟的真实价格便宜很多，而又可以进行符合实际的研究，所以获得广泛的应用。

模型和模拟法是依据相似理论，人为地制造一个类同于被研究对象的物理现象或过程的模型，通过对模型的测试代替对实际对象的测试来研究变化规律的一种方法。它分为物理模拟、数学模拟和计算机仿真。

① **物理模拟** 人为制造的模型和实际原型有相似的物理过程和相似的几何形状,并以此为基础的模拟方法即为物理模拟。例如,为研究人在失重状态下人体钙丢失的情况,人们采用头低位-6°的卧床实验来进行模拟失重,从而研究人体钙丢失对骨骼的影响。物理模拟具有生动形象的直观性,并可使观察的现象反复出现,因此具有广泛的应用价值,尤其是对那些难以用数学方程式准确描述的对象进行研究时常常采用物理模拟的方法。

② **数学模拟** 模型和原型遵循相同的数学规律,但在物理实质上毫无共同之处,这种模拟方法称为数学模拟,又称类比。例如上肢弯曲可以简化为有一定约束的杠杆作用,如果仅计算杠杆旋转的力量,模型就与物理模型没有任何关系,但所计算出的数据又与人体上肢弯曲有联系,可在一定程度上描述上肢弯曲的力学问题。模拟法虽有许多优点,但也有很大的局限性,因为它仅能够解决可测性问题,并不能提高实验的精度。

③ **计算机仿真** 随着计算机的不断发展和广泛的应用,人们可以通过计算机模拟实验过程,从而预测可能的实验结果。在航天舱外服工效学研究中,计算机仿真起着重要的作用。20世纪90年代以来,一些科研机构和NASA等开展了新一代航天舱外服的工效学仿真研究,其重点是利用虚拟航天员模型,使设计人员在设计早期就能对航天服的人体工程因素进行评估,解决航天员的可达性、舱外服关节的施力扭矩、操作力量估测,以及体力消耗预测等工效学问题。

6. 分析法

分析法是在获得了一定的资料和数据后的一种研究方法。目前人体工效学研究常用的方法为:瞬间操作分析法、知觉与运动信息分析法、运动负荷分析法、相关分析法、频率分析法和危害分析法。

① **瞬间操作分析法** 生产过程一般是连续的,人-机之间的信息传递也是连续的。但要分析这种连续传递的信息比较困难,因而只能用间歇性的分析测定法,对操作者与机器之间在每一间隔时间的信息进行测定后,再用统计推理的方法加以整理,从而获得人-机系统的有益资料。

② **知觉与运动信息分析法** 由于外界给人的信息首先由感知器官传到神经中枢,经大脑处理后产生反应信号,再传递给肢体对机器进行操作,被操作的机器状态又将信息反馈给操作者,从而形成一种反馈系统。知觉与运动信息分析法就是对此反馈系统进行测定分析,然后用信息传递理论来阐明人-机信息传递的数量关系。

③ **运动负荷分析法** 在规定操作所必需的最小间隔时间条件下,分析操作者连续操作情况,从而可推算操作者的工作负荷程度。另外,通过对操作者在单位时间内的工作负荷的分析,也可采用单位时间的作业负荷率来表示。

④ **相关分析法** 在分析方法中,常常要研究两种变量,即自变量和因变量。用相关分析法能够确定两种以上的变量之间是否存在统计关系。利用变量之间的统计关系可以对变量进行描述和预测,或者从中找出合乎规律的东西。由于统计学的发展和计算机的引用,使相关分析法成为人因工程学研究的一种常用方法。

⑤ **频率分析法** 对人-机系统中的机械系统使用频率和操作者的操作动作频率进行测定分析,可以获得作为调整操作人员负荷参数的依据。

⑥ **危害分析法** 对事故或近似事故的危象进行分析,特别有助于识别容易诱发错误的情况,同时也能方便地查找出系统中存在的而又需用复杂的研究方法才能发现的问题。

本章小结

1. 什么是人体工效学？

人体工效学是研究人在工作或劳动的自然规律或法则中的解剖学、生理学、心理学以及人与机器和环境的关系，获取最大的劳动成果，同时保证人自身的安全、健康、舒适和满意的学科。

2. 人体工效学是如何发展起来的？

人体工效学是基于工业革命的大发展需求应运而生的，经历了从"人适应机器"到"机器适应人"的过程，最终在第二次世界大战后，综合了多个与人相关学科的研究精华，于1959年4月6日在英国牛津正式宣告"国际工效学学会（IEA）"成立，并于1961年在瑞士斯德哥尔摩第一届IEA大会上通过。目前它已发展成为一门涉及多个领域的交叉学科。

3. 人体工效学的研究内容有哪些？

人体工效学主要是基于人的特性进行工效学研究的，主要的研究内容是：人的特性，人-机系统，人-环系统，人-机-环境系统和工效学评价等。

4. 人体工效学有哪些研究方法？

人体工效学的研究方法是科学地将其他学科相关的研究方法和理论应用到工效学研究中来，基于客观性、系统性的原则，常规的研究方法有：实测法、实验法、调查法、观察法、模型和模拟法、分析法等。

思考题

1. 人体工效学是一门科学还是一门技术？
2. 针对人体工效学的研究现状，请你预测今后20年该领域会有什么变化。
3. 人体工效学工作者应该如何将多学科交叉到一起来研究？
4. 人体工效学有哪些特点需要研究人员注意？
5. 日常生活中有哪些广告设计包含了人体工效学原理？试举例具体分析。
6. 你能发现身边符合和不符合工效学设计的地方吗？

关键术语： 安全　舒适　劳动　工效学　人的因素　作业能力　人-机配合　工作效率　人-机工程学

安全： 在人类生产过程中，系统的运行状态对人类的生命、财产、环境可能产生的损害被控制在人类所能接受水平以下的状态，没有危险、危害的隐患。

舒适： 一个复杂的动态概念、相对概念，指个人对于周围环境很满意，因人、因时、因地而不同。能使该环境中80%的人感到满意，那么这个环境就是这个时期的舒适环境。

劳动： 人类活动的基本范畴，是人们使用一定的生产工具，作用于劳动对象，创造某种使用价值或提供某种服务，以满足人类需要的有目的的活动。

工效学：或称人因工程，是研究人与系统其他要素之间如何交互作用，并应用理论、原理、数据和方法设计使人和系统总的能力达到最优的学科。

人的因素：人-机系统中关于人的科学，主要研究人与外界的联系，包括感觉系统、神经系统和运动系统。

作业能力：劳动者在从事某项劳动的过程中，完成该项工作的能力（在不改变专业质量的前提下，尽可能长时间维持一定作业强度的能力）。它随时间而变化，通常用作业能力曲线或疲劳曲线来反映这种变化。

人-机配合：包括人机功能的分配、人-机系统的构形及其性能特点的匹配两方面的涵义。一个理想的人-机系统应具有可靠性高，跟踪响应快，抗干扰性强，操作负荷轻，费用效益比小等性能。要满足这些性能要求，除了要求人和机器都具有优良性能外，还要使人与机器之间得到最合理的配合。

工作效率：工作投入与产出之比，通俗地讲就是在进行某项任务时，取得的成绩与所用时间、精力、金钱等的比值。产出大于投入，就是正效率；产出小于投入，就是负效率。工作效率是评定工作能力的重要指标。

人-机工程学：从人的生理和心理特性出发，研究人、机、环境的相互关系和相互作用的规律，以优化人-机-环境的一门科学。

推荐参考读物：

1. Jan Dul, Ralph Bruder, Peter Buckle, et al. A strategy for human factors/ergonomics: developing the discipline and profession[J]. Ergonomics, 2012, 55(4), 377-395.
   该文章主要介绍国际工效学学会经过 2012 年国际工效学大会讨论后，制定的未来最新发展目标和相关的执行决议。
2. Jan Dul, Bernard Weerdmeester. Ergonomics for beginners[M]. London: Taylor & Francis, 1995.
   这是一本针对初学者的工效学入门书籍。
3. Waldemar Karwowski. International Encyclopedia of Ergonomics and Human Factors [M]. New York: Taylor & Francis Group, 2006.
   这是一本工效学百科全书，系统地介绍了与工效学相关的内容。
4. 钱学森,等. 论人体科学[M]. 北京：人民军医出版社，1988.
   这是一本经典的书籍，论述了与人体相关的科学，阐述了中医和西医的关系。
5. 陈信,袁修干. 人-机-环境系统工程生理学基础[M]. 北京：北京航空航天大学出版社，1995.
   该书是关于工效学研究的一系列丛书之一，内容非常广泛。
6. 丁玉兰. 人机工效学[M]. 北京：北京理工大学出版社，2005.
   这是一本经典的工效学书籍，系统地介绍了人-机系统的相关研究。
7. 沈力平,陈善广,魏金河,等. 航天医学工程系统丛书[M]. 北京：国防工业出版社，2000.
   该书是关于航天的一系列丛书之一，系统地介绍了航天员在失重下的工效学，以及在航天环境下人体的生理变化以及防护，内容非常全面。

参考文献

[1] Gainer R D. History of ergonomics and occupational therapy[J]. Work：A Journal of Prevention，Assessment and Rehabilitation，2008，31(1)：5-9.

[2] Jan Dul，Ralph Bruder，Peter Buckle，et al. A strategy for human factors/ergonomics：developing the discipline and profession[J]. Ergonomics，2012，55(4)，377-395.

[3] Jan Dul，Bernard Weerdmeester. Ergonomics for beginners[M]. London：Taylor & Francis,1995.

[4] Waldemar Karwowski. International Encyclopedia of Ergonomics and Human Factors [M]. New York：Taylor & Francis Group,2006.

[5] 汪启林. 人体工效学的发展与应用[J]. 国外医学卫生学分册,1983(6):338-342.

[6] 董琼. 人体工程学的发展概况[J]. 吉林艺术学院学报,2000(4):15-17.

[7] 廖建桥. 国外人体工效学发展的新动向[J]. 应用心理学,1993,8(1):58-60.

[8] 钱学森,等. 论人体科学[M]. 北京：人民军医出版社,1988.

[9] 陈信,袁修干. 人-机-环境系统工程生理学基础[M]. 北京：北京航空航天大学出版社,1995.

[10] 丁玉兰. 人机工效学[M]. 北京：北京理工大学出版社,2005.

[11] 马治家,周前祥. 航天工效学[M]. 北京：国防工业出版社,2003.

第 2 章　人体测量

> **探索的问题**
> - 什么是人体测量，人体测量意义何在？
> - 人体尺寸及参数主要包括哪些？
> - 人体测量的主要仪器和方法有哪些？如何处理人体测量数据？
> - 人体测量在人体工效学中有哪些应用？如何将人体测量更好地应用到产品及工作环境等的设计中去？

2.1　概　述

1. 人体测量的概念及意义

人体测量学是人类学的一门分支学科。随着现代科学技术的发展，人体测量学已跨出人类学的传统范围，与人体工效学等相结合，成为人体工效学等学科的重要组成部分。人体测量是通过测量数据、统计分析方法对人体特征进行分析，从而了解人类在系统发育和个体发育过程中各种变化的基本方法之一。人体测量学发展至今，不仅能帮助人们了解古代及当代不同种族、民族体质构造的异同和在不同生活条件下人体的变化规律，还能为工业设计、人体建模仿真、人-机-环境研究等方面提供基本的人体数据。

人体测量是人体工效学研究的基础，尤其在人与机器、环境的协作中起到重要作用。为了设计出符合人体舒适性、安全性准则的机器，需要对人体各部位的尺寸、形态及活动范围等特征有所了解，而这些形态特征正是人体测量的对象。举例来说，生活中厨房的设计（见图 2.1）处处体现人体测量的应用。如吊柜、灶台、水池等的高度，调味品摆放的位置与灶台的距离等，均需有针对性地考虑使用者的人体尺寸参数。只有这样，才能保证在有限的家务工作区内，最大限度地减轻操作者的劳动强度，同时提高家务劳动的效率。

图 2.1　针对人体尺寸的厨房设计

相反，若在产品设计、人-机系统规划中没有很好地考虑人体尺寸与结构参数，提高设计对象的宜人性，就很可能造成操作上的困难，甚至威胁人的健康与安全。

2. 人体测量基本要求

依据国家标准 GB 3975—1983,只有在被测者姿势、测量基准面、测量方向、测点等符合下列要求的前提下,才能得到有效的测量值。

(1) 基本姿势

① **立姿** 被测者挺胸直立。头部以眼耳平面定位,眼睛平视前方,肩部放松,上肢自然下垂,手伸直,手掌朝向体侧,手指轻贴大腿侧面,膝部自然伸直,左、右足后跟并拢,前端分开,使两足大致成45°夹角,体重均匀分布于两足。为确保直立姿势正确,被测者应使足后跟、臀部和后背部与同一铅垂面相接触。

② **坐姿** 被测者挺胸坐在被调节到膝骨同高度的平面上,头部以眼耳平面定位,眼睛平视前方,左、右大腿大致平行,膝关节大致屈成直角,足平放在地面上,手轻放在大腿上。为确保坐姿正确,被测者的臀部、后背部应同时靠在同一铅垂面上。

无论何种姿势,身体都必须保持左右对称。由于呼吸而使测量值有变化的测量项目,应在呼吸平静时进行测量。

(2) 测量基准面

按照解剖学方位,人体可设置三种相互垂直的假想轴(见图2.2):①横轴(冠状轴),左右方向,与身体长轴和矢状轴相垂直的轴;②纵轴(矢状轴),前后方向,与身体长轴和冠状轴相互垂直的轴;③铅垂轴(垂直轴),与身体长轴平行且与水平面垂直的轴。人体测量基准面的定位就是由这三个互相垂直的轴来决定的。

① **矢状面** 通过铅垂轴和纵轴的平面及与其平行的所有平面都称为矢状面。

② **正中矢状面** 在矢状面中,把通过人体正中线的矢状面称为正中矢状面。正中矢状面将人体分成左、右对称的两个部分。

③ **冠状面** 通过铅垂轴和横轴的平面及与其平行的所有平面都称为冠状面。冠状面将人体分成前、后两个部分。

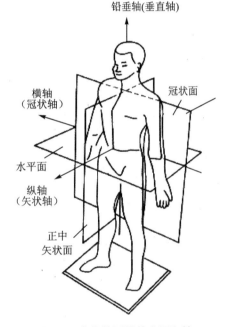

图 2.2 人体的测量基准面和轴

④ **水平面** 与矢状面及冠状面同时垂直的所有平面都称为水平面。水平面将人体分成上、下两个部分。

⑤ **眼耳平面** 通过左、右耳屏点及右眼眶下点的水平面称为眼耳平面或法兰克福平面(OAE)。

(3) 测量方向

① **头侧端与足侧端** 在人体的上、下方向上,上方称为头侧端,下方称为足侧端。

② **内侧与外侧** 在人体的左、右方向上,靠近正中矢状面的方向称为内侧,远离正中矢状面的方向称为外侧。

③ **近位与远位** 在四肢上,靠近四肢附着部位的称为近位,远离四肢附着部位的称为远位。

④ **桡侧与尺侧** 在上肢上，桡骨侧称为桡侧，尺骨侧称为尺侧。

⑤ **胫侧与腓侧** 在下肢上，胫骨侧称为胫侧，腓骨侧称为腓侧。

(4) 支承面和衣着

① **支承面** 立姿时站立的地面或平台以及坐姿时的椅平面应是水平的、稳固的和不可压缩的。

② **被测者的衣着** 要求被测者裸体或穿着尽量少的内衣，例如只穿内裤和背心。在穿着内衣的情况下测量胸围时，男性应撩起背心，女性应松去胸罩，然后进行测量。

(5) 测量精度

对人体测量的测量值精度有一定要求，长度测量项目（身高、各部分长度等）的测量值精度为 1 mm，体重等质量的测量精度为 0.5 kg。

3. 人体测量分类

人体相关参数具体可分为四大类：①静态的几何尺寸，②动态的活动范围，③心率、血压等生理指标，④生物力学指标。考虑到生理指标与工效设计关系不大，故这里不予介绍。下面着重介绍其余三类人体测量参数。

(1) 静态人体测量

所谓静态人体测量就是在确定的静止状态下，如在被测者保持站立不动、坐着不动或静卧等姿势的情况下，利用人体测量仪器，对人体进行直线、弧线、角度和面积等的"静止"测量。它一般包括体型特征测量，身体各部分的尺寸测量等。静态人体测量尺寸用以设计工作区间的大小。

(2) 动态人体测量

所谓动态人体测量就是指被测者处于动作状态下所进行的人体尺寸测量。它通常是对手、上肢、下肢、足所及的范围以及各关节能达到的距离和能转动的角度进行测量。

根据人体动态特点，动态人体测量的内容主要有以下几点：

① **人体部位运动过程测量** 如关节运动角度的测量、运动灵活性测量和运动轨迹测量等。

② **动作范围大小测量** 如手和足的活动范围、活动空间和活动方向的测量。

③ **形体变化测量** 如人在运动过程中，身体发生的弯曲、扭曲、伸直和前后左右变化等。

(3) 生物力学人体测量

生物力学方面的人体测量主要侧重于对人体各部分出力大小的测量，例如手部握力、脚部蹬力等。

2.2 人体尺寸及结构参数

2.2.1 人体尺寸

人体尺寸按照测量内容可分为两类，即结构尺寸和功能尺寸。

结构尺寸 是人体的静态尺寸，是人体处于固定的标准状态下测量的尺寸，可以针对许多不同的标准状态和不同部位，如上臂长度、大腿长度、坐高等。

在设计不同的设备或产品时，会涉及人体不同部位的尺寸。结构化的人体尺寸数据是指人体按照不同部位划分而得到的尺寸数据。需要注意的是,不同的研究者给出的人体部位的定义可能有所出入。

功能尺寸 是人体的动态尺寸,是人在工作姿势下或进行某种功能活动时测量的尺寸。功能尺寸通常是指由关节的活动、转动所产生的角度与肢体的长度协调所产生的范围尺寸,它对于解决许多包含空间范围、位置的问题很有用。人通常处于运动状态,尤其是在使用具体的设备或产品时,人体结构是一个不定型、活动可变的结构。所以尽管结构尺寸对某些设计很有用,但对于大多数的设计问题,功能尺寸可能更有意义。

依据结构尺寸和功能尺寸而进行的产品空间、尺寸设计是不同的(见图2.3)。

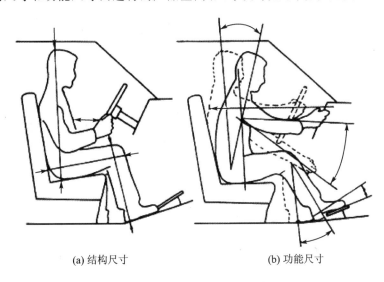

(a) 结构尺寸   (b) 功能尺寸

图 2.3 结构尺寸和功能尺寸示意图

使用功能尺寸时,强调的是人体在完成某一活动时,身体的各个部分是不可分的,即不是独立工作的,而是协调运动的。例如,人体手部的可达域并不仅仅由手臂尺寸唯一决定,也受到肩的运动、躯体的旋转和背部的弯曲等的影响。又如,人所能通过的最小通道并不等于肩宽,因为人在向前运动中必须依赖肢体的运动。再如,有一种翻墙的军事训练,2 m高的障碍墙难以直接翻越,但是借助于助跑、跳跃便可做到。从这里可以看出,人可以通过运动能力扩大自己的活动范围。因此在考虑人体尺寸时只参照人的结构尺寸是不行的,有必要把人的功能尺寸也考虑进去。换句话说,企图根据人体结构去解决一切有关空间和尺寸的问题是很困难的,或者至少是考虑不足的。常用功能尺寸如图2.4所示。

1. 中国成年人人体尺寸

在中国,第一次全国成年人人体测量工作的进行是在1986—1987年,抽样遍及全国16个省/市,测量样本达2万余人,数据均采用手工测量获取。在本次测量的基础上,制定了《中国成年人人体尺寸》GB 10000—88 等一系列人体尺寸国家标准。

国标GB 10000—88根据人体工效学要求提供了我国成年人(男18～60岁,女18～55岁)人体尺寸的基础数据,适用于工业产品、建筑设计、军事工业以及工业的技术改造、设备更新及劳动安全保护。对于每一项人体尺寸,该标准均按男、女各分4个年龄段给出数据:

男 18～60岁,18～25岁,26～35岁,36～60岁;

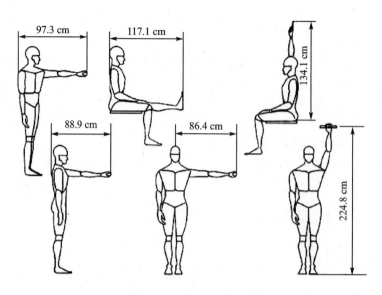

图 2.4 有功能作用的人体尺寸

女 18~55 岁，18~25 岁，26~35 岁，36~55 岁。

标准中共列出 7 组、47 项静态人体尺寸数据，分别是：人体主要尺寸 6 项(见表 2.1、表 2.2)，立姿人体尺寸 6 项(见表 2.3、表 2.4)，坐姿人体尺寸 11 项(见表 2.5、表 2.6)，人体水平尺寸 10 项，人体头部尺寸 7 项，人体手部尺寸 5 项，人体足部尺寸 2 项。

表 2.1 人体主要尺寸(男)

年龄组 百分比 测量项目	18~60 岁							18~25 岁						
	1	5	10	50	90	95	99	1	5	10	50	90	95	99
1.1 身高/mm	1543	1583	1604	1678	1754	1775	1814	1554	1591	1611	1686	1764	1789	1830
1.2 体重/kg	44	48	50	59	71	75	83	43	47	50	57	66	70	78
1.3 上臂长/mm	279	289	294	313	333	338	349	279	289	294	313	333	339	350
1.4 前臂长/mm	206	216	220	237	253	258	268	207	216	221	237	254	259	269
1.5 大腿长/mm	413	428	436	465	496	505	523	415	432	440	469	500	509	532
1.6 小腿长/mm	324	338	344	369	396	403	419	327	340	346	372	399	407	421
年龄组 百分比 测量项目	26~35 岁							36~60 岁						
	1	5	10	50	90	95	99	1	5	10	50	90	95	99
1.1 身高/mm	1545	1588	1608	1683	1755	1776	1815	1533	1576	1596	1667	1739	1761	1798
1.2 体重/kg	45	48	50	59	70	74	80	45	49	51	61	74	78	85
1.3 上臂长/mm	280	289	294	314	333	339	349	278	289	294	313	331	337	348
1.4 前臂长/mm	205	216	221	237	253	258	268	206	215	220	235	252	257	267
1.5 大腿长/mm	414	427	436	468	495	505	521	411	425	434	462	492	501	518
1.6 小腿长/mm	324	338	345	370	397	403	420	322	336	343	367	393	400	416

第 2 章 人体测量

表 2.2 人体主要尺寸(女)

测量项目 \ 年龄组 百分比	18～55 岁							18～25 岁						
	1	5	10	50	90	95	99	1	5	10	50	90	95	99
1.1 身高/mm	1449	1484	1503	1570	1640	1659	1697	1457	1494	1512	1580	1647	1667	1709
1.2 体重/kg	39	42	44	52	63	66	74	38	40	42	49	57	60	66
1.3 上臂长/mm	252	262	267	284	303	308	319	253	263	268	286	304	309	319
1.4 前臂长/mm	185	193	198	213	229	234	242	187	194	198	214	229	235	243
1.5 大腿长/mm	387	402	410	438	467	476	494	391	406	414	441	470	480	496
1.6 小腿长/mm	300	313	319	344	370	376	390	301	314	322	346	371	379	395

测量项目 \ 年龄组 百分比	26～35 岁							36～55 岁						
	1	5	10	50	90	95	99	1	5	10	50	90	95	99
1.1 身高/mm	1449	1486	1504	1572	1642	1661	1698	1445	1477	1494	1560	1627	1646	1683
1.2 体重/kg	39	42	44	51	62	65	72	40	44	46	55	66	70	76
1.3 上臂长/mm	253	263	267	285	304	309	320	251	260	265	282	301	306	317
1.4 前臂长/mm	184	194	198	214	229	234	243	185	192	197	213	229	233	241
1.5 大腿长/mm	385	403	411	438	467	475	493	384	399	407	434	463	472	489
1.6 小腿长/mm	299	312	319	344	370	376	389	300	311	318	341	367	373	388

表 2.3 立姿人体尺寸(男)

mm

测量项目 \ 年龄组 百分比	18～60 岁							18～25 岁						
	1	5	10	50	90	95	99	1	5	10	50	90	95	99
2.1 眼高	1436	1474	1495	1568	1643	1664	1705	1444	1482	1502	1576	1653	1678	1714
2.2 肩高	1244	1281	1299	1367	1435	1455	1494	1245	1285	1300	1372	1442	1464	1507
2.3 肘高	925	954	968	1024	1079	1096	1128	929	957	973	1028	1088	1102	1140
2.4 手功能高	656	680	693	741	787	801	828	659	683	696	745	792	808	831
2.5 会阴高	701	728	741	790	840	856	887	707	734	749	796	848	864	895
2.6 胫骨点高	394	409	417	444	472	481	498	397	411	419	446	475	485	500

测量项目 \ 年龄组 百分比	26～35 岁							36～60 岁						
	1	5	10	50	90	95	99	1	5	10	50	90	95	99
2.1 眼高	1437	1478	1497	1572	1645	1667	1705	1429	1465	1488	1558	1629	1651	1689
2.2 肩高	1244	1283	1303	1369	1438	1456	1496	1241	1278	1296	1360	1426	1445	1482
2.3 肘高	925	956	971	1026	1081	1097	1128	921	950	963	1019	1072	1087	1119

续表2.3

测量项目 \ 年龄组 百分比	18～60岁							18～25岁						
	1	5	10	50	90	95	99	1	5	10	50	90	95	99
2.4 手功能高	658	683	695	742	789	802	828	651	676	689	736	782	795	818
2.5 会阴高	703	728	742	792	841	857	886	700	724	736	784	832	846	875
2.6 胫骨点高	394	409	417	444	473	481	498	392	407	415	441	469	478	493

表2.4 立姿人体尺寸(女)　　　　　　　　　　　　　　　　　　　　　mm

测量项目 \ 年龄组 百分比	18～55岁							18～25岁						
	1	5	10	50	90	95	99	1	5	10	50	90	95	99
2.1 眼高	1337	1371	1388	1454	1522	1541	1579	1341	1380	1396	1463	1529	1549	1588
2.2 肩高	1166	1195	1211	1271	1333	1350	1385	1172	1199	1216	1276	1336	1353	1393
2.3 肘高	873	899	913	960	1009	1023	1050	877	904	916	965	1013	1027	1060
2.4 手功能高	630	650	662	704	746	757	778	633	653	665	707	749	760	784
2.5 会阴高	648	673	686	732	779	792	819	653	680	694	738	785	797	827
2.6 胫骨点高	363	377	384	410	437	444	459	366	379	387	412	439	446	463

测量项目 \ 年龄组 百分比	26～35岁							36～55岁						
	1	5	10	50	90	95	99	1	5	10	50	90	95	99
2.1 眼高	1335	1371	1389	1455	1524	1544	1581	1333	1365	1380	1443	1510	1530	1561
2.2 肩高	1166	1196	1212	1273	1335	1352	1385	1163	1191	1205	1265	1325	1343	1376
2.3 肘高	873	900	913	961	1010	1025	1048	871	895	908	956	1004	1018	1042
2.4 手功能高	628	649	662	704	746	757	778	628	646	660	700	742	753	775
2.5 会阴高	647	672	686	732	780	793	819	646	668	681	726	771	784	810
2.6 胫骨点高	362	376	384	410	438	445	460	363	375	382	407	433	441	456

表2.5 坐姿人体尺寸(男)　　　　　　　　　　　　　　　　　　　　　mm

测量项目 \ 年龄组 百分比	18～60岁							18～25岁						
	1	5	10	50	90	95	99	1	5	10	50	90	95	99
3.1 坐高	836	858	870	908	947	958	979	841	863	873	910	951	963	984
3.2 坐姿颈椎点高	599	615	624	657	691	701	719	596	613	622	655	691	702	718
3.3 坐姿眼高	729	749	761	798	836	847	868	732	753	763	801	840	851	868

续表2.5

年龄组 百分比 测量项目	18～60岁							18～25岁						
	1	5	10	50	90	95	99	1	5	10	50	90	95	99
3.4 坐姿肩高	539	557	566	598	631	641	659	538	557	565	597	631	641	658
3.5 坐姿肘高	214	228	235	263	291	298	312	215	227	234	261	289	297	311
3.6 坐姿大腿厚	103	112	116	130	146	151	160	106	114	117	130	144	149	156
3.7 坐姿膝高	441	456	464	493	523	532	549	443	459	468	497	527	535	554
3.8 小腿加足高	372	383	389	413	439	448	463	375	386	393	417	444	454	468
3.9 坐深	407	421	429	457	486	494	510	407	423	429	457	486	494	511
3.10 臀膝距	499	515	524	554	585	595	613	500	516	526	554	585	594	615
3.11 坐姿下肢长	892	921	937	992	1046	1063	1096	893	925	939	992	1050	1068	1100

年龄组 百分比 测量项目	26～35岁							36～60岁						
	1	5	10	50	90	95	99	1	5	10	50	90	95	99
3.1 坐高	839	862	874	911	948	959	983	832	853	865	904	941	952	973
3.2 坐姿颈椎点高	600	617	626	659	692	702	722	599	615	625	658	691	700	719
3.3 坐姿眼高	733	753	764	801	837	849	873	724	743	756	795	832	841	864
3.4 坐姿肩高	539	559	569	600	633	642	660	538	556	564	597	630	639	657
3.5 坐姿肘高	217	230	237	264	291	299	313	210	226	234	263	292	299	313
3.6 坐姿大腿厚	102	111	115	130	147	152	160	102	110	115	131	148	152	162
3.7 坐姿膝高	441	456	464	494	523	531	553	439	455	462	490	518	527	543
3.8 小腿加足高	373	384	391	415	441	448	462	370	380	386	409	435	442	458
3.9 坐深	405	421	429	458	486	493	510	407	420	428	457	486	494	511
3.10 臀膝距	497	514	523	554	586	595	611	500	515	524	554	585	596	613
3.11 坐姿下肢长	889	919	934	991	1045	1064	1095	892	922	938	992	1045	1060	1095

表 2.6 坐姿人体尺寸(女)

mm

年龄组 百分比 测量项目	18～55岁							18～25岁						
	1	5	10	50	90	95	99	1	5	10	50	90	95	99
3.1 坐高	789	809	819	855	891	901	920	793	811	822	858	894	903	924
3.2 坐姿颈椎点高	563	579	587	617	648	657	675	565	581	589	618	649	658	677
3.3 坐姿眼高	678	695	704	739	773	783	803	680	636	707	741	774	785	806
3.4 坐姿肩高	504	518	526	556	585	594	609	503	517	526	555	584	593	608

续表 2.6

测量项目 \ 百分比 \ 年龄组	18～55 岁							18～25 岁						
	1	5	10	50	90	95	99	1	5	10	50	90	95	99
3.5 坐姿肘高	201	215	223	251	277	284	299	200	214	222	249	275	283	299
3.6 坐姿大腿厚	107	113	117	130	146	151	160	107	113	116	129	143	148	156
3.7 坐姿膝高	410	424	431	458	485	493	507	412	428	435	461	487	494	512
3.8 小腿加足高	331	342	350	382	399	405	417	336	346	355	384	402	408	420
3.9 坐深	388	401	408	433	461	469	485	389	401	409	433	460	468	485
3.10 臀膝距	481	495	502	529	561	570	587	480	495	501	529	560	568	586
3.11 坐姿下肢长	826	851	865	912	960	975	1 005	825	854	867	914	963	978	1 008
测量项目 \ 百分比 \ 年龄组	26～35 岁							36～55 岁						
	1	5	10	50	90	95	99	1	5	10	50	90	95	99
3.1 坐高	792	810	820	857	893	904	921	785	805	816	851	886	896	915
3.2 坐姿颈椎点高	563	579	588	618	650	658	677	561	576	584	616	647	655	672
3.3 坐姿眼高	679	696	705	740	775	786	806	674	692	701	735	769	778	796
3.4 坐姿肩高	506	520	528	556	587	596	610	504	518	525	555	584	592	608
3.5 坐姿肘高	204	217	225	251	277	284	298	201	215	223	251	279	287	300
3.6 坐姿大腿厚	107	113	116	130	145	150	160	108	114	118	133	149	154	164
3.7 坐姿膝高	409	423	431	458	486	493	508	409	422	429	455	483	490	503
3.8 小腿加足高	334	345	353	383	399	405	417	327	338	344	379	396	401	412
3.9 坐深	390	403	409	434	463	470	485	386	400	406	432	461	468	487
3.10 臀膝距	481	494	501	529	561	570	590	482	496	502	529	562	572	588
3.11 坐姿下肢长	826	850	865	912	960	976	1 004	826	848	862	909	957	972	996

人体尺寸数据标准具有较强的时效性,一般每 10 年就需要修订一次。自 1986—1987 年的第一次全国成年人人体尺寸测量工作以来,我国这 20 多年间经济快速发展,人们生活水平日益提高,国人的身高、体形等都发生了很大变化。因此,我国现在急需开展第二次全国成年人人体尺寸测量工作,以更新中国成年人人体尺寸系列标准,满足各方需求。

由中国标准化研究院牵头实施的"中国成年人工效学基础参数调查"已于 2013 年 11 月宣布启动。这是继 1986 年开展第一次成年人人体尺寸测量以来,我国再次对人体基础数据启动调查,预计历时 5 年完成。此次数据采集和调查,以 18～75 岁的中国成年人为对象,将全国划分为 6 个区域,每个区域内抽取 2～3 个测量点,测量和调查 2 万多个样本(人)。此次测量中,人体尺寸参数将从 74 项增加到 160 多项,同时还将测量人体肌肉力量、视觉敏感度、声音敏感度、指端触觉等新项目。

2. 人体尺寸差异

人体尺寸测量如仅仅着眼于积累资料是不够的,还要进行大量细致的分析工作。由于有很多复杂的因素在影响人体尺寸,所以个体与个体之间,群体与群体之间在人体尺寸上都存在很多差异,不了解这些就不能合理地使用人体尺寸数据,也就达不到预期的目的。人体尺寸的差异是由多个因素造成的,主要存在以下几个方面:

(1) 由年龄引起的差异

很多身体尺寸是随着年龄变化而变化的。从童年时期到成年时期,人的身高显然发生了很大的变化。广泛的研究表明:人的身高增长到20~25岁时停止;手的尺寸在男性15岁、女性13岁时达到一定值;脚的大小在男性17岁,女性15岁时基本定型。而在35~40岁时身高开始降低,女性比男性尤为明显。与身高不同,一些身体尺寸或参数如体重、肩宽、腹围、臀围、胸围可一直变大,直到约60岁才开始下降。

(2) 由性别引起的差异

平均而言,成年男性比成年女性身材更高大,成年女性的身体尺寸约是成年男性相应身体尺寸值的92%。但在某些人体尺寸上,如胸厚、臀宽、臀部及大腿周长则正好相反。另外,与整个身体相比,女性的手臂和腿较短,躯干和头占的比例较大,肩较窄,骨盆较宽。因此,在腿的长度尺寸起重要作用的场所(如坐姿操作的岗位),考虑女性的人体尺寸至关重要。而且,皮下脂肪厚度及脂肪层在身体上的分布,男女也有明显差异。

(3) 由种族引起的差异

不同的国家,不同的种族,因其地理环境、生活习惯、遗传特质的不同,身体尺寸及比例关系的差异是十分明显的(见表2.7)。世界上身材最高的民族是生活在非洲苏丹南部的北方泥洛特人,平均身高达1 828.8 mm;世界上身材最矮的民族是生活在非洲中部的俾格米人,平均身高约1 371.6 mm。对美国空军中黑人和白人男性军人曾作的相关调查表明:他们的平均身高虽然相同,但是黑人军人群体四肢长度大于白人军人群体;相反,其躯干长度却比白人军人群体短。

值得注意的是,不同种族之间,上肢相对长度的差异与下肢相对长度的差异是类似的。有研究表明,不同种族间身体的差异主要是由四肢的远端部分(即前臂和小腿)在长短上的差异引起的,而不是四肢的近端部分(即上臂和大腿)。也有研究表明,非洲人的肩宽相对于身高的比例较欧洲人的该比例值小;同时,非洲人无论男性女性,臀宽较欧洲人的小。整体而言,非洲人的身材比例更符合"线性"关系。在我国东北和华北区、西北区、东南区、华中区、华南区及西南区这6个区域中,东北和华北地区人群的身材较为高大,西南地区人群的身材较为矮小,我国不同地域间人体尺寸差异见表2.8。

表2.7 各国人体尺寸对照表

cm

人体尺寸(均值)	德国	法国	英国	美国	瑞士	亚洲
身高	172	170	171	173	169	168
身高(坐姿)	90	88	85	86	—	—
肘高	106	105	107	106	104	104
膝高	55	54	—	55	52	—
肩宽	45	—	46	45	44	44
臀宽	35	35	—	35	34	—

表 2.8　中国 6 地区成年人体重、身高、胸围的数据

项　目		东北和华北		西北		东南		华中		华南		西南	
		均值	标准差	均值	标准差	均值	标准差	均值	标准差	均值	标准差	均值	标准差
男 (18~ 60 岁)	体重/kg	64	8.2	60	7.6	59	7.7	57	6.9	56	6.9	55	6.8
	身高	1693	56.6	1684	53.7	1686	55.2	1669	56.3	1650	57.1	1647	56.7
	胸围	888	55.5	880	51.5	856	52.0	853	49.2	851	48.9	855	48.3
女 (18~ 55 岁)	体重/kg	55	7.7	52	7.1	51	7.2	50	6.8	49	6.5	50	6.9
	身高	1586	51.8	1575	51.9	1575	50.8	1560	50.7	1549	49.7	1546	53.9
	胸围	848	66.4	837	55.9	831	59.8	820	55.8	819	57.6	809	58.8

(4) 时代差异

在过去一百年中观察到的生长加快(加速度)是一个特别的变化,子女们一般比父母长得高,这个变化在总人口的身高平均值上也可以得到证实。欧洲的居民预计每 10 年身高增加 10~14 mm;我国 12~17 岁青少年的身高体重明显增加,男生身高增高 69 mm,体重增加 5.5 kg,女生身高增高 55 mm,体重增加 4.5 kg。美国的军事部门每 10 年测量一次入伍新兵的身体尺寸,以观察身体的变化,发现二战时期入伍的人的身体尺寸超过了一战时期。美国卫生福利和教育部门在 1971—1974 年所作的研究表明:大多数女性和男性的身高比 1960—1962 年国家健康调查的结果要高。最近的调查表明,51% 的男性高于或等于 175.3 cm,而 1960—1962 年只有 38% 的男性达到这个高度。认识这种缓慢变化与各种产品设备设计、生产和发展周期之间的关系,并作出预测是极为重要的。

(5) 职业差异

从大量的劳动科学和医学调查中可知,不同职业的人在体型和人体尺寸上存在着较大差异。由于长期的职业活动,使身体某些部分得到了特别锻炼而改变了体型。体力劳动者和脑力劳动者在体型和身体的某些尺寸方面存在较大差别。除了在身高和躯干与腿的比例上有差别外,在头部、腹部、身体各部分的周长以及全身脂肪的分布上也有差别。如运动员在身体尺寸和形态上都与一般人有所不同。另外,一些职业对雇员的体型会有一些特定的要求,例如消防队员、模特、警察等。

2.2.2　结构参数

在人体测量中,身高(H)、体重(W)和年龄(A)为三大基本参数。以此三个参数为基础,派生出的人体参数为辅助参数,如人体各部分长度、各部分质量、各部分体积、各部分重心位置以及人体表面面积、各部分的转动惯量等。正常成年人的身体各部分之间都成一定的比例关系。因此,当无条件测量或直接测量有困难时,或为了简化人体测量的过程时,可根据人体的身高、体重等基础测量数据间的比例关系计算人体相关参数,或利用经验公式计算出所需的其他各部分数据。在人-机系统中,人体辅助参数与基本参数之间的比例系数是由人体测量、生物力学和劳动生理三个方面共同决定的。

人体各部分尺寸与身高之间,体重与身高之间,体重、身高与体积、表面面积之间存在一定的比例关系,或者说是经验换算公式。

1. 我国成年人人体各部分尺寸与身高的比例关系

根据国家标准《中国成年人人体尺寸》GB 10000—88 给定的人体尺寸数据的均值，推算出我国成年人(男 18～60 岁，女 18～55 岁)人体各部分尺寸与身高 H 的比例关系如图 2.5 所示。该图仅供计算我国成年人人体尺寸时参考。此外，间接计算结果与直接测量数据间有一定的误差，使用时应考虑计算值是否满足设计的要求。

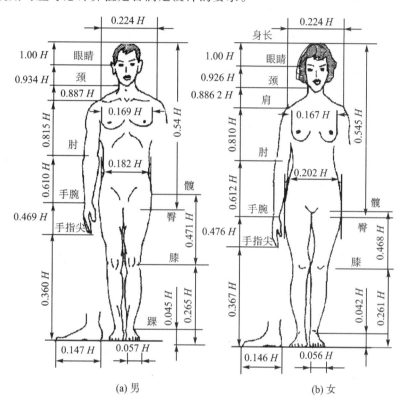

图 2.5　我国成年人人体尺寸的比例关系

2. 体重与身高的比例关系

一般人体的体重与身高之间存在下述关系：
$$W_E = H - 110 \tag{2.1}$$
$$W_L = H - 100 \tag{2.2}$$

式中：W_E 为正常体重；W_L 为理想体重；H 为身高；100 和 110 为常数。

如果人体的体重经常低于或高于正常体重的 10% 以上，则属于不正常状态。

3. 人体体积和表面面积的计算

当体重在 50～100 kg 时，可根据体重、身高按下列公式估算人体体积和表面面积：

① 人体体积计算公式为
$$V = 1.015W - 4.937 \tag{2.3}$$

式中：V 为人体体积；W 为人体质量；4.937 为常数，1.015 为比例系数。

② 人体表面面积计算公式：

由身高计算人体表面面积为

男性 $B = 100H$ (2.4)

女性 $B = 77H$ (2.5)

式中：B 为人体表面面积；100 和 77 为比例系数。

由身高和体重计算人体表面面积为

$$B = 0.023\,5 H^{0.422\,46} W^{0.514\,56} \quad (2.6)$$

式中：0.023 5、0.422 46、0.514 56 为比例系数。

除上述关系以外，在已知人体身高 $H(\text{cm})$、体重 $W(\text{kg})$、体积 $V(\text{L})$ 时，还可计算出人体生物力学各参数的近似值，见表 2.9。

表 2.9 人肢体生物力学参数

人体部分	长度 L_i/cm	体积 V_i/L	质量 W_i/kg	重心位置 O_i/cm	旋转半径 R_i/cm	转动惯量 $J_i/(\text{kg} \cdot \text{m}^2)$
手掌	$L_1 = 0.114H$	$V_1 = 0.005\,6V$	$W_1 = 0.006W$	$O_1 = 0.506L_1$	$R_1 = 0.587L_1$	$J_1 = W_1/R_1^2$
前臂	$L_2 = 0.146H$	$V_2 = 0.017\,0V$	$W_2 = 0.018W$	$O_2 = 0.430L_2$	$R_2 = 0.526L_2$	$J_2 = W_2/R_2^2$
上臂	$L_3 = 0.159H$	$V_3 = 0.034\,9V$	$W_3 = 0.035\,7W$	$O_3 = 0.436L_3$	$R_3 = 0.542L_3$	$J_3 = W_3/R_3^2$
大腿	$L_4 = 0.250H$	$V_4 = 0.092\,4V$	$W_4 = 0.094\,6W$	$O_4 = 0.433L_4$	$R_4 = 0.540L_4$	$J_4 = W_4/R_4^2$
小腿	$L_5 = 0.238H$	$V_5 = 0.040\,8V$	$W_5 = 0.042W$	$O_5 = 0.433L_5$	$R_5 = 0.528L_5$	$J_5 = W_5/R_5^2$
躯干	$L_6 = 0.300H$	$V_6 = 0.613\,2V$	$W_6 = 0.580W$	$O_6 = 0.660L_6$	$R_6 = 0.830L_6$	$J_6 = W_6/R_6^2$

注：O_i 为各肢体的重心位置（指靠近身体中心关节的距离）；

R_i 为各肢体的旋转半径（指靠近身体中心关节的距离）；

J_i 为各肢体的转动惯量（指绕关节转动的惯量）。

2.3 人体测量方法和仪器

2.3.1 人体测量方法

人体测量是一项科学性很强的工作，需要按照标准化的方法和严格的步骤，科学地应用人体测量技术进行测量，以确保人体测量数据的质量。

人体测量的具体要求如下：测量应在呼气与吸气之间进行。其次序为从头向下到脚；从身体的前面，经过侧面，再到后面。测量时只允许轻触测点，不可紧压皮肤，以免影响测量的准确性。体部某些长度的测量，既可用直接测量法，也可用间接测量法（两种尺寸相加减）。在进行人体测量前要确定测点，统一测点的位置和定义。图 2.6 所示为常用人体尺寸的静态测量方法。

1. 测 点

测点就是测量的起止点。如测量身高，是指从地面（脚踏平面）一点至头顶点的测量距离。一般地面上的点比较容易确定，主要研究如何确定"头顶点"的位置。正中矢状面的最高点就是头顶点。过头顶点作一铅垂轴，此轴与地平面（脚踏平面）的交点就是地面上的点。这两点间的距离就是一个人的身高尺寸。

根据要求不同，可以定出很多的测点。与确定"头顶点"一样，要定义出科学的位置，然后

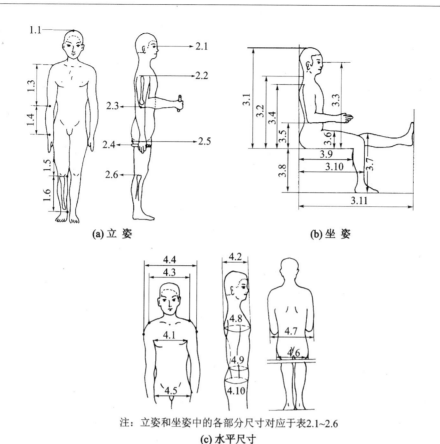

(a) 立 姿 (b) 坐 姿

(c) 水平尺寸

注：立姿和坐姿中的各部分尺寸对应于表2.1～2.6

图 2.6　人体静态测量方法

再进行所需要的人体测量。常用的测点分两部分：头部测点(头、面、眼、耳、鼻、口等部分的测点)和躯肢测点(除头部外其他所需的测点)。在 GB 3975—83 中规定了人体工效学使用的有关人体测量参数的测点及测量项目，其中包括：头部测点 16 个和测量项目 12 项；躯干和四肢部位的测点共 22 个，测量项目共 69 项，其中分为立姿 40 项、坐姿 22 项、手和足部 6 项以及体重 1 项。

2. 基本测量项目

人体尺寸的测量项很多，国家标准《中国成年人人体尺寸》GB 10000—88 根据人体工程要求提供了我国成年人人体尺寸的基础数值。该标准中共列出了 47 项人体尺寸的基础数据。现将人体测量中主要项目的测量方法介绍如下：

- 身高(Stature)　从地面到头顶的垂直距离。
- 眼高(Eye Height)　从地面到眼角的高度。
- 肩高(Shoulder Height)　从地面到肩峰的高度。
- 肘高(Elbow Height)　从地面到肘关节的高度，用来决定工作台的高度。
- 臀高(Hip Height)　在人体站立时，从地面到臀部关节的高度。
- 指节的高度(Knuckle Height)　作为栏杆和手柄的参考。
- 指尖的高度(Fingertip Height)　与手指操作控件的最低可承受水平有关。

- 坐高（Sitting Height） 从座位的平面到头顶的高度。
- 坐眼高（Sitting Eye Height） 在人体处于坐姿时，从座位平面到眼角的高度。
- 坐肩高（Sitting Shoulder Height） 在人体处于坐姿时，从座位平面到肩关节的高度。
- 坐肘高（Sitting Elbow Height） 从座位的平面到肘下侧的高度，设计扶手、桌面、键盘的高度设计。
- 大腿的厚度（Thigh Thickness） 与座位和桌面之间的空间有关。
- 臀部-膝盖的长度（Buttock - Knee Length） 与座位之间的行距有关。
- 臀部-腿弯部的长度（Buttock - Popliteal Length） 与座位的深度有关。
- 膝盖的高度（Knee Height） 与桌子下面的空间有关。
- 腿弯部的高度（Popliteal Height） 从地面到膝盖底下弯角的垂直距离，与椅子的最大可接受高度有关。
- 肩宽（Shoulder Breadth：Bideltoid） 肩部的最大水平宽度，与肩部的水平空间有关。
- 肩关宽（Shoulder Breadth：Biacromial） 人体两肩关节之间的距离，与服装设计有关。
- 臀宽（Hip Breadth） 与设计座位的宽度有关。
- 胸部厚度（Chest Depth） 从垂直的背部到前胸的最大水平距离，与座位的靠背和障碍物之间的空间设计有关。
- 腹部厚度（Abdominal Depth） 在标准的坐姿时，从垂直的背部到腹部的最大水平距离，与座位的靠背和障碍物之间的空间设计有关。
- 肩-肘的长度（Shoulder - Elbow Length） 在标准的坐姿时，从肩峰到肘下部的距离。
- 肘-指尖的长度（Elbow - Fingertip Length） 在标准的坐姿时，从肘后到中指尖的距离，涉及前臂延伸的区域，用来定义正常的工作区域、胳膊的伸展区域。
- 上肢的长度（Upper Limb Length） 在肘和腕都伸直的状态下，从肩峰到指尖的距离。
- 手心的长度（Shoulder - Grip Length） 手臂伸直，从肩峰到手中所握物体中心的距离，表示上肢的功能长度，用来确定使人感到方便的伸展区域。
- 头部厚度（Head Length） 头部两耳上面的最大宽度。
- 头部宽度（Head Breadth） 眉间到后脑部的距离，可作为眼部位置的参考数据。
- 手的长度（Hand Length） 在手保持僵直的状态下，从腕部的皱痕到中指尖的距离。
- 手的宽度（Hand Breadth） 手掌的最大宽度，与把手、控制杆的设计有关。
- 脚的长度（Foot Length） 从脚后跟到最长的脚趾尖的距离，平行于脚的轴心（用于脚的空间及踏板的设计）。
- 脚的宽度（Foot Breadth） 脚的最大水平宽度，与脚的轴线垂直（脚的空间及踏板占据的空间）。
- 跨度（Span） 当两只手都向两边伸直时，两手之间的最大水平距离（横向伸展）。
- 肘部跨度（Elbow Span） 当上臂向两边伸展，肘部弯曲使指尖触胸时，两肘尖的距离（可以指导设计工作台的肘部空间）。
- 站立时手掌的握点（Grip Reaches） 在人体站立时，胳膊向上举起时手掌可以握住的最高的圆棒中心。
- 标准坐姿手掌的握点（Grip Reaches） 人体在保持坐姿时，手掌的最高握点。
- 手掌前展（Forward Reaches） 上肢在肩部高度的水平面内向前伸展时从背部到手掌

的距离。这是人体无须刻意伸展便可到达的距离,在设计控制室或驾驶舱中的可操作开关的最大距离时应考虑该距离。

3. 关节活动度

除上述基本测量项目外,人体测量中还有许多其他指标的测量,关节活动度就是其中之一。关节活动度(Range of Motion,ROM)又称关节活动范围,是指关节活动时可以达到的最大运动范围(弧度)。它是评价运动系统功能状态的最基本、最重要的手段之一,同时也是工效学测量的重要内容,因此下面着重介绍关节活动度的测量方法。

(1)测量姿势

测量关节活动度时,被测者应取最舒适的身体姿势,从而保证测量数据的正确。例如,测量下肢关节活动度时,可取坐位、仰卧位或俯卧位;测量脊柱的活动度时,可取坐位或立位。

(2)0°开始位置

通常取解剖位置为关节活动度测量的0°开始位置。通常分为中间位置和全伸直位。其中,中间位置是指在此位置中,关节如同处于休止状态的钟摆,能在同一平面上向两个不同的方向活动。全伸直位是指关节仅能沿一个方向活动的0°解剖位置。

在人体各部位以0°开始位置为中间位置的关节活动有:肩关节做屈伸活动或外展内收活动;腕关节做屈伸活动或桡屈与尺屈活动;掌指关节做屈伸活动或外展内收活动;髋关节做屈伸活动或外展内收活动;踝关节做趾屈或背屈活动;脊柱颈段做屈伸活动或侧屈活动等。0°开始位置为全伸直位的关节有:肘关节、指间关节、膝关节和趾间关节。此外,还存在特殊中间位置作为0°开始位置的,如进行前臂旋前活动的测量时,0°开始位置为:上臂内收,屈肘成90°,肘部紧靠体侧,手掌朝向内侧,此即为一个特殊中间位置。

(3)测量仪器

测量仪器主要包括关节活动测规(由固定臂、活动臂和角度刻度盘等组成)、钢皮卷尺、塑料卷尺和直尺等。

(4)正常关节的活动度

常用正常关节活动度见表2.10。

表2.10 正常关节活动度

关节名称	活动种类	度数(平均值)/(°)
髋关节	屈	120
	伸	10
	外展	45
	内收	30
	旋内	45
	旋外	45
膝关节	由伸至屈	135
踝关节	背屈	20
	趾屈	50

续表 2.10

关节名称	活动种类	度数(平均值)/(°)
足后部(距跟关节)	内翻	5(被动活动)
	外翻	5(被动活动)
足前部(跗骨间关节)	内翻(内收并旋后)	35
	外翻(外展并旋前)	15
跖趾关节(拇趾)	屈	45
	伸	70
趾间关节(拇趾)	由伸至屈	90
跖趾关节(第二至第五趾)	屈	40
	伸	40
近侧趾间关节(第二至第五趾)	由伸至屈	35
远侧趾间关节(第二至第五趾)	由伸至屈	60
肩关节	屈	180
	伸	60
	外展	180
	内收	75
	旋内	70
	旋外	90
肘关节	由伸至屈	150
桡尺关节	旋前	80
	旋后	80
腕关节	屈	80
	伸	70
	尺屈	30
	桡屈	20
腕掌关节(拇指)	屈	15
平行于掌面(桡侧向)的外展(拇指)		70
垂直于掌面(掌侧向)的外展(拇指)		70
掌指关节(拇指)	由伸至屈	50
指间关节(拇指)	屈	80
	伸	20
掌指关节(第二至第五指)	屈	90
	伸	45
近侧指间关节(第二至第五指)	由伸至屈	100
远侧指间关节(第二至第五指)	由伸至屈	90

续表 2.10

关节名称	活动种类	度数（平均值）/(°)
颈段脊柱	屈	45
	伸	45
	侧屈	45
	旋转	60
胸段脊柱和腰段脊柱	屈	80
	伸	30
	侧屈	35
	旋转	45

2.3.2 人体测量仪器

人体测量仪器是进行人体测量的必备工具，直接关系到测量方法的可用性和测量结果的准确性。因此，人体测量仪器需具备精确度适宜、使用简便、经久耐用等特点。

1. 传统的人体测量仪器

在人体尺寸参数的测量中，所采用的人体测量仪器有：人体测高仪、人体测量用直脚规、人体测量用弯脚规、人体测量用三脚平行规、坐高仪、量足仪、角度计、软卷尺以及医用磅秤等。我国对人体尺寸测量专用仪器已制定了国家标准 GB/T 5704—2008，而通用的人体测量仪器可采用一般的人体生理测量的有关仪器。

(1) 人体测高仪

人体测高仪由直尺、固定尺座、活动尺座、弯尺、主尺杆和底座组成（见图 2.7）。主尺杆由相互连接的四节金属管（每节长 500 mm）及固定装配在第一节金属管顶端的固定尺座组成。各金属管末端可加注适当标记，以便连接。固定尺座为被固定安装在第一节金属管顶端的尺座，第一节金属管与固定尺座装配固定后的总长度为 510 mm，固定尺座内可插入直尺或弯尺。活动尺座为可以沿主尺杆做上、下活动的尺座，可插入直尺或弯尺。活动尺座上有一管形尺框，其上开有一长方形小窗，小窗上缘与插在活动尺座中的直尺或弯尺的下缘处于同一水平面，小窗上缘是用直尺测量的读数（测量值）位置。为了便于读数，在靠近固定尺座一端的小窗上缘可漆成红色。直尺共两把，若将一把直尺插入活动尺座内，则可用于测量人体的各种高度；若将两把直尺分别插入固定尺座及活动尺座内，与第一、二节金属管配合使用，即构成圆杆直脚规，可测量人体各种宽度。弯尺共两把，若将两把弯尺分别插入固定尺座和活动尺座内，与第一、二节金属管配合使用，即组成圆杆弯脚规，可测量人体各种宽度和厚度。底座为使主尺杆保持与地面相垂直的辅助构件。

(2) 直脚规

直脚规由固定直脚、活动直脚、主尺和尺框等组成。直脚规根据有、无游标读数分为两种类型。Ⅰ型无游标读数，Ⅱ型有游标读数。Ⅰ型直脚规又根据测量范围不同，分为ⅠA 和ⅠB 两种型号。直脚规的型号、结构见图 2.8 和表 2.11。

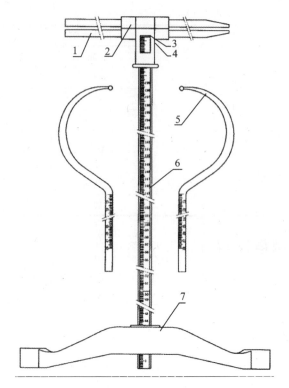

1—直尺；2—固定尺座；3—管形尺框；
4—活动尺座；5—弯尺；6—主尺杆；7—底座

图 2.7　人体测高仪示意图

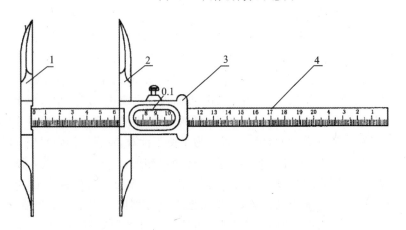

1—固定直脚；2—活动直脚；3—尺框；4—主尺

图 2.8　直脚规示意图

表 2.11 直脚规主要参数

型 号	测量范围/mm	分度值/mm	分辨力/mm
ⅠA	0～200	1	0.1
ⅠB	0～250	1	0.1
Ⅱ	0～200	0.1	0.1

注：分辨力适用于带数字显示的直脚规。

(3) 弯脚规

弯脚规按量脚的端部形状的不同分为椭圆体型（Ⅰ型）、椰尖端型（Ⅱ型）两种类型，示意图见图 2.9。其测量范围均为 0～300 mm。弯脚规的分度值为 1 mm。

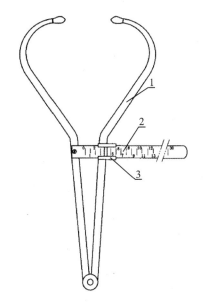

1—弯脚；2—主尺；3—尺框

图 2.9 弯脚规示意图

(4) 三脚平行规

三脚平行规，按量脚形状的不同，分为Ⅰ型（直角型）和Ⅱ型（弯脚型）两种类型（见图 2.10）。其测量范围和游标分度值应符合表 2.12 的规定。

表 2.12 三脚平行规主要参数

型 号	主 尺		竖 尺	
	测量范围/mm	分度值/mm	测量范围/mm	分度值/mm
Ⅰ	0～220	0.1	−50～50	0.1
Ⅱ	0～220	0.1	−50～50	0.1

(5) 活动直脚规

活动直脚规是一种可上下移动固定脚和活动脚的直脚规，主要用于测量在不同水平面上两点间的投影距离。它由固定尺座、活动尺座、主尺、尺框和插入尺座的两把直尺构成。其主尺的测量范围是 0～250 mm。

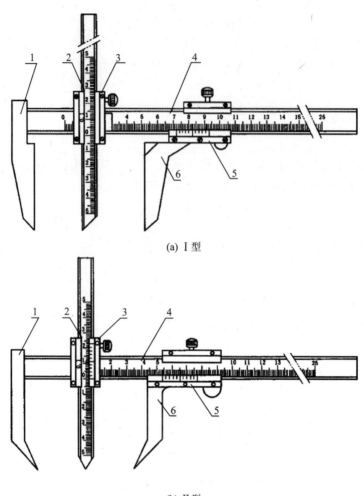

(a) Ⅰ型

(b) Ⅱ型

1—固定量脚;2—竖尺;3—活动尺框;4—主尺;5—尺框;6—活动量脚

图 2.10 三脚平行规示意图

(6) 摩立逊定颅器

摩立逊定颅器是用于固定颅骨于耳眼平面(法兰克福平面)位置的仪器,由三个支柱、滑轨、三角形支杆和其他附件构成,见图2.11。其附件测耳上颅高器可用于测量耳上颅高。

(7) 附着式量角器

附着式量角器是用于测量颅骨的各种角度和活体的侧面角等的仪器,由垂直指针、刻度盘、支承框、弹簧片和紧固螺钉等组成。使用时,将仪器的支承框套入直脚规的固定脚。

(8) 水平定位针

水平定位针是用于测定立方定颅器中颅骨的眼耳平面的仪器,由滑座、主柱、水平针和底座等构成,见图2.12。

(9) 平行定点仪

平行定点仪是运用垂直投影测量原理来测量上、下肢长骨扭转角的专用仪器,由导杆、支杆、上滑座、水平针、下滑座、垂直定点针和底座等构成,见图2.13。

(10) 测骨盘

测骨盘是测量长骨的专用仪器,由底板、纵板、横板、三角形的角板及其附件钢圈和砝码等构成,见图2.14。在底板上装有一块同样尺寸的玻璃板,玻璃板下面衬一张坐标纸。测骨盘上装有附件钢圈,可测量股骨颈干角等。

图 2.11　摩立逊定颅器

图 2.12　水平定位针

图 2.13　平行定点仪

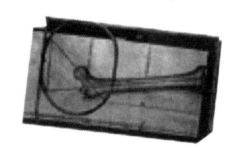

图 2.14　测骨盘

2. 现代化人体测量仪器

人体三维测量的传统方法是接触式测量,主要测量工具是上述的传统测高仪、测距仪、测角度仪等。接触式测量技术已发展得十分成熟,然而其测量效率低、环境要求高、测量范围有限等不足使得其已不能满足现代人体测量科学的发展需求。非接触式自动测量是现代化人体测量技术的主要特征,弥补了传统接触式人体测量的不足,使测量结果更加准确、可靠。

(1) 非接触式三维人体测量系统

非接触式三维人体测量系统(3D CAMEGA)是一套人体测量数字化系统,其扫描数据可以生成多种标准三维模型格式(STL,OBJ,VRML等)。利用该系统不仅可以实时动态扫描真人人体,生成逼真的人体三维彩色数字模型,而且可以快速实现对人体特征点及特征尺寸的提取、测量。该系统主要应用了非接触式三维人体测量技术。非接触式三维人体测量技术是一种人体全身扫描技术,应用光敏设备捕捉设备投射到人体表面的光(激光、白光及红外线)在人体上形成的图像来描述人体三维特征。

非接触式三维人体测量系统的主要特点表现为以下 5 个方面:

① 安全可靠　采用普通光源(非激光),对人体和人眼没有任何伤害,可睁眼测量;

② 瞬间测量　单次测量时间 0.1～0.4 s,多机测量时间 3.0～4.0 s;

③ 自动拼接　多机系统可以从前后不同方向依次自动地瞬间完成人体三维数据的采集,并且可以自动完成拼接过程;

④ 真实色彩　利用 3D CAMEGA 三维扫描系统不仅可以获得人体表面数据精确的空间信息(X、Y、Z),而且每一个像素点相对应的色彩信息(R、G、B)也能同时获得,避免了利用贴图的方式所产生的色彩和位置发生错位的现象;

⑤ 多种格式输出　ASC、OBJ、WRL、STL、TXT、IGS 等,可以与 UG、PRO/E、CATIA、Geomagic、Imageware、MAYA 等软件接口。

非接触式三维扫描系统具有扫描时间短、精确度高、测量部位多等多种优于传统测量技术和工具的特点,如德国的 TechMath 扫描仪在 20 s 内完成扫描过程,可捕捉人体的 80 000 个数据点,获得人体相关的 85 个部位尺寸值,精确度为 0.2 mm。美国的 TC2 通过对人体 4.5 万个点的扫描,迅速获得人体的 80 多个数据,可以全面精确地反映人体体型情况。英国的 TuringC3D 系统还可以捕捉表面的材质,对物体表面的色彩质地进行描述,在研究有标识的物体时非常有用。扫描输出的数据可直接用于服装设计软件,对人体进行量身定制。

国际上常用的人体扫描仪有 Telmat 公司的 SYMCAD,Turbo Flash/3D,TC2 - 3T6,TechMath - RAMSIS,Cyberware - WB4,Vitronic - Vitus 等。

目前,人体扫描仪广泛应用于人体测量学研究、服装工业(MTM 量身定制系统和虚拟试衣)、娱乐业(如电影特技)、计算机动画和医学(目前最为广泛的应用如弥补术和塑形手术)等领域。

(2) 非接触式三维人体扫描仪举例

法国 Lectra 公司的 Vitus sman 型非接触式三维人体扫描仪利用自然光光栅原理,通过应用光敏捕捉设备投射到人体表面的激光在人体上形成的图像,描述人体三维特征。该设备(见图 2.15 和图 2.16)由四个柱子、支柱台和计算机数据处理软件组成,每个柱子上有两个 CCD 摄像头和一个激光电子眼。系统软件是整个测量系统的数据处理和光电测量装置控制的核心。

其操作要求为:测量者应熟悉仪器的各个功能,经过短时间的培训即可进行操作,不需要长时间专业的测量知识和经验的积累。由于纤维组织和复杂结构,深色内衣和头发会影响激光捕捉,从而影响数据质量。所以要求被测者身着浅色紧身衣或者内衣裤、头戴箍发帽,人体两脚分开站立在平台上,同时双臂张开一定角度但不能超出平台(以免部分数据无法测量)。被测者两腿分立,臀围之下的部位围度会增大。内衣裤的厚度增大了胸围、臀围的尺寸,在扫描过程中人体的摇摆、呼吸和姿态改变也会影响测量数据。

图 2.15 非接触式三维人体扫描仪

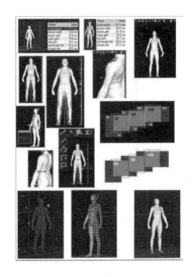

图 2.16 测量人体图像显示

(3) 非接触式三维人体扫描仪应用举例

随着科技的发展和电子网络的普及,电子商务将成为服装销售的主要途径。而测量技术及相应的软硬件的不断发展与完善(如移动式扫描仪的出现,使得对人体数据的获得方式更为灵活,扫描的人群更为繁多)是服装现代化、数字化生产,服装批量、个性化生产及服装电子商务展开的重要工具。非接触三维人体测量技术虽然仅有二三十年的发展史,但却能以其独特的优势逐步应用到与人体相关的各类产品的设计与研究中,使产品真正做到以人为本。在服装工业中,它加快了企业对市场的反应速度,同时是开展服装电子商务必要条件和重要依据;它将服装生产与高科技紧密结合起来,使服装生产和设计更具个性化和人性化,提高了服装的适体性,对服装工业的快速发展有极大的推动作用。

基于此,目前世界各国已认识到建立人体数据库的重要性,并相继展开这一方面的研究。美国、荷兰和意大利进行了一项叫做 CAESAR(美国本土和欧洲人体测量)的联合调查;法国纺织品与服装研究所花费 100 万欧元,对上万名不同年龄段的法国人进行调查研究,以重新划定国人的服装规格;英国对国内 10 000 名男人、女人和孩子进行了调查,发展了尺码数据库,以提高服装的适合程度。

我国广东赛博服装科研中心于 2004 年启动"中国三维人体数据库"项目,测量结果从原有的 4 个号型增加到 7 个,为未来服装生产的运作模式——大规模定制与个性定制,实现企业量身定制系统(MTM)打下坚实的基础。此外,东华大学(TC2)、西安工程科技学院(TechMath)等院校也相继开展了人体数据库的建立和研究。

2.4 数据处理方法

人体尺寸虽然并不完全遵循正态分布规律,但近似于正态分布。根据统计学原理,选取足够大的样本估计人体测量尺寸,则样本的均数符合正态分布,样本本身的数据也符合正态分布。因此,进行数据处理时应注意下述步骤或问题:①样本的大小,取决于数据估计所要求的精度。②样本的随机性,要使数据估计具有代表性,样本的选取必须随机。③根据数据要求精度进行数据分组,统计各组频数。如果采用计算机汇总,或不需要考虑频率分布、直方图、分布假设检验,也可不进行这项工作。④依据测得的数据,统计累计频数。⑤将累计频数换算成累计频率,计算百分位数。⑥求平均值和标准差。⑦根据样本的平均数、标准差估计总体的区间。⑧求两种测量数据的相关系数和关系式。

1. 统计学方法

(1) 平均值

它是指测量值分布的最集中区域。此值可反映测量值的本质与特征,是衡量一定条件下的测量水平,但不能作为设计的依据,否则只能满足50%的人使用,用 $\bar{x}$ 表示。其表达式为

$$\bar{x} = \frac{x_1 + x_2 + \cdots + x_n}{n} = \frac{1}{n}\sum_{i=1}^{n}x_i \tag{2.7}$$

(2) 方差

方差是描述测量数据在均值的上下波动程度的差异值,表明样本的测量值是变量,既趋向均值而又在一定范围内波动。对于均值为 $\bar{x}$ 的 n 个样本测量值,方差用 S^2 表示。其表达式为

$$S^2 = \frac{1}{n-1}\left[(x_1-\bar{x})^2 + (x_2-\bar{x})^2 + \cdots + (x_n-\bar{x})^2\right] = \frac{1}{n-1}\sum_{i=1}^{n}(x_i-\bar{x})^2 \tag{2.8}$$

(3) 标准差

由方差的计算公式可知,方差的量纲是测量值量纲的平方,为使其量纲与均值相一致,则取其均方根差值,即用标准差来说明测量值对均值的波动情况。它表明一系列变数距平均值的分布状态或离散程度,用 S_D 表示。其表达式为

$$S_D = \left[\frac{1}{n-1}\left(\sum_{i=1}^{n}x_i^2 - n\bar{x}^2\right)\right]^{\frac{1}{2}} \tag{2.9}$$

标准差常用于确定某一范围的界限。在正态分布数据中:
- $\mu \pm \sigma$ 范围界限为 68.27%;
- $\mu \pm 2\sigma$ 范围界限为 95.45%;
- $\mu \pm 3\sigma$ 范围界限为 99.73%。

(4) 抽样误差

抽样误差又称为标准误差,即全部样本均值的标准差。在实际测量和统计分析中,总是以样本推测总体,而在一般情况下,样本与总体不可能完全相同,其差别就是由抽样引起的。抽样误差数值大,表明样本均值与总体均值的差别大;反之,说明其差别小,即均值可靠性高。

概率论证明,当样本数据列的标准差为 S_D,样本容量为 n 时,抽样误差 $S_{\bar{x}}$ 为

$$S_{\bar{x}} = \frac{S_D}{\sqrt{n}} \tag{2.10}$$

由上式可知,均值的抽样误差 $S_{\bar{x}}$ 是标准差 S_D 的 $\frac{1}{\sqrt{n}}$。

当测量方法一定时,样本容量越多,测量结果精度越高。因此,在可能范围内增加样本容量,可以提高测量结果的精度。

(5) 百分比值

以人体测量尺寸从小到大作为横坐标,将各值出现的频数作为纵坐标,可作出相对频数正

态分布曲线。将该曲线对应的变量从无限小进行积分,该曲线便转化为正态分布概率密度(累计概率)曲线。按照统计规律,任何一个测量项目(如身高)都有一个概率分布和累计概率。累计概率从 0～100% 有若干个百分比值,当从 0 到横坐标某一值的曲线面积占整个面积的 5% 时,该坐标值称为 5% 百分比值;当占 10% 时称为 10% 百分比值;当占 50% 时称为 50% 百分比值等。工程上常用百分比值的范围表示设计范围,百分比值的范围越宽,设计时的范围越大,通用性越广。百分比值可由平均值 $\overline{M}$ 和标准差,以及百分比值变换系数 K 求得。变换系数见表 2.13。

表 2.13 百分比变换系数

百分比/%	K	百分比/%	K
0.5	2.576	70	0.524
1.0	2.326	75	0.674
2.5	1.960	80	0.842
5	1.645	85	1.036
10	1.282	90	1.282
15	1.038	95	1.645
20	0.863	97.5	1.960
25	0.674	99	2.326
30	0.524	99.5	2.576
50	0.000		

- 1%～50% 间百分比值为 $P_v = \overline{M} - \sigma K$;
- 50%～99% 间百分比值为 $P_v = \overline{M} + \sigma K$。

例如:身高的平均值是 1 670 mm,$\sigma = 64$ mm,求 5% 和 95% 百分比值的尺寸。

查表 2.13,可得 5% 时 $K = 1.645$,95% 时 $K = 1.645$;故 5% 百分比值的尺寸 $P_v = 1 670$ mm $- 64$ mm $\times 1.645 \approx 1 564.7$ mm,95% 百分比值的尺寸 $P_v = 1 670$ mm $+ 64$ mm $\times 1.645 \approx 1 775.3$ mm。

(6) 百分位数

在工效学设计中,为了保证设计尺寸符合 0～95% 的大多数人,经常使用 5%,10%,50%,90%,95% 5 个百分比值,称为第 5%,10%,50%,90%,95% 百分位数。第 5% 百分位数是指有 5% 的人小于 5% 百分比值的尺寸;第 10% 百分位数是指有 10% 的人小于 10% 百分比值的尺寸,以此类推。

2. 人体测量误差

人体测量的误差主要来源于个体差异、测试者误差和仪器及其他随机误差。其中,个体差异主要是由遗传和环境的交互作用所致;仪器误差是指由于所使用的测量仪器本身的精密度所导致的测定结果与实际结果之间的偏差。

在测试者误差方面,相关研究表明,标记点误差对人体测量数据的误差贡献同样明显。该研究中,一个专业标记师和一个普通标记师分别对 40 个被测量者进行了 5 次人体测量。结果显示,降低观察者间的平均误差,才能保证不同观察者测量结果之间的可比性。而为了实现这一目的,就需要降低标记点误差。此外,熟练的人体测量师比不熟练者有着更小的观察者内标记点误差。为了降低观察者内和观察者间标记点误差并且提高观察者内的测量可重复性,对标记点的定义进行更为详尽的描述是一个切实可行的办法。

2.5 人体测量数据的应用

1. 人体测量尺寸的修正

人体测量数据是在裸体或穿少量衣服,并对被测者的姿势有着严格要求的情况下获得的,因此,在用于设计时,应考虑不同着装量、工作姿势、活动范围而增加适当的修正量。

(1) 功能修正量

对于受限作业空间的设计,需要应用各种作业姿势下人体功能尺寸测量数据。国家标准 GB/T 13547—1992 提供了我国成年人立、坐、跪、卧、爬等常取姿势功能尺寸数据(见表 2.14),表列数据均为裸体测量数据,使用时应增加功能修正量。功能修正量是指为保证实现产品的某项功能而对作为产品尺寸设计依据的人体尺寸百分位数所作的尺寸修正量。

表 2.14 我国成人男女上肢功能尺寸
mm

测量项目	男(18~60岁)			女(18~55岁)		
	P5	P50	P95	P5	P50	P95
立姿双手上举高	1971	2108	2245	1845	1986	2089
立姿双手功能上举高	1869	2003	2138	1741	1860	1976
立姿双手左右平展宽	1579	1691	1802	1457	1559	1659
立姿双臂功能平展宽	1374	1483	1593	1248	1344	1438
立姿双肘平展宽	816	875	936	756	811	869
坐姿前臂手前伸长	416	447	478	383	413	442
坐姿前臂手功能前伸长	310	343	376	277	306	333
坐姿上肢前伸长	777	834	892	721	764	818
坐姿上肢功能前伸长	673	730	789	607	657	707
坐姿双手上举高	1249	1339	1426	1173	1251	1328
跪姿体长	592	626	661	553	587	624
跪姿体高	1190	1260	1330	1137	1196	1258
俯卧体长	2000	2127	2257	1867	1982	2102
俯卧体高	364	372	383	359	369	384
爬姿体长	1247	1315	1384	1183	1239	1296
爬姿体高	761	798	836	694	738	783

例如设计鞋时,其内底长应大于足长,以保证舒适性。对鞋的尺寸设计来说,其鞋内底长超过足长的部分就是功能修正量。

产品的最小功能尺寸可由下式确定:

$$S_{min} = S_a + \Delta_f \tag{2.11}$$

式中:S_{min} 为最小功能尺寸;S_a 为第 a 百分位数人体尺寸;Δ_f 为功能修正量。

（2）心理修正量

为了克服人们心理上产生的"空间压抑感"、"高度恐惧感"等心理感受，或者为了满足人们"求美"、"求奇"等心理需求，在产品最小功能尺寸上附加的一项增量，称为心理修正量。考虑了心理修正量的产品功能尺寸称为最佳功能尺寸，可由下式确定：

$$S_{opm} = S_\alpha + \Delta_f + \Delta_p \tag{2.12}$$

式中：S_{opm} 为最佳功能尺寸；S_α 为第 α 百分位数人体尺寸；Δ_f 为功能修正量，Δ_p 为心理修正量。

心理修正量可用实验方法求得，它与地域、民族习惯、文化修养等有关，一般可通过被测量者主观评价表的评分结果进行统计分析求得。

2. 产品与环境设计

（1）产品设计

任何设备和产品都是由人来操作和使用的。通过设计使得它们适应人，以提高效率和舒适度，这是利用人体测量数据来进行产品设计的原则。人体测量的尺寸，在很多场合都能应用于符合人体工效的产品设计（见表 2.15）中。

表 2.15　人体尺寸应用场合举例

人体尺寸项目	应用场合举例
立姿眼高	立姿下需要视线通过或需要隔断视线的场合，例如病房、监护室、值班岗亭门上玻璃窗的高度，一般屏风及开敞式大办公室隔板的高度等，商品陈列橱窗、展台展板及广告布置等
立姿肘高	立姿下，上臂自垂、前臂大体举平时，手的高度略低于肘高，这是立姿下手操作工作的最适宜高度，因此设计中非常重要，轮船驾驶，机床操作，厨房里洗菜、切菜、炒菜，教室讲台高度等都要考虑它
立姿手功能高	这是立姿下不需要弯腰的最低操作件高度；手提包、手提箱不拖到地面上等要求，均与这一人体尺寸有关
立姿会阴高	草坪的防护栏杆是否容易跨越、男性公厕中小便接斗的高度、自行车车座与脚踏板的距离等，都与它有关
坐高	双层床、客轮双层铺、火车卧铺的设计，复式跃层住宅的空间利用等与它有关
坐姿眼高	坐姿下需要视线通过或需要隔断视线的场合，影剧院、阶梯教室的坡度设计，汽车驾驶的视野分析，需要避免视觉干扰的窗户高度，计算机、电视机屏幕的放置高度，其他坐着观察的对象的合理排布等
坐姿肘高	座椅扶手高度设计，与坐姿工作、坐姿操作有关的各种机器与器物，例如坐姿操作生产线工作台的高度，书桌、餐桌的高度设计等
坐姿大腿厚	椅面之上、桌面抽屉下面的空间，是否容得下大腿，或允许大腿有一些活动余地
小腿加足高	座椅椅面高度设计的依据
坐深	座椅、沙发座深设计的依据

如座椅的人体工效学设计：座椅的结构形状和几何尺寸对乘座者的标准坐姿起决定作用，通过考察座椅上人体坐姿的舒适程度，即可对座椅几何舒适性进行分析评价。尽管不同人体的形体尺寸差异较大，但人体坐姿关节角度舒适区域大致相同。可用一组坐姿关节角度进行表征，如图 2.17 所示，其中人体坐姿关节舒适角度为 $\alpha_1 \sim \alpha_6$。

（2）环境设计

良好的环境设计要充分参考人体活动空间的尺度。人体活动空间尺度是一个整体的范围,它能满足人在空间不变的前提下,使所涉及的环境行为活动范围得以合理地规划,创造出适应人们生理需求、行为需求和心理需求的环境与空间范围。

此外,由于人在空间环境中的活动具有较大的灵活性,因此在空间环境的规划设计中,还需充分考虑人在空间中的行为表现、分布状况、知觉要求、环境可能性,以及物质技术要求等因素。

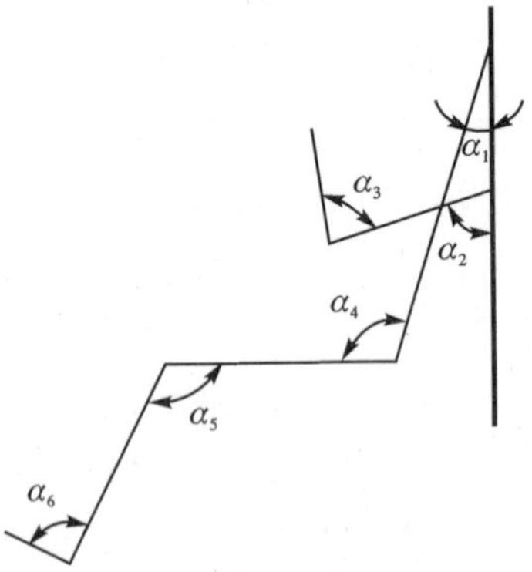

3. 人体模型

(1) 人体模板

人体模板是根据人体测量数据进行处理和选择而得到的标准人体尺寸,利用塑料板或密实纤维板等材料,按照设计常用比例,制成人体各个关节均可活动的

$10°<\alpha_1<20°; 15°<\alpha_2<35°; 80°<\alpha_3<90°;$
$90°<\alpha_4<115°; 100°<\alpha_5<120°; 85°<\alpha_6<95°$

图 2.17 人体坐姿关节舒适角度

人体模板,是目前人-机系统设计时最常用的一种物理仿真模型。人体模板主要应用于工程设计中操作位置设计、工作空间布置、人体活动范围分析等领域,是简单有效、便于使用的工效学设计辅助工具。

将人体模板放在实际作业空间或置于设计图样的相关位置上,可用以校核设计的可行性和合理性。例如汽车碰撞测试中的假人如图 2.18 所示,其中以汽车测试碰撞假人为一种人体模板,其身上有约 100 个测量点,用于测量在碰撞中假人的头部、颈部、脊柱、胸部、臀部和腿部承受的力。碰撞假人提供的信息被存储在电脑中。每一次碰撞测试后都会开展评估工作。评估中,研究人员可以详细了解到碰撞中假人承受了多大的力量,以及力量的分布情况。借助生物力学的研究,研究人员可推导出人体各部分可承受的物理应力。

图 2.18 汽车测试碰撞假人

(2) 仿真计算中的人体数学模型

人体数学模型仿真是目前研究工效学的一种重要方法,主要是根据人体的相关数据建立起人体模型,并通过一定的计算方法得到人体运动的特点及相关力学特性,从而进行工效学评价等。该方法的优点是:①在早期更容易发现设计问题;②减少、甚至取消实物模型;③进行虚拟实验,减少试验费用,节约时间,降低成本。

人体数学模型在不同的领域是不一样的,但无论如何,人体数学模型均需要建立在人体测量的数据之上,否则毫无意义。

目前应用于工效学领域的典型人体模型见表 2.16。

表 2.16　10 种主要的人体模型及计算系统软件

人体模型	系统介绍
SAMMIE	20 世纪 60 年代末由 Nottingham 大学开发建立。该系统能够进行工作范围测试、干涉检查、视域检测、姿态评估和平衡计算,后来又补充了生理和心理特征。系统运行在 VAX 和 PRIME 小型机以及 SUN 和 SGI 工作站上。SAMMIE 人体模型包含有 17 个关节点和 21 个节段
Boeman	美国波音公司 1969 年开发,应用于波音飞机的设计中。Boeman 人体模型允许建立任意尺寸的人体,并备有美国空军男性、女性人体数据库,其人体模型使用实体造型方法生成。该软件的主要功能是完成手的可达性判断,构造可达域的包络面,视域的计算和显示,人机干涉检查等
CYBERMAN	Chrysler 公司于 1974 年开发,用于汽车驾驶室内部设计研究。人体模型数据来自于 SAE 模型,无关节约束,需要用户输入正确的姿态。CYBERMAN 人体模型是棒状的或是线框的,没有实体和曲面模型
BUFORD	由加利福尼亚的 Rockwell International 公司研制的航天员模型,附带一个太空舱。此模型不能测量可达性,但可以产生一个围绕两臂的可达域包络空间,是一个比较简单的系统
CAR	美国海军航空兵发展中心研制开发,用于评估操纵者的身体尺寸,以决定什么样的人适合于某一特定的工作空间。此系统没有图形图像显示
COBIMAN	Dayton 大学 1973 年开发,用于飞机乘务员工作站辅助设计和分析。该系统提供陆、海、空军的男性、女性人体测量数据库。该系统的人体模型考虑了人体活动在关节处的约束以及服装对人体关节的限制
CREW CHIEF	Armstrong Aerospace Medical Research Laboratory 研制开发,用于作战飞机的维修评估。该系统运行于工作站上。CREW CHIEF 人体模型 5 个百分位人体尺寸,提供 12 种常用的人体姿态和 150 多种手工工具的工具库。该系统考虑了 4 种类型服装对关节的约束和人机间的干涉检查等
MANNEQIN	Biomechanics Corporation of America 开发,运行于微机平台。MANNEQIN 人体模型包含 46 个节段,具有手、脚可达域判定、人体动画等功能
DYNAMAN	ESA 于 1991 年开发,用于仿真航天员的活动过程,验证如太空微型实验室的可居住性、可达性、工效、可见性、操作时间流水线、EVA 过程等。DYNAMAN 人体模型包含零重力和正常重力条件下的不同体格的航天员的三维图形模型。DYNAMAN 系统不考虑动力学仿真,缺乏微重力环境中人体相应的数据,航天员行为的模拟比较粗糙
JACK	宾西法尼亚大学研制,该系统运行于 SGI 图形工作站,1992 年投入商业使用。JACK 人体模型包含 88 个关节点和 17 个节段,含有关节柔韧性、疲劳程度、视力限制等医学参数。已经被许多飞机公司、汽车制造商和军用车辆机构所采用。JACK 是目前最成功的工效评估系统

拓展阅读:用于航天员仿真的 Hanavan 人体模型

根据 Hanavan 的人体模型,将人体划分为 15 段,即头、胸、下躯干、左上臂、右上臂、左前臂、右前臂、左手、右手、左大腿、右大腿、左小腿、右小腿、左足、右足。头的几何形状为正椭球,胸和下躯干为椭圆柱,上臂、前臂、大腿和小腿为圆台。Hanavan 的人体质量几何模型见图 2.19。

在 Hanavan 的人体模型中，肢体的悬挂点这样确定：肘、腕、膝、踝关节均在上、下肢体的接合处；肩关节在臂的中轴线上，位于臂内，低于臂顶端的距离为臂的上端半径；大腿关节在大腿的中轴线上，位于下躯干内，低于大腿顶端的距离为大腿的上端半径。

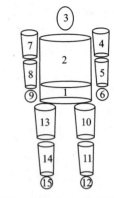

图 2.19　Hanavan 的人体质量几何模型

本章小结

1. 人体测量的分类有哪些？

人体测量按测量方法可分为：静态参数测量和动态参数测量；按测量内容可分为：构造尺寸和功能尺寸。

2. 常用的人体测量仪器有哪些？

常用的人体测量仪器有 20 多种，例如弯脚规、三脚平行规、人体测高仪、软卷尺、测齿规、直脚规、游标卡尺等。

3. 座椅的尺寸设计应遵循哪些工效学原则？

座椅的尺寸设计应遵循以下原则：

① 人的躯干质量应由坐骨、臀部及脊椎支撑；
② 上身应保持稳定；
③ 座位的高度应不使大腿肌肉受压；
④ 可以变换或调节坐姿，座面高度应与桌面相配合，尽量减少身体的不舒适感。

4. 人体测量数据的处理方法包括哪些？

针对人体测量数据，主要从几个方面进行处理分析：平均值、方差、标准差、抽样误差、百分比值、百分位数等。

思考题

1. 对于特殊人群，如飞行员的人体测量需要注意哪些问题？
2. 构造尺寸（静态尺寸）与功能尺寸（动态尺寸）之间有怎样的关系？在产品或空间环境的工效学设计中，哪些方面应着重考虑构造尺寸，哪些方面应着重考虑功能尺寸？
3. 非接触式三维人体测量与传统人体测量相比，其优势有哪些？非接触式三维人体测量是否可以完全取代传统人体测量？
4. 在工效设计中，人体尺寸的百分比值应当如何选择？各百分比值的实用范围和意义何在？
5. 未来人体模型的发展趋势如何？人体模型与虚拟数字人体有着怎样的关系？

关键术语： 人体测量　构造尺寸　功能尺寸　人体模板

人体测量：通过测量数据、统计方法对人体特征进行分析，是一种了解人类在系统发育和个体发育过程中各种变化的基本方法。

构造尺寸：指人体的静态尺寸，是人体处于固定的标准状态下测量的尺寸。

功能尺寸：指人体的动态尺寸，是人在工作姿势下或进行某种功能活动时测量的尺寸。

人体模板：依照标准人体尺寸，利用塑料板或密实纤维板等材料，按照设计常用比例制成的各个关节均可活动的物理仿真模型。

推荐参考读物：

1. 邵象清. 人体测量手册[M]. 上海：上海辞书出版社，1985.
   它是一本内容较为详尽、方法具体而又切实可行的人体测量参考书。
2. 席焕久，陈昭. 人体测量方法[M]. 2版. 北京：科学出版社，2010.
   这本书简明、系统地介绍了人体形态（如骨骼、牙齿和活体等）的观察与测量方法，以及一些人体功能和人体成分的测量方法，具有很强的实用性。
3. Kouchi M，Mochimaru M. Errors in landmarking and the evaluation of the accuracy of traditional and 3D anthropometry[J]. Applied ergonomics，2011，42(3)：518-527.
   该文献从测量者误差方面阐述了不同测量者间、同一测量者内的测量误差，让我们对测量者本身对人体测量的误差影响问题有了新的认识，并表明了测量工作中测点标准化、测量技术熟练化的重要性。

参考文献

[1] 席焕久，陈昭. 人体测量方法[M]. 2版. 北京：科学出版社，2010.

[2] 邵象清. 人体测量手册[M]. 上海：上海辞书出版社，1985.

[3] 张广鹏. 工效学原理与应用[M]. 北京：机械工业出版社，2008.

[4] 蔡启明，余臻，庄长远. 人因工程[M]. 北京：科学出版社，2005.

[5] 张宏林. 人因工程学[M]. 北京：高等教育出版社，2005.

[6] 刘金秋. 人体工效学[M]. 北京：高等教育出版社，1994.

[7] 赵焕彬，李建设. 运动生物力学[M]. 北京：高等教育出版社，2008.

[8] The Eastman Kodak Company. Kodak's Ergonomic Design for People at Work[M]. Hoboken：John Wiley&Sons，Inc，2004.

[9] Kouchi M，Mochimaru M. Errors in landmarking and the evaluation of the accuracy of traditional and 3D anthropometry[J]. Applied ergonomics，2011，42(3)：518-527.

[10] 全国人类工效学标准化技术委员会. 人体测量术语：GB 3975—83[S]. 北京：中国标准出版社，1984.

[11] 国家标准化管理委员会. 用于技术设计的人体测量基础项目：GB/T 5703—2010[S]. 北京：中国标准出版社，2011.

[12] 国家标准化管理委员会. 人体测量仪器：GB/T 5704—2008[S]. 北京：中国标准出版社，2008.

[13] 国家技术监督局. 中国成年人人体尺寸：GB 10000—88[S]. 北京：中国标准出版社，1989.

第 3 章 人的能力和特性

> **探索的问题**
> ➤ 人有哪些能力和特性？研究人的能力和特性有何意义？
> ➤ 人接收和处理信息的重要系统有哪些？其机理何在？

3.1 概 述

1. 研究背景与意义

本节仅从必要性和重要性两个方面简单阐述研究人的能力和特性的意义。

（1）必要性

所谓人体工效学，是一门研究人、机器及其周边环境之间相互作用，使得整个系统能够适应人的生理和心理特点，保障人的安全和健康，使人能够高效而舒适地工作和生活的学科。换言之，人体工效学是以人为中心的研究学科，人是人体工效学的研究对象。人的能力和特性，尤其是与工作相关的能力和特性，正是人体工效学所关心的重点。没有人，人体工效学就没有研究的意义。所以，对本章内容的学习和认识，在人体工效学的研究中是必不可少的。

（2）重要性

人体工效学研究的最终目的是要最大限度地提高工作的效率以及人的舒适度。而达到这个目的的一般途径是通过改善工作环境及工作所用工具，这些改善的重要依据还是人。例如，如何设计驾驶座椅才能让人舒适，这需要根据人自身的特征（如身高、腿长等）以及人的肌肉骨骼受力来改善；对飞机驾驶舱进行良好的人-机工程设计，则能提供给飞行员舒适的驾驶姿势、较好的飞行视野以及合理的控制器布局。几乎所有工具或环境的改善都要以人为本。如果对人的能力和特性没有足够的了解，就没有办法达到所谓的宜人化。因此，本章内容对于工效学后期的实际应用是很重要的。

2. 人的能力简介

人的能力主要指人在接收外界信息后，进行综合处理并给出合理反应的能力，归纳为信息接收、信息处理及命令执行三大方面。这是人完成一项任务的整体过程。外界信息包括视觉、听觉、本体刺激等多种信息，综合处理的过程主要由人的中枢和周围神经完成，反应主要指人对外界信息做出响应和反馈。

3. 人的特性简介

人的特性主要是指作为高等动物的人类，在处理某些工作时，有许多区别于机器或者低等动物的特性，例如逻辑性、机动灵活性、预见性等。这些特性对于人的能力来说是很重要的组成部分，它表现在人的能力所包含的信息接收、信息处理及命令执行的每个环节中。

3.2 人的能力

3.2.1 信息接收

人是通过自己的感觉器官来获得各种信息的。所谓信息接收是指人的感觉器官感知外部环境中的各类信号,并将这些信号转变成人的中枢可以识别处理的生理电信号的过程。

信息主要是通过人体感受器接收得到,而执行这项任务的感受器分为很多种。一般来说,一种感受器只对某一强度范围内某种形式的刺激特别敏感,这种刺激称为该种感受器的适宜刺激。除适宜刺激外,感受器对其他刺激不敏感或根本不反应。例如,可见光是眼的适宜刺激,一定频率范围的声波是耳的适宜刺激。

人的感觉有视觉、听觉、皮肤觉、嗅觉、味觉、前庭觉、运动觉等(见表3.1),其中视觉、听觉和皮肤觉是信息接收的主要感觉通道。结合各感觉系统在日常生活和工作中的运用,本节将介绍在工效学研究中常常涉及的几种感觉:视觉、听觉、嗅觉、前庭觉和皮肤觉。

表 3.1 人的感觉类型与感觉器官

感觉类型	感觉器官	刺激类型	感觉、识别的信息
视觉	眼睛	一定频率范围的电磁波	形状、位置、色彩、明暗
听觉	耳朵	一定频率范围的声波	声音的强弱、高低、音色
嗅觉	鼻子	某些挥发或飞散的物质微粒	香、臭、酸、焦等
味觉	舌头	某些被唾液溶解的物质	甜、咸、酸、苦、辣等
皮肤觉	皮肤及皮下组织	温度、湿度、对皮肤的触压、某些物质对皮肤的作用	冷热、干湿、触压、疼、光滑或粗糙等
前庭觉	半规管	肌体的直线加速度、旋转加速度	人体的旋转、直线加速度
运动觉	肌体神经及关节	肌体的转动、移动和位置变化	人体的运动、姿势、重力等

1. 视 觉

在一般的日常生活和工作中,人所接收的信息80%以上是通过视觉获得的,视觉在日常生活中具有极其重要的作用。视觉系统的正常运转保证了人在日常生活中对信息接收的效率,研究了解人的视觉系统特征,对提高人-机系统的效率有非常重要的意义。

(1) 生理结构

人的视觉系统是由眼球、视觉传入神经和大脑皮质组成的。眼球是视觉系统的外部感受器,是人的最重要的信息接收器。

眼球在结构上分为眼球壁和眼球内容物(见图3.1)。眼球壁结构如下:
- 纤维膜:角膜(corea),前1/6,无血管,有神经;
            巩膜(sclera),后5/6,乳白色,不透明。
- 血管膜:虹膜(iris),最前部,中央为瞳孔(pupil);
            睫状体(ciliary body),内有睫状肌;
            脉络膜(choroid),后2/3。

- 视网膜：视神经盘(optic disc)；
  黄斑(macula lutea)；
  中央凹(fovea centralis)。

眼球内容物包括房水、晶状体和玻璃体。

眼球在功能上可分为两部分，即屈光系统和感光系统。角膜、晶状体(水晶体)、玻璃体和房水等眼球内容物构成屈光系统，具有折光作用，能把物体成像于视网膜上。视网膜为感光系统，能感受光的刺激，发放神经冲动。

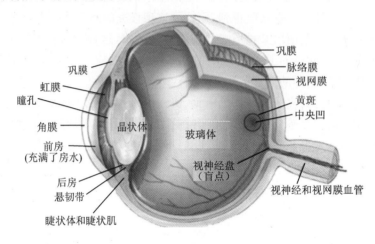

图 3.1　眼球结构

（2）视觉形成机制

人的视觉是指眼球在光线的作用下，对物体明暗(光觉)、形状(形态觉)、颜色(色觉)、运动(动态觉)和远近深浅(立体知觉)等的综合感觉，是物体的影像刺激视网膜所产生的感觉。人的视觉是由光刺激、眼球、神经纤维和视觉中枢共同作用的结果。

视觉形成的全过程是：当物体发出的光射入眼球后，由于眼球的折光作用而在视网膜上形成物像，在物像所及的部位，将由感受细胞吸收光能而发生化学反应，使感受细胞产生一系列的电脉冲信息；这些信息经视神经纤维传送到大脑的视觉域进行综合处理后，形成视觉映像。

视觉传导通路见图 3.2。

（3）视觉能力的相关概念

1）视　角

视角指被看目标物的两点光线投入眼球的交角，即

$$\alpha = 2\arctan(D/2L)$$

式中：α 为视角；D 为被观察对象上下两端点的直线距离；L 为眼睛至被观察对象的距离。如图 3.3 所示，眼睛所能分辨的目标物的最近两点光线投入眼球时的交角，称为临界视角。

2）视　力

我们常说的视力是眼睛分辨物体细节能力的一个生理尺度，用临界视角的倒数来表示。如视力为 1.0，即视力正常，此时的临界视角 =1°，若视力下降，则临界视角增大。在设计中，视角是确定设计对象尺寸大小的依据。

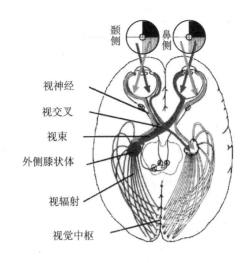

图 3.2 视觉传导通路

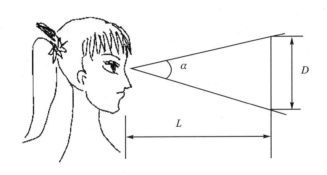

图 3.3 视角图解

3) 视 野

视野是指人的眼球观察正前方物体所能看得见的空间范围,常以角度表示。一般可分为直接视野、眼动视野和观察视野三种状态。直接视野是在头部固定、眼球静止不动的状态下,人眼可以觉察到的水平面和垂直面的所有空间范围。图3.4所示为飞行员视觉作业的垂直面(见图(a))和水平面(见图(b))的直接视野示意图;眼动视野是指头部固定而转动眼球注视某中心点时所见的范围;观察视野是指身体固定,头部和眼球自由转动时的可见范围。

4) 双眼视觉和立体视觉

双眼的视野有很大部分重叠,称为双眼视觉。人主观上产生单个物体的视觉,是由于从物体同一部分来的光线成像于视网膜的对称点上。当用单眼视物时,只能看到物体的平面,即只能看到物体的高度和宽度。若用双眼视物,则具有分辨物体深浅、远近等相对位置的能力,形成所谓立体视觉。产生的原因主要是因为同一物体在左右眼球的视网膜上所形成的像并不完全相同,右眼看到物体的右侧面较多,左眼看到物体的左侧面较多,其位置略有不同,它们在对称点的附近,经过中枢神经系统的综合后,得到一个完整的立体视觉。

5) 色觉与色视野

视网膜除能辨别光的明暗(视杆系统)外,还有很强的辨色能力,可辨别波长不同的光波(视锥系统)。

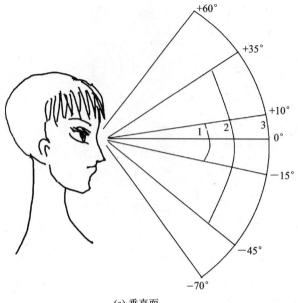

(a) 垂直面

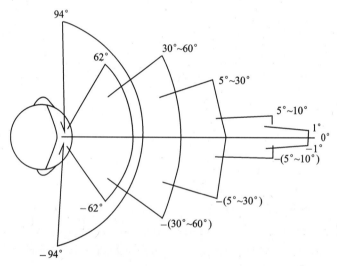

(b) 水平面

图 3.4 飞行员视觉作业的垂直面和水平面

缺乏辨别某种颜色的能力,称为色盲;若辨别某种颜色的能力较弱,则称色弱。有色盲和色弱的人,不能正确地辨别各种颜色的信号,不宜从事飞行员、车辆驾驶员以及各种辨色能力要求高的工作。

由于各种颜色对人眼的刺激不同,人眼的色觉视野也不同,其中对白色视野最大,对黄色、蓝色、红色的视野依次减小,而对绿色的视野最小。

6) 暗适应与明适应

光的亮度不同,视觉器官的感受性也不同。当亮度有较大变化时,感受性也随之变化。视觉器官的感受性对光刺激变化的顺应性称为适应。人眼的适应性分为暗适应和明适应两种。

人从亮处进入暗室时,最初看不清楚任何东西,经过一定时间后,视觉敏感度才逐渐增加,恢复了在暗处的视力,这称为暗适应。相反,从暗处来到亮处,最初感到一片耀眼的光亮,不能看清物体,只有稍待片刻才能恢复视觉,这称为明适应。

人眼虽具有适应性的特点,但当视野内明暗急剧变化时,眼睛却不能很好地适应,从而会引起视力下降。另外,如果眼睛需要频繁地适应各种不同的亮度时,不但容易产生疲劳,影响工作效率,而且也容易引起事故。为了满足人眼适应性的特点,要求工作面的光亮度均匀而且不产生阴影;对于必须频繁改变亮度的工作场所,可采取缓和照明或佩戴一段时间有色眼镜,以避免眼睛频繁地适应亮度变化而引起视力下降和视觉疲劳。

众所周知,招收飞行员时,对视觉能力要求甚高。具体说来,飞行员的招收标准在视觉方面的要求如下:

① 明显斜视者,平时戴眼镜学习,或有夜盲症者不要上站体检。

② 一般检查包括:

a)眼睑、结膜、泪器;b)角膜、巩膜;c)前房、虹膜、瞳孔;d)晶状体;e)玻璃体;f)眼底;g)视觉功能检查;h)远视力;i)近视力;j)色觉;k)隐斜视;l)视野(必要时);m)暗适应(必要时);n)屈光检查。

③ 双眼裸眼视力均在空军招飞视力表(C形)1.0以上,或对数视力表(E形)5.0以上。色觉正常。

(4) 视觉运动规律

了解和掌握人的视觉运动规律(列举如下),对更有效地研究人-机系统具有重要的意义。

① 眼睛的水平运动比垂直运动快。观察物体时往往先看到水平方向的东西,然后才看到垂直方向的东西。

② 眼睛习惯于从左到右,从上到下地运动。

③ 人对水平方向尺寸的估计比对垂直方向尺寸的估计要准确。

④ 当眼睛偏离视中心时,观察敏锐区域由高到低依次为:左上象限、右上象限,左下象限、右下象限。

⑤ 正常生理或无外物干扰情况下,两眼运动是协调同步的,不可能一只眼睛转动,另一只眼睛不转;也不可能一只眼睛看,另一只眼睛不看。

⑥ 直线轮廓比曲线轮廓更易于被视觉接收。

⑦ 连续转换时,人的视觉可能会出现失真现象。例如,观看圆形物时间久了,转换成椭圆物时会把椭圆也误认为圆。

⑧ 识别信息的细节,要靠视力中心。视力边缘只能识别大致情况,而其可能是模糊的。

⑨ 对于运动目标,只有当运动的速度大于 $1\sim2\ (')/s$ 时,才能鉴别出它的运动状态。必须注视才能看清物体,即两只眼睛同时停留在一个目标上,并且焦点也在同一目标上。

⑩ 要看清一个目标需要 $0.07\sim0.3$ s,平均 0.17 s。若光线昏暗,则看清的时间加长。

飞机驾驶的人-机界面综合考虑了这些规律,并据此实现了布局优化。如飞行员作业时双眼的视觉作业域在中心视轴左右 $94°$,视平线上 $55°\sim60°$、下 $65°\sim70°$ 范围(见图 3.4(a))。根据视觉观察任务的不同,又可把双眼总视区分为若干子区,其中 $-94°\sim94°$ 为视轴转动最佳区,$-62°\sim62°$ 为颜色识别区,$-(30°\sim60°)\sim(30°\sim60°)$ 为标注、标记识别区,$-(5°\sim30°)\sim(5°\sim30°)$ 为最大视敏区,$-(5°\sim10°)\sim(5°\sim10°)$ 为符号识别区,$-1°\sim1°$ 为精细视觉区等(见

图 3.4(b))。

2. 听 觉

(1) 生理结构

听觉是声波作用于听觉器官,使感受细胞兴奋并引起听神经的冲动,经听觉系统分析后引起的振动感。人的听觉系统是人接收外部信息的另一个非常重要的感官系统,听觉是仅次于视觉的重要感觉,其适宜的刺激是声音。人的听觉系统主要包括耳、神经传入系统和大脑皮质听区三个部分,其中最主要的是耳。耳由外耳、中耳及内耳组成(见图 3.5)。

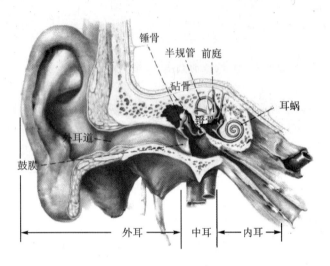

图 3.5 人耳结构

外耳,包括耳廓和外耳道,是外界声波传入耳的通道。

中耳,包括鼓膜和鼓室,鼓室中有锤骨、砧骨、镫骨三块听小骨以及与其相连的听小肌构成杠杆系统称为听骨链,其作用是使面积较大的鼓膜振动的能量集中到面积很小的卵圆窗膜上,并使卵圆窗膜的振动幅度减小,以适应耳内流体的振动条件;咽鼓管连通中耳和咽部,可以维持中耳内部和外界气压的平衡以及保持正常的听力。

内耳包括前庭、耳蜗、半规管。其中耳蜗是感音器官,内部充有外淋巴液。其声音感受器叫做柯蒂氏器,它的细胞称作毛细胞。另外一个重要部分是前庭分析器,它是感受人体头部在空间的方位和运动时线速度与角速度变化的器官,可以感受重力与加速度的刺激,见表 3.2。

表 3.2 听觉系统组成及功能

耳的结构	部 位	功 能
外耳	耳廓	收集声波
	耳道	过滤空气
中耳	骨膜和听小骨	放大声波
	咽鼓管	平衡气压
内耳	前庭(椭圆囊和球囊)	维持静态平衡
	半规管	维持动态平衡
	耳蜗	传递声压,使柯蒂氏器产生神经冲动,产生听觉

(2) 听觉形成机制

声音传进内耳有两条途径。一条是空气传导途径,声波经外耳道引起鼓膜振动,再经听骨链和卵圆窗膜进入耳蜗,这条途径称为气传导(air conduction),是主要途径。此外,鼓膜的振动也可引起鼓室内空气的振动,再经圆窗传入耳蜗。另一条是骨传导途径,声波可引起颅骨的振动,再引起位于颞骨骨质中的耳蜗内淋巴的振动,称为骨传导(bone conduction)。

以空气传导为例介绍听觉的形成机制:耳廓收集的声波经外耳道传至鼓膜,引起鼓膜振动,中耳内三块听小骨构成的听骨链随之运动,把声波转换成机械能并加以放大,经镫骨底板传至前庭窗,引起前庭阶内的外淋巴液流动。在正常情况下,外淋巴液的波动先由前庭阶传向蜗孔,再经蜗孔传向鼓阶,最后波动抵达第二鼓膜(圆窗),使第二鼓膜外凸而声波消失。外淋巴液的波动可通过前庭膜使内淋巴液波动,也可以直接使基底膜振动,刺激螺旋器并产生神经冲动,经蜗神经输入中枢产生听觉。

(3) 主要特征

1) 频率响应

正常人的最佳听觉频率范围是 20～20 000 Hz。耳能听见的频率比为 1:1 000。人到 25 岁左右时开始对 15 000 Hz 以上频率的灵敏度降低。当频率高于 15 000 Hz 时,听阈开始向下移动,且随着年龄的升高而降低。但当频率低于 1 000 Hz 时,听觉灵敏度几乎不受年龄影响。听力损失曲线如图 3.6 所示。

2) 声强动态范围

听觉的声音动态范围可用正好可忍受与正好能听见的声强的比值表示。

在最佳的听觉频率范围内,一个听力正常的人刚刚能听到给定各频率的正弦式纯音的最低声强,称为相应频率下的听阈。

对于感受到给定各频率的正弦式纯音,开始产生疼痛感的极限声强,称为相应频率下的痛阈。

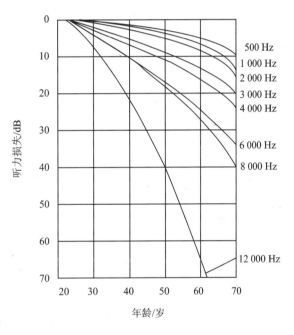

图 3.6 听力损失曲线

由听阈和痛阈两条线所包围的区域,称为听觉区域。

图 3.7 所示为听阈、痛阈和听觉区域曲线。

3) 方向敏感度

人耳的听觉绝大部分都涉及所谓双耳效应,或称立体声效应,这是正常的双耳听闻所具有的特性,根据声音到达两耳的时间先后、响度差别以及声音频谱经过头部遮挡后的改变。

4) 距离敏感度

对声源远近的判断较为复杂。这与人的经验、已存在的听觉形象的因素有关。当头部位置变动时,从固定声源到达两耳的声音刺激特性有相应变化,这是判断声源距离的依据。

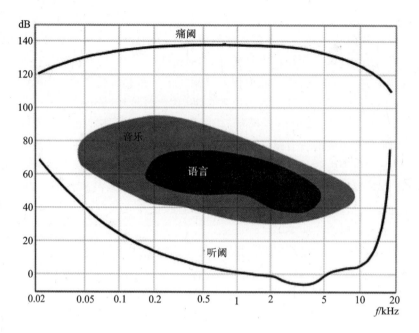

图 3.7　听阈、痛阈与听觉区域

5）掩蔽效应

对一个声音的听觉敏感度由于另一个声音的存在而降低，这一现象称为掩盖现象。

同时，由于人的听阈的复原需要一定时间，掩蔽声去掉后掩蔽效应并不能立即消除，这称为听觉残留。

6）适应与疲劳

当声音不强而作用时间又不太长时，它能引起响度感觉的降低，称为声音的适应。一般声音停止 10～20 s 后，适应即终止，听觉敏感度又恢复至原水平。

当声音很强或作用时间很长时，听觉敏感度降低不能很快恢复，这便是听觉疲劳。

若声音极强或长期作用，它引起的听觉敏感度降低可能不能恢复或不能完全恢复，这便是听力的丧失或减退。

在筛选飞行员时，除了传统的听力检查外，还排除重度外耳道真菌病患者、除副耳廓外的其他耳畸形不合格者，以及中耳炎、鼓膜穿孔、粘连等病变患者。

3．嗅　觉

在人们所有的感觉中，嗅觉系统以及伴随的味觉系统在信息的接收中使用最少。不同于视觉和听觉能以光和声波的物理形式被察觉和处理，嗅觉是因化学反应而产生的感觉。物体发散于空气中的物质微粒作用于鼻腔上的感受细胞产生神经冲动，冲动继而沿嗅神经传入大脑皮层的嗅觉中枢引起嗅觉。

（1）生理结构

嗅觉感受器（olfactory organ）位于鼻腔的上部，即上鼻甲以及相对的鼻中隔部分，分布着 1 000 多种嗅觉细胞。嗅觉细胞受到刺激时产生神经冲动，上传到嗅觉中枢而引起嗅觉，如图 3.8 所示。

(2) 产生机制

2004年,诺贝尔医学奖授予美国科学家理查德·阿克塞尔和琳达·巴克,以表彰他们对人类嗅觉器官工作原理的突破性发现。他们的研究表明,在鼻腔上部的上皮细胞内有一个不大的区域,分布着一个以前不为人知的基因家族,由约1000种不同的基因组成(约占人体基因的3%)。它们相应地产生了1000种不同类型的气味感受器。每个这种细胞只含有一种气味感受器,每个感受器只能探测到数量有限的气味。当气味分子被吸入时,对这些气味很敏感的嗅觉感受器细胞就会将信息传给充当鼻和脑中转站的嗅球,再由嗅球向大脑其他部分传送信息。不同的气味感受器细胞所得到的信息在大脑进行整合,形成相应的模式并记录在案。不同的气味能刺激多个感受器群的重复活动,这1000个感受器的不同排列组合,使我们能觉察到的气味总数大得惊人。

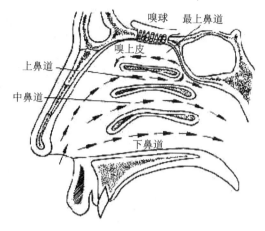

图3.8 嗅觉感受器

(3) 主要特征

① 人的嗅觉感受性强。1 L空气中只要有0.000 04 mg的人造麝香,就可以被人察觉。因为气味分子在构成和形状方面的广泛多样性,不可能开发一个类似光波长和声压力水平的"嗅觉度量"。人类能够察觉的气味超过10 000种,嗅觉已经进化成为一个重要的"生存线索",可以警告人们环境中发生的变化,如火灾的发生、有毒食品的特性等。过去的矿井深处不易联系,就使用过嗅味向矿工报警,以便及时撤退,躲避灾害。至今管道煤气或液化气中仍然加入少量的恶臭物质——硫醇,用来做煤气泄漏的报警气体。

② 嗅觉的适应比较快,但有选择性。对于某种气味,经过一段时间后嗅觉感受性会下降。对碘酒气味只要4 min就可以完全适应,对大蒜气味则需40 min。

③ 嗅觉感受具有以下优势:

- 在空气中,气味分子能传递很远的距离,加之人们能察觉出非常低浓度的气味,这提供了一种有效的、对环境变化感应的早期报警系统。
- 嗅觉可以在当视觉和听觉系统超负荷时使用。
- 气味是一个比其他感觉更好的可记忆线索,可唤起强烈的情绪反应。
- 气味能增强学习效果和回忆能力。
- 气味可以产生一种沉浸或者存在于人造环境中的感觉。

在飞行员的筛选过程中,除单纯性慢性鼻炎外,其他类型鼻炎均为不合格。有鼻息肉、慢性鼻窦炎、重度鼻中隔偏曲、反复鼻出血等症状人员均视为不合格。在体检过程中,用4个棕色、大小、形状相同的小瓶,分别装入等量的醋、酒精、汽油和水。嘱受检者闭眼,一侧鼻孔由检查者堵住,检查者将嗅觉瓶置于受检者的另一侧鼻孔下,嘱其辨别其气味。两侧鼻腔分别检查。

4. 皮肤觉

(1) 生理结构

皮肤觉指由皮肤感受器官所产生的感觉。触觉、压觉、痛觉和温度觉均属于皮肤觉。图 3.9 中显示了与皮肤觉有关的感受器。

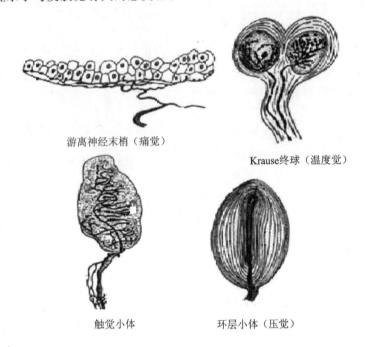

图 3.9　皮肤感受器

(2) 产生机制及主要特征

物体接触皮肤表面(不引起皮肤变形)而产生触觉(touch)。

当物体接触皮肤表面并引起皮肤变形时便产生压觉(pressure sense)。身体不同部位的触压觉感受性有很大差异：活动频繁的部位如指尖、嘴唇、眼睑等特别敏感，而背腹部的感受性却很低。

振动物体(如音叉)与身体接触会产生振动觉(vibration sense)。人所能接受的振动频率为 15~1 000 Hz，其中振动频率为 200 Hz 左右最为敏感。振动觉可能是触压觉反复刺激的结果。

皮肤表面温度的变化会引起温度觉(temperature sensation)。皮肤上有些点对温敏感，有些点对冷敏感，也有些点对两者都敏感。一种温度刺激会引起什么样的感觉，由刺激温度与皮肤温度之间的关系而定。与皮肤温度相同的刺激温度，不会产生温度觉。低于皮肤温度的刺激温度，产生冷觉。高于皮肤温度，产生温觉。温度觉的感受性也会因身体不同部位而异。

当机械的、物理的、化学的、温度的、放射能的以及电的各种刺激对皮肤组织起破坏作用时，都会产生痛觉(pain)。痛觉感受性因身体不同部位而异：背部、颊部最敏感，脚掌、手掌最不敏感。

在筛选飞行员时，患有较为严重的慢性寻麻疹、慢性湿疹、皮肤瘙痒症、银屑病、重度鱼鳞癣及大面积神经性皮炎等难以治愈的皮肤病的都视为不合格；暴露部位患有白癜风、大面积斑秃、重度腋臭的，以及瘢痕体质者也视为不合格。

5. 前庭觉

前庭觉是内耳维持躯体平衡信息的感觉，负责感受机体的姿势和运动。

（1）生理结构

感受前庭觉的前庭器官位于内耳，包括三个半规管、椭圆囊和球囊（见图 3.10），是人体对运动状态和头在空间位置的感受器。其结构小而复杂，弯弯曲曲的硬管（骨管）里套着软管（膜管），可分为半规管和前庭两部分。骨性半规管分为水平半规管、前半规管和后半规管三部分，其内含有相应的三个膜半规管；骨性前庭内含有前庭囊，分为球囊、椭圆囊两部分。

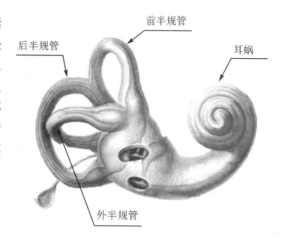

图 3.10　前庭结构

（2）形成机制

前庭器官之所以能接收三维空间的运动信息正是由它的解剖空间位置特点决定的。骨性半规管、骨性前庭与膜半规管、前庭囊之间的腔隙含有外淋巴液；而膜半规管和前庭囊内含内淋巴液。内、外淋巴液之间互不相通，它们的成分和比重各不相同。三个膜半规管的壶腹端各有一壶腹嵴，是角加速度的感受器；椭圆囊和球囊中各有一囊斑，或称耳石器，是线性加速度和重力的感受器。这些前庭末梢感受器主要由感受位置变动的毛细胞组成。毛细胞所在的位置和附属结构不同，使不同形式的变速运动能以特定的方式改变毛细胞纤毛的倾倒，使相应的神经纤维的冲动发放频率发生改变，把机体运动状态和头部在空间位置的信息传送到中枢，引起特殊的运动觉和位置觉，并出现各种躯体的内脏功能的反射性改变。前庭的平衡觉信息正是如此传递的：当身体移动时，管内淋巴液流动，触动里面的毛细胞，将旋转、加减速度等动态信息传到前庭神经。这些刺激引起的冲动沿第八对脑神经（又称前庭蜗神经）的前庭支传向中枢，引起相应的感觉和其他效应。

（3）主要特征

1）前庭功能的作用

前庭感受器感知人体在空间的位置及其位置变化，并将这些信息向中枢传递，主要产生两个方面的生理效应：一方面对人体变化了的位置和姿势进行调节，保持人体平衡；另一方面参与调节眼球运动，使人体在体位改变和运动中保持清晰的视觉，故它对保持我们的姿势平衡和清晰的视觉起重要作用。

2）前庭功能和眩晕

当前庭器官受到过度或过长时间的刺激，常会引起恶心、呕吐、眩晕和皮肤苍白等现象，称为前庭性植物反应。前庭功能的敏感性因人而异，女性更易发生晕车、晕船等前庭性植物反应。比如，2009 年我国选拔第二批预备航天员时就明确提出了对候选人前庭功能的要求。人在失重状态下会产生与平时晕车、晕船非常相似的不适感觉，影响空间任务甚至航天飞行的安全，考虑到这种航天运动病的发病没有规律可循，好的前庭功能是避免它出现的基本保障，所以对航天员前庭功能的要求远超过空军飞行员。而对于飞行员也经常通过检查其对科里奥利加速度耐力的情况来确定其前庭功能。

3）前庭性错觉原因

前庭半规管作为感知角加速度的器官存在感知阈值限制，小于 2（°）/s² 的倾斜角加速度是不能被感知的。最常见的错觉是：倾斜错觉，常发生在持续的小幅逐渐倾斜突然回到水平飞行后，由于前期持续的小幅逐渐倾斜不会被飞行员察觉，飞行员反而会将飞机突然回到水平误认为是朝另一个方向发生了倾斜，从而错误地操作操纵杆。类似的还有死亡盘旋错觉。

6．本体感觉

本体感觉是指肌、腱、关节等运动器官本身在不同状态（运动或静止）时产生的运动觉和位置觉。例如，人在闭眼时能感知身体各部分的位置，因位置较深，又称为深部感觉。它与皮肤觉合称为体感觉。

7．感觉和知觉

在描述了以上各种感觉后，我们需要对感觉和知觉两个概念进行比较。这两个概念与信息接收密切相关，是补充的一个重要知识点。其中也有许多与人体工效学密切相关的内容。

（1）概　念

当外界刺激直接作用于人时，它的各种物理属性刺激人的相应感觉器官中的神经末梢，引起神经冲动。神经冲动传至大脑皮质，人意识到物理属性的刺激，引起感觉。知觉是在感觉的基础上产生的，是人脑对直接作用于感觉器官的客观事物和主观状况的整体反映。

（2）两者的联系和区别

知觉是在感觉的基础上产生的，感觉到的事物个别属性越丰富、越精确，对事物的知觉就越完整、越正确。再者，感觉存在于知觉之中，很少孤立，因此感觉和知觉被统称为"感知觉"。

两者的最大区别是感觉主要涉及外界刺激的物理特性，而知觉涉及人的认知特性。例如，人的感觉通过视觉系统发现五星红旗上有一些黄色图案，而人的知觉识别出这些黄色图案是五角星。由此可见，感觉与人的生理特征有密切关系，而知觉则与人的经验、教育程度有密切关系。

例如，空间定向障碍是在飞行过程中常见的判断错误，根据感知和认知的不同水平，空间定向障碍可分为可认知型和不可认知型，并针对两者制定出不同的训练策略。

（3）感觉特性

感觉的特性包括有适宜刺激特性、感觉阈限特性、适应性、相互作用性、对比性和余觉特性。

① 适宜刺激是指因为不同感受器通常只对某种特定形式的能量变化最为敏感，我们称这种特定形式的刺激为适宜刺激。例如，视觉的感觉器官——眼，其适宜刺激为一定频率范围的电磁波；听觉的感觉器官——耳，其适宜刺激为一定频率范围的声波等。

② 感觉阈限是指因为刺激必须在一定范围内才能对感觉器官发生作用，过大或过小均不起作用。例如，人眼只能看到可见光范围的电磁波，波长在此范围外的波都不可被人眼所感觉。其他的感觉器官也有各自的阈限，这里不再详细列举。

③ 适应性是指感觉器官被持续刺激，其感觉会逐渐减小，以致消失的现象。

④ 相互作用性是指在一定条件下，各种感觉器官对其适应刺激的感受能力都将受到其他刺激的干扰。利用感觉的相互作用规律可以改善人的主观状态，对人体工效学设计有重要意

义。感觉的相互作用如下:
- 不同感觉的相互影响。某种感觉器官受到刺激而对其他器官的感受性造成一定影响,这种现象就是不同感觉器官的相互影响。例如,微光刺激能够提高听觉的感受性,因此演奏会上多用微光环境。
- 不同感觉的补偿作用。某种感觉消失后,可由其他感觉来弥补,这种现象就是不同感觉的补偿作用。例如,盲人"以耳代目",用触摸来阅读。
- 联觉是指一种感觉兼有或引起另一种感觉的现象。例如,一家餐厅中,通过播放柔和的音乐刺激听觉、用暖色装修和暖色的灯光刺激视觉、调节适宜的温度刺激皮肤觉、用舒适的座椅刺激深部感觉。这一系列刺激影响了嗅觉和味觉,使客人更有食欲,食物仿佛更美味了。

⑤ 对比是指同一感受器官接受完全不同但属同一类的刺激物的作用,而使感受性发生变化的现象。几种刺激物同时作用于同一感觉器官时产生的对比为同时对比。例如,明月之夜,人们总是感觉天空中的星星格外少。又如,吃糖后再吃苹果,感觉苹果酸。再如,左手放在冷水里,右手放在热水里,过一会儿后,再同时将双手放在同一温水中,则左手感到热,右手感到冷。

⑥ 余觉是指刺激取消后,感觉可以极短时间存在的现象。例如:人眼紧盯一画像(见图 3.11),再望向天花板,可以看到刚才的画又呈现出来了,这就是余觉特性的表现。

(4) 知觉特性

知觉特性包括整体性、经验性、选择性、恒常性及错觉现象。

① 人在知觉时,往往会把许多对象看成具有一定结构的统一整体,称为知觉的整体性。如图 3.12 所示,前者往往被人感知为一个矩形,而不是将其感知为 10 个点和 10 个线段;后者往往被感知为一个立方体,而不是 8 个黑白相间的圆。

② 经验性是指当人在知觉时,用以往所获得的知识经验来理解对象特征的现象。同样是一个圆,数学家可能会想到圆周率的发现,小孩子可能会想到皮球,等等。具有不同经验知识的人看同样的事物多会产生不同的知觉。

③ 人的知觉包括两个过程:一个是自下而上的过程,也称为数据驱动加工;另一个是自上而下的过程,也称为概念驱动过程。对于比较熟悉的物体,人们采用自上而下的知觉过程较多;对于不熟悉的物体,人们采用自下而上的知觉过程较多。

图 3.11 余 觉

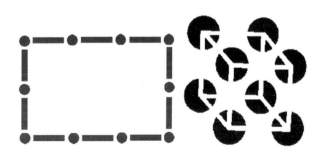

图 3.12 知觉整体性

④ 选择性指在知觉时,把某些对象从某背景中优先区分出来,并予以清晰反应的特性。知觉的选择性依赖于个人的动机、情绪、兴趣和需要,反映了知觉的主动性,也同时依赖于知觉对象的刺激强度、运动、对比、重复等。知觉的选择性表现在:

- 对象与背景的差别。对象与背景的差别越大,对象越容易从背景中区分出来,并优先突出,给予清晰的反映。
- 对象的运动。在固定不变的背景上,活动的刺激物容易成为知觉的对象。
- 主观因素。人的主观因素对于选择知觉对象相当重要,当任务、目的、知识、经验、兴趣、情绪等因素不同时,选择的知觉对象便不同。例如,情绪良好、兴致高涨时,知觉的选择面就广泛;而在抑郁的心境下,知觉的选择面就狭窄,会出现视而不见、听而不闻的现象。

⑤ 恒常性是知觉的条件在一定范围内变化,而知觉的印象却保持相对不变的特性。在视知觉中,恒常性表现得很明显,包括大小恒常性、形状恒常性、明度恒常性、颜色恒常性等。例如,太阳远近时我们人眼看到的大小是不同的,但我们也不会认为太阳的大小在变化。有时,视知觉的恒常性会给实际飞行带来一定的困难,例如倾斜的跑道会影响飞行员对自身飞机高度的判断,如图 3.13 所示。向上倾斜的跑道会给人一种较高纬度的感觉,因此飞行员可能会降低飞行高度。当离跑道过低而降落时,有可能会造成危险。

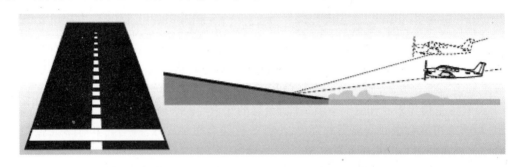

图 3.13　视知觉恒常性在飞行降落时带来的影响(引用自参考文献[11])

⑥ 错觉是对外界事物不正确的知觉,是知觉恒常性的颠倒。飞行中常见的视觉错觉如黑洞进场错觉,是在黑夜中,飞机降落时周边灯光亮度大于跑道上的灯光,引起飞行员对自身飞机高度和跑道位置的错误认识。

总而言之,信息接收是人能力的重要组成部分。对于完成工作的人来说,信息接收是处理事务的第一步,非常关键。在之后的环境影响部分,我们会看到,某些特殊工作中所遇到的特殊环境,由于对信息接收这一环节造成相应影响,进而影响到我们正常而有效的工作。

3.2.2　信息处理

信息处理又称为情景觉知,从概念上理解比较清晰,它是继信息接收之后对信息的分析、处理过程。但相对信息接收来说,这种功能可能更为抽象、复杂。下面将着重阐述一些基本知识点(包括流程和相应器官组成),简略介绍一些影响因素。

1. 信息处理的过程

在人与机器发生关系和作用的过程中,最本质的联系是信息交换。从工效学的角度出发,可以把人视为一个单通道的有限输送容量的信息处理系统来研究。

信息处理系统由感觉子系统、信息处理子系统、储存子系统及反应子系统组成。整个过程为：感觉子系统通过神经系统把信号传送给信息处理子系统，也就是指中枢神经系统和大脑皮质，在此区域完成对信息的处理。这些处理包括信息选择识别、做出判断决策、产生某些高级适应过程、并组织到某种时间系列当中去。这些功能都需要有储存子系统中的长时记忆和短时记忆参加。当信息到达储存子系统时，人们就把这个信息与以前获得的知识进行比较，当一个信息与某一个有意义的概念联系起来时，它就会被识别出来，这也就是所谓的模式识别。模式识别后信息进入了短时记忆，这时的信息已经不是原始的感觉信息。从短时记忆输出的信息还可以更深入地投入系统，称为长时记忆。到这时，它所储存的信息，已经成为自觉的知识。最后，信息处理子系统发出信息，传输给反应子系统，产生各种运动和语言反应。图 3.14 所示为飞行过程中信息处理的过程。

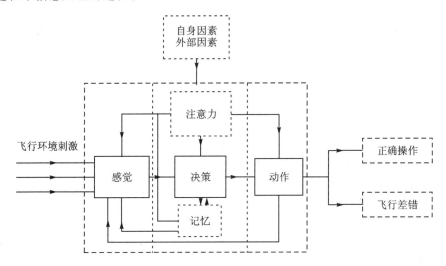

图 3.14　飞行过程中人的信息处理系统（引用自参考文献［14］）

2. 信息处理的生理基础

人体处理信息的最高系统，就是中枢神经系统。它可谓是人的司令部，统筹着人正常的生活和工作。中枢神经包括脑和脊髓。其中，脑包括大脑、小脑、脑干、间脑，下面列出各自包含的中枢。

（1）大　脑

额叶：运动、语言。

顶叶：感觉、感觉联系、味觉。

颞叶：听觉、听觉联系。

枕叶：视觉、视觉联系。

（2）小　脑

绒球 5 叶（古小脑、前庭小脑）：调整肌肉紧张，维持身体平衡。

小脑前叶（旧小脑、脊髓小脑）：控制肌肉的张力和协调。

小脑后叶（新小脑、大脑小脑）：调节起源于大脑皮质的随意运动，影响运动的起始、计划和协调，包括确定运动的力量、方向和范围。

(3) 脑　干

延髓:心律、呼吸、血压中枢,呕吐、咳嗽、喷嚏、打嗝、吞咽中枢。

脑桥:与延髓共同调节呼吸,调节头位变化。

中脑:视觉、听觉、触觉反射中枢。

(4) 间　脑

丘脑:接收躯体各处传入的感觉刺激,并传入高级中枢。

视丘下部:维持躯体的动态平衡,以及饥饿、睡眠、口渴、体温、水平衡、血压中枢。

与3.2节讲过的一些感觉相关的主要包括:脑干及大脑中的视觉、听觉相关中枢,间脑的视丘下部中的体温中枢等。

而另一组成——脊髓包括运动神经和感觉神经。前者又分为支配骨骼肌的躯体运动神经及支配平滑肌、心肌和腺体的内脏运动神经;后者主要负责传导皮肤和粘膜的痛觉、温觉、粗触觉及深感觉(包括位置觉、运动觉、振动觉)。许多不需要过于详细分析的感觉等都是在脊髓处进行简单处理的。

3. 信息处理相关的主观影响因素

这部分介绍一些影响处理信息的主观因素。如果说前面介绍的环境对人能力的影响是比较客观的,那么这部分讲的就比较有主观性,也是具有个体差异的。下面具体介绍这些主观影响因素。

(1) 唤醒水平

唤醒水平是指人体总的生理性激活程度。它对信息处理水平有很大的影响,从而进一步影响工作质量和效率。在适宜范围内,唤醒能维持大脑的兴奋性,有利于注意力的保持和集中。但是,超出适宜范围,过分刺激,人将处于十分紧张的状态,无法实现有效的行为;反之,唤醒水平过低,人将变得不敏感,活动能力也就较差。

例如,通过对瑞典一家煤气工厂19年间的煤气表误检时间分析,如图3.15所示夜间的误检率高于白天。白天的下午2时到3时,误检率有暂时性上升的倾向。夜间的2时到4时,误检率显著增高。

如何使唤醒水平达到适宜值,是工效学所关心的问题。具体为:外界的信息刺激和本身的兴趣,都能够提高唤醒水平。如信号频度、强度增加,或本身获知自己的作业成绩时唤醒水平会提高。但是,唤醒水平过高也会给作业带来不良影响。图3.16所示为唤醒水平与作业工效的关系图。

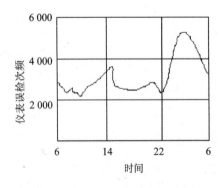

图3.15　煤气表误检时间分析图

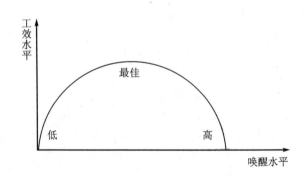

图3.16　唤醒水平与工效水平的关系

唤醒水平与作业的关系:一般来讲,作业内容单调、简单又连续时,要求唤醒水平相对较高;而作业难度大,需要进行复杂的判断时,则要求唤醒水平相对低些为好。如作业时获取的信息少或作业所需要的信息太少,一种信息反复地出现等,都会引起唤醒水平下降。流水线作业就是一例。唤醒水平下降会使作业人员对工作失去兴趣、打瞌睡,甚至无法工作。但当工作中止时,唤醒水平下降状态又全然消失。这种心理现象称为单调。

(2) 需要和动机

需要是指人对客观现实的需求的反映。动机是人们为了满足需要,激励着主体采取行动的内隐性意向,凡是能满足需要、符合动机的事物,都容易引起注意,成为知觉对象。

人在进行信息处理时,如果没有接收和处理信息的积极意识和精神准备,信息处理的效率就会很低。影响动机的原因很多,如何刺激人的工作动机,提高人处理信息的积极性,其中很重要的就是对工作的理解。因此,我们可以采用:

① 事前向工作人员说明所要从事工作的目的、方法、结果及有关情况。

② 工作过程中,向作业人员提供作业过程的信息,如是否正确或与目标存在的偏差等,作业人员就会主动调整行动,从而促进信息处理质量的提高。

(3) 兴　趣

兴趣是动机的进一步发展,一般指热切地追求知识或从事某种活动的外观性意向,在某种程度上会影响对不同信息的处理结果。

(4) 性　格

性格是指一个人对现实的稳定态度和习惯化的行为方式,在情绪、自尊心和对人态度等方面的特征影响着对信息的处理。

(5) 经验、练习状况

由于存在经验,熟悉的对象会较容易从环境中分出,成为信息处理的主要对象。练习能够提高信息处理能力。如果反复练习同一作业动作,一般都能够提高工作质量,缩短作业时间,并减轻身体的负担。

(6) 疲劳度

疲劳带来与练习相反的结果,导致信息处理能力下降。疲劳造成作业数量和质量的降低,处理时间增加,完成单位动作需要付出更多的劳动。测定结果表明,处理的信息量越大,疲劳越严重,处理速度下降越快。随着监视作业时间的延长,疲劳便会导致处理信息能力下降。一般在监视作业 30 min 以后,随着时间的延长,作业人员对信号的漏报会增加。

3.2.3　命令执行

本小节将介绍构成人的能力的最后一个环节,也是工作完成的最后执行动作。关于命令的执行,这里着重于工作中特定的命令,多数是考虑人-机界面上的任务完成,即通过操作机器完成工作。执行时涉及的部分主要包括:运动系统、眼、语言器官。其中运动系统是重点,包括骨、关节和肌肉。首先,简单介绍各类命令执行器官,然后着重讲述骨、关节和肌肉的特征。最后,再介绍与命令执行相关的一些概念,如肢体处理范围等。

1. 主要执行器官

人体从大脑发出命令,执行器官主要是运动系统,其他还有语言、眼动。现在的人-机界面主要是基于运动系统的,比如按钮、操纵杆,而基于语言(语音识别)和眼动(目光焦点扫描仪)

的人-机界面开发得还不完全,主要处于理论研究阶段。

(1) 运动系统

运动系统在解剖生理学和生物力学中有详细介绍,此处简单复习一下与生物力学、运动相关的部分知识:运动系统主要由骨、关节、肌肉三者组成。骨借助关节连接构成骨骼,是运动的杠杆;关节是运动的支点,是枢纽;肌肉附着于骨并牵动骨的运动,是动力源,运动的动力。三者在神经系统的支配和调节下协调一致,随人的意志,共同准确地完成各种动作。

1) 骨

骨的功能有四个:第一,构成人体支架,支撑全身的重量,并与肌肉、皮肤一起维持人体的外形;第二,构成体腔的壁,如颅腔、胸腔,保护重要的内脏器官;第三,充当钙和磷的储备仓库;第四,充当人体运动的杠杆,即当附着于骨的肌肉收缩时,骨被牵动着绕关节运动,形成各种活动姿势和操作动作。人体工效学中主要涉及的是骨的第四个功能。

2) 关　节

骨与骨之间靠关节连接,根据连接方式不同,可以将关节分为直接连接和间接连接两种。直接连接,指骨与骨之间由结缔组织、软骨或骨相互连接,其间不具腔隙。间接连接,指两骨之间借助膜性囊互相连接,其间具有腔隙。

3) 肌　肉

人体肌肉分为平滑肌、心肌和骨骼肌。运动主要与骨骼肌相关。人体的骨骼肌有400块,占体重的40%。骨骼肌大多跨越关节,附着于骨,产生动力。因为解剖学上骨骼肌具有横纹外貌,所以又称横纹肌。肌肉的基本特征是:收缩和放松。收缩时长度缩短,横截面积增大,放松时则变化相反。

(2) 眼-眼动

通过眼的反射光可以驱动敏感元件,进而驱动执行机构。现在已经有公司研制出遥感式眼动仪,它带有小型独立摄像头,可以远程遥控,有效修正头动;支持数据综合分析,例如注视轨迹、热点图、兴趣区分析等。它可以在可用性测试和界面评估等领域发挥重要作用。

(3) 语言器官

声带、口和舌是重要的语言发音器官。

通过识别不同的音频、响度和音色的声音进行系统控制,这可以减轻骨骼-肌肉系统的负荷和相应设备的质量,并减少操作差错。在日常生活中,如果不方便带着手套拨打手机上的电话号码,可以按照之前输入并存储的语音拨号拨打电话,例如 1 存储为 110,则在开通语音电话的手机上,用户直接对着麦克风讲"1"时,手机会进行语音识别并拨打"110"的号码,这样就不用自己动手拨打了。

2. 相关概念

(1) 肢体出力范围

肌肉收缩时所产生的力称为肌力,肌力大小取决于:单个肌纤维的收缩力;肌纤维数量和体积;肌肉收缩前的初长度;中枢神经系统的机能;肌肉对骨骼发生作用的机械条件。研究表明,一条肌纤维能产生 $10^{-3} \sim 2 \times 10^{-3}$ N 的力,而有些肌肉群所产生的肌力则可达上千牛顿。

在运动中,机体所发挥的力量还与生理特征有关,即施力姿势、施力部位、施力方式、施力方向,只有综合考虑上述所有因素,才能设计出合理的操纵力。例如,在做下弯臂的动作时,在大约70°处可达最大值,因此许多操纵机构(如方向盘)都置于人体正前上方。在直立姿势下,手臂处于不同角度所产生的推力和压力不同,实验研究表明,最大拉力产生在180°位置上,而最大推力产生在0°位置上,这就是为什么举重项目的运动员先是抓举,再把杠铃举到头顶上。此外,在坐姿时,左手的力弱于右手,向上用力大于向下用力,向内用力大于向外用力。脚输出的蹬力也与体位有关,最大蹬力在膝部弯曲160°时产生,并且下肢向外偏转约10°。

此外,肢体力量的大小均与持续时间有关。随着持续时间延长,人的力量很快衰减。例如,拉力从最大值衰减到1/4大小时,只需要4 min。任何人劳动到力量衰减为一半的持续时间都是差不多的。意思就是,力量大的人和力量小的人会同时感到劳累,而与其所付出的力量多少无关。

(2) 肢体动作速度

肢体动作速度的大小,在很大程度上取决于肌肉收缩的速度。不同肌肉的收缩速度不同:

① 慢肌纤维收缩速度慢,快肌纤维收缩速度快。通常一块肌肉中既有慢肌纤维,也有快肌纤维,中枢神经系统可以时而使慢肌纤维收缩,时而使快肌纤维收缩,从而改变肌肉的收缩速度。

② 收缩速度还取决于肌肉收缩时所发挥的力量和阻力的大小,发挥的力量越大,外部阻力越小,则收缩速度越快。

③ 操作运动速度取决于动作方向和动作轨迹等特征。

④ 动作特点对动作速度的影响也十分显著,操作动作的设计合理,工效可明显提高。

读者应该可以看出来,工作中,与命令执行相关的环境问题也很重要。如果不能提供一个利于命令执行器官完成任务的环境,工作就不能顺利完成。甚至,会伤到人自身。命令执行是最终工作见成果的重要保证,需要给予重视。

人的能力部分我们阐述至此,三个环节都有可能成为工效学考虑的重点。不同的环境会产生不同的影响,但都是在这三个环节上出问题。

3.3 人的特性

在人、机器、环境的交互作用中,人具有自己的鲜明特点。因此,在人-机界面或者任务设计时,要充分考虑人的因素和特点。综合起来,人在认知、信息处理和命令执行过程中的特点大致表现为两个方面,即可塑性和稳定性。

1. 人的可塑性

人的可塑性在于人具有主观能动性,在学习和记忆的基础上,又具有了灵活性、预见性和创造性。

(1) 主观能动性

人的主观能动性在于,人对环境有探索心,对未知事物有好奇心,对知识有强烈的求知欲,同时还从前人的教训中吸取到宝贵经验。人可以能动地反映环境和改造环境。如美国的航天员在进入国际空间站前,一般要经受18个月到两年的训练,其中包括俄语的训练,要达到俄国的指导员以及俄国控制中心用俄语交流的水平。

(2) 灵活性

与机器相比,人有机动灵活性。由于航天飞行系统采用了多种先进技术,航天器成了一个复杂的系统,其操作和运行具有快速、准确、多样的特点。这样一个工作环境对人的要求很高。机动灵活性是一个基础,也是人很突出的优点。航天员的机动灵活性在感知、分析和执行过程中的方方面面皆有体现。

首先,人对信息的感知和识别所具有的优越性,是任何传感器都无法取代的。航天员有多个信息接收通道,具有很强的敏感度和分辨力,很强的抗干扰能力,能从不规则的、杂乱的信息中提取出有用的部分,可以"见微知著"。其次,在决策方面,人可以根据收取到的信息,联想对比经验知识,再加上对时间空间的综合考虑,做出多种备选决策,最后选定一种最正确的决策。决策在执行时,可能会有几种达到最终目的的方法,航天员能够随机应变,根据情况和条件,改变谋略和操作程序;甚至当控制器的性能发生了很大变化乃至故障时,航天员经过尝试和体验后,仍能执行正确的操作。航天员的这种机动灵活性,可以克服自动系统的缺点,补偿其不足,极大地提高了整个飞行系统的可靠性和成功率。用虚拟现实来模拟空间站的各项工作,或者采用深水池模拟太空环境,都是在训练和提高航天员的灵活性。

(3) 预见性

人具有预见性。人可以根据目前出现的微小症候,预见将会发生的问题,进而在故障发生之前,预先采取措施,防止其发生。在问题发生之前就预计其可能性大小、表现形式和严重程度等,并预先设计出针对不同情况的应付方法,这种预见性是机器很难做到的。如航天员在训练过程中很重要的一项就是紧急情况下的求生训练。

(4) 创造性

人的创造才能区别于其他动物本能,其物质基础存在于人脑的结构之中。人脑正是在劳动和创造实践中得到了进化,一般高等动物的脑子都有"剩余"空间,而人脑则有大得多的"剩余"空间。这种"超剩余性"允许人脑存储、转移、改造和重新组合更大量的信息,这就形成了人人都具备的创造性思维能力,诸如逻辑推理、联想、侧向思维、形象思维和直觉。

2. 人的稳定性

人操作机器和适应工作环境,需要具有较高的准确性和适应性。人的可靠性是人的稳定性的重要组成部分。当然,人因错误有时也是难免的,因此在系统设计时,也要考虑一定的容错性。

(1) 准确性

动作的准确性可从动作形式(方向和动作量)、速度和力量三方面考察。这三方面配合恰当,动作才能与客观要求相符合,达到准确性要求。

动作方向必须准确,动作量必须适当,这样才能产生准确的动作。在操作中,动作展现是否柔和非常重要,动作柔和,往往也就准确了。动作的力量是指运动着的肢体遇到阻力时所能表现或所能提供的力量。动作依据其力量的大小分为有力运动和无力运动。有力运动是指有足够的、均匀增长的力量和速度的动作,它能克服强大的阻力。无力运动是指没有足够的力量,速度也小。这种动作常常是不准确的。

据资料记载,手臂伸出和收回动作,对于短距离(100 mm 以内)有动作过多的趋势,误差较大;而对于长距离(100~400 mm)有动作过少的趋势,误差显著降低。同时,向外伸出比向内收回要准确。动作方向定位最准确的是正前方手臂部水平的下侧,最不准确的方位是侧面;右侧比左侧准确,下部比中部准确,上部最不准确。当双手同时均匀操作时,双手直接在身前活动的定位是最准确的。针对着陆和舱外作业的一系列过程,航天员要花大量时间来训练如何着陆,对接空间站,太空行走,双手协调作业,以及如何搬运重物。因为任何一个环节的不准确都可能造成失误甚至危险。

(2) 适应性

人具有很强的适应性，但有时适应性也是一个缺点，例如，由于人的适应性，可能会在适应之后出现注意力分散、警觉性不高等问题。而在多数情况下，适应性是很有帮助的。例如，由于人的适应性很强，当条件在较大范围内变动时，人能发挥主观能动性，完成各种任务，特别是在舒适程度或最佳作业条件受到一定影响或改变时，人仍能较好地完成作业；即使在不良条件下，人在熟悉适应后，仍可以继续保持相当强的能力，完成规定的任务。此外，极强的意志力也可以提高人的适应性。适应性与灵活性有很强的关联性，灵活性随着适应性的提高而提高，同时较高的灵活性也可以促进适应性。

(3) 可靠性

人的可靠性是指人在特定环境中，在一定的条件下，在规定的时间限度内，按要求成功完成任务的概率。人通过训练，加上上述的一些特性，在可靠性方面可以达到很高的标准。但是，人不可能十全十美，肯定也有不可靠性，如在一定环境影响下，人的工作能力下降，如 3.2.2 小节提到的那些影响，再如人自身各方面素质的差异，也都可能成为一个人工作可靠性下降的因素。我们在人机分配时应尽可能地考虑到这些可变因素，不可把人的能力神话。因此，在系统设计时，要充分考虑其容错能力。

本章小结

1. 从信息接收、处理、反馈的角度分析人的能力。

按信息处理流程，人的能力分为三大方面或者说三个阶段。

信息接收：人的感觉器官感知外部环境中的各类信号，并将这些信号转变成人的中枢可以识别处理的生理电信号的过程。

信息处理：又称情景觉知，指人对信息的分析、总结并发出对应的命令的过程。

命令执行：着重在工作中的特定命令的执行，多数是考虑人-机界面上的任务完成，即通过操作机器完成工作。

因此，分析人的能力强弱要从这三个方面入手，有针对性地进行弥补或者训练。

2. 人的特性包括几大方面？

人的特性主要包括：主观能动性、灵活性、创造性、预见性、准确性、适应性和可靠性。

思考题

1. 人的能力可分为哪三大部分？
2. 什么是视角、视野？
3. 什么是听觉的频率响应？
4. 皮肤觉包括哪些具体感觉？
5. 知觉的特性有哪些？
6. 简要说明信息处理的过程。
7. 人体骨骼杠杆的三种类型是哪些？
8. 什么是肢体输出范围？

9. 人的特性有哪些？

关键术语： 视觉 立体视觉 嗅觉 听觉 皮肤觉 本体感觉 前庭觉 知觉

视觉： 人的视觉是指眼球在光线的作用下，对物体的明暗（光觉）、形状（形态觉）、颜色（色觉）、运动（动态觉）和远近深浅（立体知觉）等的综合感觉，是物体的影像刺激视网膜所产生的感觉。

立体视觉： 若用双眼视物时，具有分辨物体深浅、远近等相对位置的能力，形成所谓立体视觉。

听觉： 声波作用于听觉器官，使感受细胞兴奋并引起听神经的冲动，经听觉系统分析后引起的振动感。

嗅觉： 物体发散于空气中的物质微粒作用于鼻腔上的感受细胞产生神经冲动，冲动继而沿嗅神经传入大脑皮层的嗅觉中枢产生嗅觉。

皮肤觉： 由皮肤感受器官所产生的感觉。触觉、压觉、痛觉和温度觉均属于皮肤觉。

前庭觉： 是内耳维持躯体平衡信息的感觉，负责感受机体的姿势和运动。

本体感觉： 是指肌、腱、关节等运动器官本身在不同状态（运动或静止）时产生的感觉。

知觉： 是在感觉的基础上产生的，是人脑对直接作用于感觉器官的客观事物和主观状况的整体反映。

推荐参考读物：

1. 童时中. 人机工程设计与应用手册[M]. 北京：中国标准出版社，2007.
   这是一本介绍人的特性及测量的书，内容非常广泛。
2. 袁伟. 城市道路环境中汽车驾驶员动态视觉特性试验研究[D]，西安：长安大学，2008.
   这篇论文对动态视觉特性的测量介绍得较为全面。
3. 康卫勇，王黎静，袁修干，柳忠起. 战斗机座舱人机界面基本模型分析[J]. 中国安全科学学报，2006，16(1)：49-54.
   这篇论文介绍了人-机界面交互时对人的特性的影响。
4. 吴媛媛，孔维佳，等. 干扰本体感觉和视觉对正常人及单侧前庭功能低下患者的静态姿势的影响[J]. 中华耳科学杂志，2008，6(3)：310-314.
   这篇论文介绍前庭觉等在实际康复过程中的测量和应用。

参考文献

[1] 中国人民解放军总装备部军事训练教材编辑工作委员会. 航天工效学[M]. 北京：国防工业出版社，2003.

[2] 中国人民解放军总装备部军事训练教材编辑工作委员会. 航天重力生理学与医学基础[M]. 北京：国防工业出版社，2001.

[3] 丁玉兰. 人机工程学[M]. 修订版. 北京：北京理工大学出版社，2005.

[4] 袁修干，庄达民. 人机工程[M]. 北京：北京航空航天大学出版社，2002.

[5] 陈信，袁修干. 人-机-环境系统工程生理学基础[M]. 北京：北京航空航天大学出版

社,2000.

[6] 蔡启明,余臻,庄长远. 人因工程[M]. 北京:科学出版社,2005.

[7] 廖建桥. 人因工程[M]. 北京:高等教育出版社,2006.

[8] 赵江洪,谭浩. 人机工程学[M]. 北京:高等教育出版社,2006.

[9] 谢庆森,牛占文. 人机工程学[M]. 北京:中国建筑工业出版社,2005.

[10] 康卫勇,王黎静,袁修干,等. 战斗机座舱人机界面基本模型分析[J]. 中国安全科学学报,2006,16(1):49-54.

[11] Melchor J. Antuñano. Spatial Disorientation:Visual Illusions[O/L]. USA:Federal Aviation Administration. http://www.faa.gov/pilots/safety/pilotsafetybrochures/media/SpatialD_VisIllus.pdf.

[12] 中国民用航空总局飞行标准司. 民用航空招收飞行学生体格检查鉴定标准:GB 16408.3—1996[S]. 北京:中国标准出版社,2004.

[13] 李孟杰,孙瑞山. 基于认知可靠性的飞行差错影响因素体系的构建[J]. 中国安全生产科学技术,2013,9(12):148-154.

[14] 童时中. 人机工程设计与应用手册[M]. 北京:中国标准出版社,2007.

第4章 人与机器的关系

探索的问题
> 日常生活中我们都会与机器打交道,那么什么是人-机系统?人-机系统分为哪几类?在人-机系统中人占据什么样的地位?
> 在人-机系统中,人与机器是如何分配功能的?分配的依据和方法又是怎样的?
> 什么样的人-机界面更有利于人的工作效率,更有助于人的身心健康?

4.1 人-机系统概述

人-机系统包括人和机器两个基本组成部分,它们相互联系构成一个整体,并通过人与机器之间的相互作用完成一定功能。在人-机系统中,人占据主导地位。在现代生产管理和工程技术设计中,合理地设计人-机系统,使其可靠、高效地发挥作用是一个十分重要的问题。

人-机系统中,一般的工作循环过程可由图 4.1 来加以说明。以驾驶飞机过程为例,飞行员作为人-机系统中占主导地位的人,通过观察仪表盘数据判断飞机目前所处的状态,并通过方向舵、操纵杆等将命令传输给飞机,最终保证飞机平稳飞行。另外,人和飞机还会受到舱内温度、气压、风速等外界环境的影响,因此,从广义上讲,人-机系统又称为人-机-环境系统。在这个过程中,人在人-机系统中居于主导地位,人-机系统设计主要是对系统中人与机器之间的关系进行设计,而不仅仅是针对系统中的硬件。强调人的特性和限度,以人为本,让人的因素贯穿设计的全过程,是人-机工效学的重要实践原则。

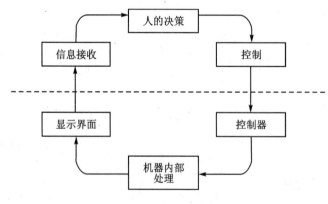

图 4.1 人-机系统示意图

1. 人-机系统的分类

按照人-机系统的自动化程度,即系统中动力的提供者是人还是机器,可将人-机系统分为三类:人工操作系统、半自动化系统和自动化系统。下面分别举例介绍这三类系统。

(1) 人工操作系统

这类系统包括人和一些辅助机械及手工工具。由人提供作业动力,并作为生产过程的控制者。比如航天员开关航天器舱门的过程,航天员穿戴舱外航天服,手拉动舱门把手,并以脚为支点,施力将舱门打开。在这个过程中,人提供全部动力。如图4.2所示,人直接把输入转变为输出。

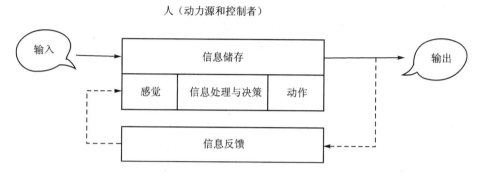

图 4.2　人工操作系统

(2) 半自动化系统

这类系统由人来控制具有动力的机器设备,人也可能为系统提供少量的动力,对系统进行某些调整或简单操作。在循环系统中反馈信息,经人的处理成为进一步操纵机器的依据。比如飞行员驾驶飞机的过程,人通过仪表盘参数,确定当前飞机所处的状态,并通过手控制方向舵来控制飞机飞行的方向和速度。在这个过程中,人只提供少量的动力,飞机状态改变的动力主要由飞机自身动力系统提供。如图4.3所示,通过不断的信息反馈,保证人-机系统得以正常运行。

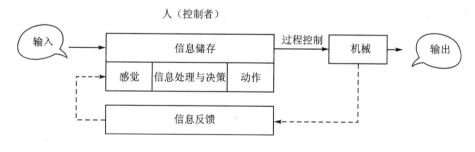

图 4.3　半自动化系统

(3) 自动化系统

这类系统中的接收、储存、处理和执行等工作,全部由机器完成,人只起管理和监督的作用,如图4.4所示,系统的能源从外部获得,人的具体功能是启动、制动、编程、维修和调试等。为了安全运行,系统必须对可能产生的意外情况设有预报及应急处理的功能。比如飞机自动驾驶的过程,飞机起飞稳定后,飞行员和地面控制系统设定飞机的飞行路线等,飞机按照人为设置的路线和速度等自动飞行,飞行员基本不需要过多地参与飞行过程。在这个过程中,自动驾驶完全自动化运行,人只起到管理和监督作用。

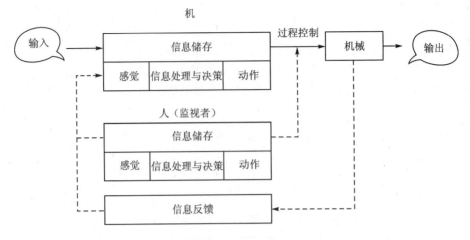

图 4.4 自动化系统

在人-机系统中值得注意的是,不应脱离现实的技术、经济条件而过分追求自动化,把一些本来适合于手动操作的功能也自动化了,其结果将导致系统可靠性和安全性的下降,人与机器的不协调。

2. 人-机界面

人-机系统中人与机器直接进行信息交换的界面称为人-机界面(Human Computer Interface,HCI)。人-机界面有两类:一是显示界面与人的感觉器官(眼、耳、鼻等)之间的界面;二是人的效应器(手、足等)与控制器之间的界面。人与机器的信息交换是在人-机界面上实现的。显示界面把机器运转过程或被控对象状态的信息以一定的形式作用于感官,这种信息在大脑中得到编码、加工,通过与预期的结果进行比较、分析和决策后大脑发出指令信息。根据这些指令,效应器作用于控制器,将人的输出信息转换成机器的输入信息。人-机界面的信息交换效率,主要取决于显示界面与人的感官特性之间和人的效应器特性与控制器之间的匹配程度。

在航空航天活动中,由于工作环境和执行任务的复杂性,对人与飞机、人与航天器等人-机界面的研究尤为重要。飞机驾驶舱人-机界面是飞行员与飞机进行信息交互的主要通道,该界面对技术与安全要求的等级很高。为了对飞机驾驶舱人-机界面进行评估,需要建立合理的评估指标体系。如图 4.5 所示,需要考虑显示能力、经济性、舒适性、任务能力、安全性、适航性、通用性以及控制能力等诸多指标。

3. 人的主导作用

在人-机系统中,人的主导作用主要反映在人的决策功能上。随着计算机的发展,系统内部出现了信息处理过程,人-机关系发生相互适应、相互匹配的趋势,但未改变人的主导作用。人的学习能力使人可通过训练,获得优良的决策和控制能力。在人-机系统中,人与机器存在信息的交换以及人对机器的控制,人-机界面设计主要是显示、控制以及与它们之间关系的设计,要使人-机界面符合人-机信息交流的规律和特性。

在人-机系统中,人是主体。人具有主观能动性,能随机应变,富于创新精神;但人也有弱点,会受到生理的限制和心理的影响。前者是积极因素,后者是消极因素。只有积极因素才能在系统中起主导作用,消极因素则需要机器予以补偿。机器是系统中的重要环节,它虽然速度快、精确性高,可是灵活性差,一旦出错或元件损坏,就难以自改正、自修复,而需要依靠人纠错

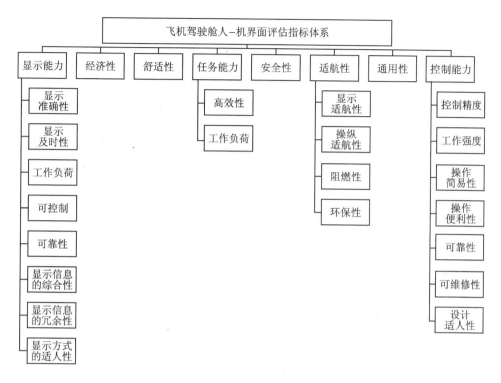

图 4.5 飞机驾驶舱人-机界面评估指标体系

和修复。为了发挥人的积极作用和机器的优良性能,机器的设计要适合人的生理和心理的特性。如控制仪器表盘的刻度之所以设计成顺时针方向,就是便于人的操作。这种扬人之长、避机之短,取机之长、补人之短,人-机协调、配合工作,组合成高效率的有机整体,是人-机系统的基本特点。

在人-机系统中,如果失去人的主导作用,则会造成重大的灾难。2009 年 6 月 1 日,法国航空公司一架从里约热内卢飞往巴黎的 447 号航班空客 A330 客机,飞行途中坠入大西洋,机上 228 名乘客和机组人员全部遇难。2011 年 4 月 3 日,从深海里打捞出来的法航 447 号航班的黑匣子显示,空速管被冻住,从而产生了错误的速度读数,使自动驾驶仪自动关闭。此时,副驾驶伯南接手控制飞机,向后拉起控制杆抬起机头。自动驾驶断开后,飞行员在高空把机头拉起来很快让飞机失速,飞机下降速度超过了 12 000 ft/min,最终坠海,成为法国航空史上最严重的空难。在这次灾难中,由于机器故障导致读数不正常,而作为人-机系统中本应占主导地位的飞行员,却因过分相信不正常的读数,而采取了不当的操作,最终造成飞机失事。

现在飞机自动化程度越来越高,飞机内部的系统管理、通信管理都是自动化的,大大提高了数据交换速度、准确性和可靠性。人的干扰因素一般是在起飞和降落的时候,到了爬高和巡航时,基本上都可以自动化。人设定好数据和指示目标,给系统一个指令,系统就可以按照人的指令进行操作飞行。但由此产生的问题是飞行员的自主能力会下降,依赖机器的程度会越来越高。因此,在人-机系统中必须强调人的主导作用,以避免机器可能的失误而造成严重的事故。

4.2 人机功能分配

在人-机系统中,人与机器具有各自的任务分配,只有两者合理配合,协调一致,才能保证人-机系统正常运转,完成特定的任务。尤其是在航空、航天环境下,对人与机器的任务分配要求更加严格和精细。1951 年 Fitts 首次提出功能分配概念并建立著名的 Fitts 表,在此之后,有关功能分配的理论和应用研究都有了很大的发展。此后在 Fitts 表的基础上发展了许多其他更成功更有效的功能分配方法(如 York 方法等),其中一些已在军事和工业领域得到了广泛应用,取得了比较好的效果。

4.2.1 人与机器的功能比较

1. 人在人-机系统中的主要功能

(1) 传感功能

通过人体感觉器官的看、听、触摸等来感知外界环境的刺激,如显示界面、扬声器、盲道等,感知系统的作业情况和机器的状态,并将相关刺激信息传入人的中枢神经。

(2) 信息处理功能

大脑将接收到的信息与已储存在大脑中的经验和知识信息进行比较分析后,进行检索、加工、判断、评价,并最终作出决策,如作出继续、停止或改变操作的决定。

(3) 操纵功能

将信息处理的结果作为指令,指挥人的行动,即人对外界的刺激作出反应,如操纵飞机方向舵、启动按钮等,最后达到人的预期目的,如改变飞机航向、启动机器运转等。

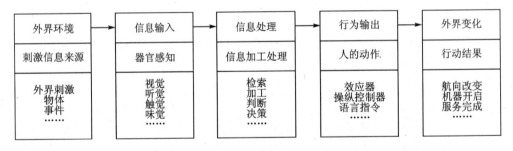

图 4.6 人在操作活动中的基本功能示意图

2. 人与机器的特性比较

在人-机系统设计中,首先要明确在特定环境下人和机器各自所具备的优点和缺点,以便研究人与机器的功能分配,从而扬长避短,各尽所长,充分发挥人和机器的优点;从设计开始就尽量避免人的不安全行动和机器的不安全状态,做到安全生产。

人和机器各有自己的能力和长处,归纳起来分别表现在四个方面:
- 人的功能的限度是准确性、体力、速度和知觉能力;
- 机器的功能的限度是性能维持能力、正常动作、判断能力、造价和运营费用。

表 4.1 所列为人与机器的功能比较。

第4章　人与机器的关系

表 4.1　人与机器的功能比较

项　目	机　器	人
速度	占优势	时间延时为 1 s
逻辑推理	擅长于演绎而不易改变其演绎程序	擅长于归纳，容易改变其推理程序
计算	快且精确，但不善于修正误差	慢且易产生误差，但善于修正误差
可靠性	按照恰当设计制造的机器，在完成规定的作业中可靠性很高，而且保持恒定，不能处理意外的事态。在超负荷条件下可靠性突降	人脑可靠性远超过机械，但极度疲劳与紧急事态下很可能变得极不可靠，人的技术水平、经验以及生理和心理状况对可靠性很有影响，可处理意外紧急事态
连续性	能长期连续工作，适应单调作业，需要适当维护	容易疲劳，不能长时间连续工作，且受性别、年龄和健康状态等影响，不适应单调作业
灵活性	如果是专用机械，不经调整则不能改作其他用途	通过教育训练，可具有多方面的适应能力
输入灵敏度	具有某些超人的感觉，如有感觉电离辐射的能力	在较宽的能量范围内承受刺激因素，支配感受器适应刺激因素的变化，如眼睛能感受各种位置、运动和颜色，善于鉴别图象，能够从高噪声中分辨信号，易受(超过规定限度的)热、冷、噪声和振动的影响
智力	无(智能机例外)	能应付意外事件和不可能预测事件，并能采取预防措施
操作处理能力	操纵力、速度精密度、操作量、操作范围等均优于人的能力。在处理液体、气体、粉体方面比人强，但对柔软物体的处理能力比人差	可进行各种控制，手具有非常大的自由度，能极巧妙地进行各种操作。从视觉、听觉、变位和重量感觉上得到的信息可以完全反馈给控制器
功率输出	可随意调节——不论大小、固定的或标准的	1471 kW 的功率输出只能维持 10 s，367.75 kW 的功率输出可维持几分钟，150 kW 以下的功率输出能持续一天
综合能力	单一手段	多种途径
能力	机器特性	人的特性
记忆	最适用于文字的再现和长期存储	可存储大量信息，并进行多种途径的存取，擅长于对原则和策略的记忆
随机应变能力	无随机应变能力	有随机应变能力
高噪声特性	在高噪声的环境下很难准确无误地接收信号	在高噪声的环境下能够检出需要的信号
多样性	只能发现特定目标	能够通过直觉从许多目标中找出真正的目标
适应性	只能处理已知的事件	能够处理完全出乎意料的事件
归纳性	只能理解特定事件	能归纳出一般的结论
学习能力	自学能力很弱	具有很强的自学能力
视觉	能感受视觉以外的红外线和电磁波	可感受 400～800 nm 可见光
环境条件	可耐受恶劣环境	环境要求舒适，对特别环境适应快

4.2.2 人机功能分配原则

人机功能分配是指根据人和机器各自的长处和局限性,把人-机系统中的任务进行分解,合理分配给人和机器去承担,使人与机器能够取长补短,相互匹配和协调,使系统安全、经济、高效地完成人和机器往往不能单独完成的工作任务。为了充分发挥各自的优点,人机功能合理分配的原则应该是:笨重的、快速的、持久的、可靠性高的、精度高的、规律性的、单调的、高价运算的、操作复杂的、环境条件差的工作,适合于机器来做;而研究、创造、决策、指令和程序的编排、检查、维修、故障处理及应付不测等工作,适合于人来承担。

机器的自动化和智能化使操作复杂程度提高,因而对操作者提出了更严格的要求。同时,操作者的功能限制也对机器设计提出了特殊要求。

人-机结合的原则改变了传统的只考虑机器设计的思想,提出了同时考虑人与机器两方面因素,即在机器设计的同时把人看成是有知觉有技术的控制机、能量转换机、信息处理机。

凡需要由感官指导的间歇操作,都要留出足够的间歇时间;机器设计中,要使操作要求低于人的反应速度,这便是获得最佳效果的设计思想。

一般来说,操作员与机器自动操作各有特点,在实际应用中必须综合考虑。通常情况下,操作员操作的优点在许多方面恰好是自动化的缺点,而自动化的优点又正是操作员的不足之处,两者是互补的,这就是人、机器结合的基础。因此,只要根据两者的特点,进行合理的功能分配,就能实现人-机系统控制站操作员与自动操作的辩证统一。

根据国内外经验,一般依照空间飞行条件下航天员能力、自动化水平、研究周期及支持费用等因素来综合分配人机功能,基本思路是:

① 凡是可程序化的、重复性的功能一般应分配给机器自动完成。

② 至关重要、涉及航天员生命安全的任务,除自动系统外,应提供人工控制备份,确保安全性。

③ 人工控制系统和自动控制系统要最大限度地各自独立。"水星号"飞船的可靠性经验表明,如果各系统被设计成互相依赖的,或者按"堆积"方式安装使它们互相接触,那么一个主系统的故障可以蔓延到另一个系统,致使两系统均失灵。

④ 功能分配要考虑航天员的能力和工作负荷的大小,例如是否有足够的时间(几项任务部分同时进行)以及是否有保障条件等。

基于以上考虑,以航天为例,主要的分配原则如下:

(1) 比较分配原则

比较分配是指依据空间环境条件下航天员与自动控制的特性,进行"客观、逻辑"的功能分配。适合人做的就分配给人,适合自动操作的就分配给机器。20世纪50年代流行的Fitts表就是典型的比较方法。例如在处理信息方面,机器的特性是按预定程序高度准确地处理数据,记忆可靠而且易于存取,不会"遗忘"信息;而人的特性则是由高度的综合、归纳、联想、创造的思维能力,能记忆,识别模式强。这样,在设计载人航天器信息处理系统时,就可根据人机各自处理信息的特性进行功能分配。

(2) 剩余分配原则

剩余分配是指把尽可能多的功能分配给机器,尤其是计算机,把不宜用机器完成的剩余功能分配给人,这种分配原则实质上认为人必然有能力而且会愿意做分配给他的任何工作,不论该工作的性质如何。

(3) 经济分配原则

经济分配以经济效益为根本依据,一项功能分配给人还是机器完全视经济与否而定。具体来说就是判断和估计这样一个问题:为实现安全可靠的空间飞行,究竟何种分配方式所需要的总支出费用(设计、研制和人员培训费等)最少,且效率最高。

(4) 宜人分配原则

宜人分配是适应现代人观念的一种分配方法。现代人要求一项工作能体现个人的价值和能力,不能只认为某项工作人可以做就行,它必须具有某种"挑战性",能发挥人的技能,完成工作的同时也要体现人的价值。因此,功能分配要有意识地多发挥航天员的主观能动性,同时注意补偿人的能力限度。

(5) 动态分配原则

动态分配作为载人航天技术,尤其是电子计算机技术发展的结果之一,其基本思路是由航天员(操作者)选择参与系统的程度。也就是说,系统有多种相互配合的人-机接口,操作者可以根据任务需求、兴趣等选取功能。例如目前的载人飞船上都有人工控制和自动控制系统,其中人工控制是自动控制的一个备份,航天员可在两者之间进行切换。这种控制功能可以说就是动态分配的。

4.2.3 人机功能分配方法

据统计,至 20 世纪 60 年代出舱至今,50 多年的载人航天实践证明:尽管机器的自动化技术能解决许多人不能解决的难题,但只要上面有了人,在任务分配合理的情况下,可以使载人航天器更可靠、工效更高、使用寿命更长以及完成任务的成功率更大。由于航天员的存在,人成为飞船系统的一个高智能的备份系统,从而会大大提高飞船的安全性和可靠性,主要表现为:①人在航天中能对意外情况做出迅速而正确的反应;②在与地面失去联系时能独立自主地完成飞行任务;③在设备发生故障时,能及时发现,检查修理,保证设备的正常工作;④进行科学研究和科学观测时,能随时调整仪器,主动选择目标,提高观测效果。因此,分配给航天员合适的工作负荷将简化系统设计,降低操作的复杂性,提高系统的可靠性。目前,对于载人航天活动中的人机功能分配,还没有一个系统的、可普遍采用的决策方法。一般认为决定功能分配的主要准则是在定义系统及分系统功能的基础上,按功能的属性与重要性进行分类,然后结合人所特有的能力限制,确定究竟是由人还是自动化系统来操作才能最好地实现该功能。在国内外,通过研究得出以下几种主要的人机功能分配方法。

1. 基于人的工作负荷的分配方法

目前,进行人机功能分配的主要依据是人的工作负荷或任务所需的体力负荷和脑力负荷值,亦即人的能力、限度和行为特点。其中,人的能力包括智力、心理素质和运动能力等。周前祥等人以航天员的能量消耗或努力程度为主要评价指标来评价航天员的工作负荷,提出了应力-强度模型。其中,长期飞行中某任务要求航天员实际付出的努力程度或能量消耗称为应力,而将航天员在受各种影响其工作能力因素作用的条件下能够付出的努力程度或能量消耗称为强度。

设应力为 s、强度为 r,显然 s、r 均为随机变量,那么将某一任务分配给人的可靠度 $R(s)$ 为

$$R(s) = P(s \leqslant r) = P(s - r \leqslant 0)$$

假定 s、r 的分布函数分别为 $f_s(s)$、$f_r(r)$，并令 $y=r-s$，则有：

$$R(s) = \int_{-\infty}^{+\infty} f_s(s)\mathrm{d}s \int_{-\infty}^{+\infty} f_r(r)\mathrm{d}r =$$

$$P(y \geqslant 0) = \int_0^{+\infty} f_y(y)\mathrm{d}y =$$

$$\int_0^{+\infty}\int_0^{+\infty} f_r(s+y)f_s(s)\mathrm{d}s\mathrm{d}y$$

一般情况下，s、r 均服从正态分布 $(1,10)$，并设应力、强度的均值、标准差分别为 μ_s、δ_s 和 μ_r、δ_r，则：

$$f_y(y) = \frac{1}{\sqrt{2\pi}\delta_y} \exp\left[-\frac{1}{2}\left(\frac{y-\mu_y}{\delta_y}\right)^2\right]$$

式中：$\mu_y = \mu_r - \mu_s$，$\delta_y = \sqrt{\delta_r^2 + \delta_s^2}$，因而

$$R(s) = P(y \geqslant 0) =$$

$$\int_0^{+\infty} \frac{1}{\sqrt{2\pi}\delta_y}\exp\left[-\frac{1}{2}\left(\frac{y-\mu_y}{\delta_y}\right)^2\right] =$$

$$1 - \varphi\left(-\frac{\mu_r - \mu}{\sqrt{\delta_r^2 + \delta_s^2}}\right)$$

这样，根据分配的可靠度 $R(s)$、任务应力的 μ_s 和 δ_s，利用以上公式和标准正态分布表来反推算出航天员需要付出强度的 μ_r 和 δ_r，以此来判定任务的功能分配的可行性，即当 $\mu_r \leqslant \mu_{r0}$（为航天员实际能付出的能量消耗或努力程度）时，可以将该任务分配给航天员；反之，若 $\mu_r \geqslant \mu_{r0}$，则可考虑利用自动化操作。

2. 基于场景的分配方法

场景（Scenario）方法是一种基于特定情况的人机功能分配方法。根据使用环境、目标和主要功能（任务）的不同，将功能进行分组，并将某一组相关联的功能（任务）放在相应的使用环境中，这种功能（任务）组与环境的结合体称为场景。一个系统可分为若干个场景，每一个场景中都包含一组相互关联的功能（任务），这一组功能（任务）在环境条件的约束下，同时对系统的目标和性能产生影响。通常，一个场景中至少包含一个功能，同时某一个功能也有可能被包含在多个相关的场景中。通过基于场景的分配方法，可以将系统运行时的环境因素也考虑进去，使得功能分配决策的因素更加全面，设计出来的系统也具有较高的可靠性。借鉴场景方法的思想，拟采用基于场景机制的模糊多属性决策功能分配方法来对无人机系统控制站进行人、机功能分配。采用模糊多属性决策方法，是为了在分配决策过程中采用多标准体系，充分考虑多方面的因素，使控制站人-机界面的设计在功能分配时尽可能与实际运行环境一致，增强无人机系统的可靠性，同时简化场景方法分配过程，提高功能分配效费比。其分配过程分为 7 个步骤，如图 4.7 所示。

（1）功能确定

进行系统功能分配研究，首先要对所研究的系统功能作综合分析，明确要分配的功能，为下一步研究打下基础。

（2）确定人的任务

根据操作任务、目的，明确人在整个操作过程中所必须完成的操作。

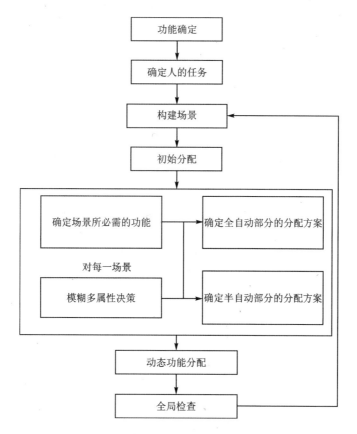

图 4.7　基于场景的模糊多属性决策人机功能分配方法

（3）构建场景

根据系统的使用环境、目的和任务的不同,将全部任务进行分组。将特定的环境与相关联的操作任务联合起来研究。

（4）初始分配

系统功能确定后,依据人、机特性,将那些比较特殊的功能预先在人或机器之间分配,剩下的功能则交给下一步来进行分配。

（5）模糊多属性决策功能分配

由于在功能确定阶段对系统的各种功能定义只是粗略的,通常需由人和机器两者共同来承担,其功能分配也只是粗略的。随着分配的深入,功能任务将被分解得更小、更具体。这样,在功能分配完成时,可在最细的层次上定义全部功能,建立模糊多属性决策模型,使每个功能都最优化地由人或机器来完成。

（6）动态功能分配

采用动态功能分配的方法,可使系统在投入使用后,能根据使用条件、使用环境和工作负荷等的改变情况,对原来的分配方案进行动态调整,在稳定工作的同时具有尽可能高的性能。

（7）全局检查

对分配方案进行全面检查,在指标不满足要求的情况下,返回并对场景进行修改或重新构造新的场景后再进行功能分配。另外,在各个场景中进行功能分配时,还有可能对某一个功能的分配产生冲突,这时或者根据重要程度而优先选择其中的某一种方案,或者通过其他的手段来解决冲突。

场景方法最初是为海军舰艇设计而开发的,由于取得了比较好的效果,之后被用于单座飞机的设计中,同样取得了成功。现在该方法正用于多座飞机的功能分配设计中。多次的实践证明:场景方法已经发展成为一种比较完整的功能分配方法。

3. York 法

发展到 20 世纪 90 年代,人们认识到以往的功能分配方法在进行功能分配时缺乏对环境因素的考虑,从而导致分配结果大部分都停留在理想状态或理论阶段,与实际的应用存在很大差距,因而限制了功能分配的应用。基于这种想法,York 大学的 Dearden 等人提出了一种新的功能分配方法,他们认为根据功能应用环境的不同,功能也应该放在不同的环境下来进行考虑,在综合考虑了环境等各项因素后再按照一定的规则来进行分配。这种将环境以及其他各项因素进行综合考虑的功能分配方法被称为 York 法。

用 York 法进行功能分配时,其分配过程大致可分为 5 个主要步骤,如图 4.8 所示。

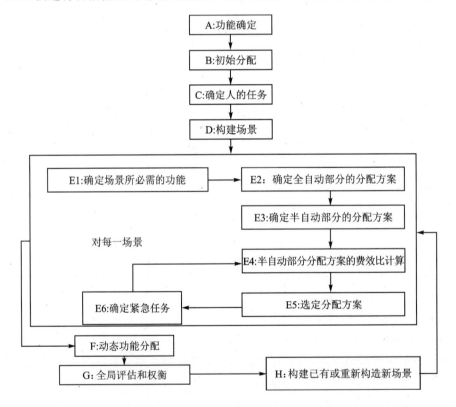

图 4.8 York 法概图

(1) 初始分配(B)

对功能进行分析,首先将那些比较特殊的功能预先在人与机器之间分配(例如那些计算量大,并且要进行高速的重复计算的功能分配给机器)。此步剩下的功能交给下一步来进行分配。

(2) 确定全自动部分的分配方案(E2)

在指定的场景中,根据场景以及功能的属性参数,确定哪些功能可采用机器的自动化技术来完成。在作出决策之前需要考虑两个问题:一是采用全自动技术的可行性有多大;二是该功能与人的紧密程度有多少。只有那些技术上完全可行且与人联系不太紧密甚至没有关系的功能才交给自动系统去完成。此步剩下的功能交给下一步来进行分配。

(3) 确定半自动部分的分配方案、费效比计算和方案选定(E3～E5)

对剩下的功能进行详细的分析,采用现在比较通用的 IDA-S 模型,进一步决定剩下的功能是应该由人、机器还是两者合作来完成。

(4) 动态功能分配(F)

采用动态功能分配的方法,可使系统在投入使用后,能根据使用条件、使用环境和工作负荷等的改变情况,对原来的分配方案进行动态调整,在稳定工作的同时具有尽可能高的性能。

(5) 全局评估和权衡(G)

对分配方案进行全面检查,在指标不满足要求的情况下,返回并对场景进行修改或重新构造新的场景后再进行功能分配。另外,在各个场景中进行功能分配时,还有可能对某一个功能的分配产生冲突,这时或者根据重要程度而优先选择其中的某一种方案,或者通过其他的手段来解决冲突。

4. 模糊层次分析法

层次分析法(AHP)是将与决策有关的元素分解成目标、准则、方案等层次,在此基础之上进行定性和定量分析的决策方法。该方法是美国运筹学家匹茨堡大学教授萨蒂于 20 世纪 70 年代初,在为美国国防部研究"根据各个工业部门对国家福利的贡献大小而进行电力分配"课题时,应用网络系统理论和多目标综合评价方法,提出的一种层次权重决策分析方法。这种方法的特点是在对复杂的决策问题的本质、影响因素及其内在关系等进行深入分析的基础上,利用较少的定量信息使决策的思维过程数学化,从而为多目标、多准则或无结构特性的复杂决策问题提供简便的决策方法。但是,层次分析法(AHP)在判断矩阵建立以及判断矩阵的一致性检验中存在不足。

为了解决这一问题,提出了一种新的分析方法,即模糊层次分析法(FAHP)。该方法对层次分析法进行了有效的改进,从而弥补了层次分析法在判断矩阵建立以及判断矩阵的一致性检验中存在的缺陷。运用 FAHP 解决问题,大体可分为以下 5 个步骤:

① 明确问题,建立一个多层次的递阶结构模型。根据具体的目标,全面讨论评价目标的各个指标因素的情况,建立一个多层次的递阶结构。

② 构造模糊互补矩阵。用上一层中的每一个元素作为下一层元素的判断准则,分别对下一层元素进行两两比较,比较其对于准则的优度,并按事前规定的标度定量化,建立模糊互补矩阵。

③ 一致性检验。对第②步所得的模糊互补矩阵进行一致性检验,将模糊互补矩阵转化为模糊一致判断矩阵。

④ 计算单一准则下方案的优度值。这一步要解决在准则 B_k 下,n 个方案,$C_1, C_2, \cdots, C_n$,对于该准则优度值的计算问题。

⑤ 总排序。为了得到递阶层次结构中每一层的所有元素相对于总目标的优度值,需要把第④步的计算结构进行适当的组合,并进行总的判断一致性检验。这一步骤是由上而下逐层

进行的。最终计算结构得出最低层次元素即决策方案优先顺序的优度值。

5. 人机功能分配方法中存在的问题

由于功能分配的范围极其广泛，并且各领域的任务性质、目标和环境不同，导致各行业内的功能分配方法也不同，分配的标准也不统一，相互之间不能很好地兼容和共用；又由于在进行功能分配时，必须有该领域的专家参与，从而极大地限制了功能分配在实际工程中的广泛应用。

目前的功能分配方法还存在着分配标准单一化，考虑的因素不全面等问题，这些问题都限制了功能分配的进一步发展。

① 分配标准单一化。现在大部分的功能分配方法都是基于某一单项标准，如只考虑系统中的负荷问题，而未考虑系统设计中的性能、费用、可靠性和安全性等多项因素。这种在单一标准下设计出来的系统，其某一单项指标可能较高，但综合性能往往不能达到设计标准。

② 功能分配过程和设计过程结合不够紧密，没有形成工程化的方法，并且对环境因素缺乏足够的考虑。传统的功能分配方法将功能分配作为单独的一个过程来考虑，与系统的工程设计结合得不够紧密，且需要功能分配专家的参与。而普通的设计人员要想参与进来是比较困难的，这就造成功能分配与工程设计脱节，引起系统设计成本增加、系统设计周期延长。另外，由于对环境因素缺乏足够的考虑，当系统投入使用后，缺乏足够的动态调整能力，并有可能崩溃或失效。

针对现在功能分配方法存在的各种缺陷或问题，众多学者提出了很多行之有效的改进方法，并对今后功能分配的发展方向进行了激烈讨论。其中有几点共识：首先，需要制定相关的标准，该标准应包含多个方面，以便让各个领域内的设计人员在进行功能分配时都有足够的参考依据；其次，功能分配应朝着工程化的方向发展，让普通的设计人员也能够积极参与到功能分配的过程中来，从而降低系统的设计成本和设计周期；目前动态功能分配不仅较晚，而且进展较慢，所以还有必要加大动态功能分配的研究力度。

4.2.4 人机功能分配依据

在操作时，机器是否易于人的操作，是否符合人的一般习惯，舒适度如何，产生的噪声和对环境条件的其他影响（温度、湿度、光照）等，均会对人产生一定的影响，进而影响人的工作状态。因此，在进行人机功能分配时必须考虑人的要求。

操作舱室的布局、操作界面和显示界面的设计都要能使人和机器充分发挥各自的工作效率，完美地完成各项任务。操作舱是操作人员工作的场所，对它进行结构和布局的人因工程学研究的目的是充分发挥操作人员的工作效率，以确保系统的安全可靠。其内容主要针对飞行条件下人的特性和任务要求，对操作舱内的显示界面、控制器、座椅等的位置、尺寸、色彩、亮度等按一定原则进行设计，使之适合操作人员的工作特点和能力。例如，飞机驾驶舱和载人航天器座舱的工效学要求比较类似，驾驶舱的特点之一就是空间小、仪器仪表多、功能和安全性要求高，在非常有限的空间内布置众多仪器仪表，既要从座舱基本结构和尺寸方面考虑工效学问题，又要考虑人接收信息的规律、飞行环境（如飞机过载）对人的能力的影响，以及极端环境（如应急救生）时对驾驶舱功能的要求等因素，因此必须从人-机-环境系统工程的高度研究驾驶舱结构和布局的工效学问题。驾驶舱结构和布局的人因工程学设计需要以对人的特性研究为基础，如人体参数的测量与统计、人的能力极限测试、人的运动能力及心理特征、人的思维判断方式等,这些参数为驾驶舱的人因工程学设计提供了必要的依据。

手动辅助形式及前述半自动化系统把人和机器的优点有机地结合起来,是当前先进飞机驾驶舱和载人航天器座舱设计常采用的形式。例如,波音公司在驾驶舱设计中提出的适当自动化水平,就是要在人与机器之间达到和谐,驾驶舱设计的宗旨是让自动化帮助而不是取代机组对飞机的安全操作,波音飞机的驾驶舱采用直观的、容易使用的系统装置,帮助机组人员意识到在自动和手动操纵过程中飞机的所有状态和飞行路径发生的改变,便于机组即时判断、决策。

4.3 人-机系统设计

人-机系统设计不只关注人或机器,而是从系统的观点出发,把人、机、环境作为一个系统来进行设计。它是以人为中心的设计思想的产物。因此,在人-机系统设计中需要综合考虑人的基本尺寸、生理、心理等方面的特殊要求。本节主要以飞行员头盔和舱外航天服手套为例介绍人-机系统工效学设计特点及相关人-机系统设计软件。

4.3.1 飞行员头盔工效学设计

现代战斗机和武装直升机的飞行员所戴的头盔,不再单是保护装置,飞速发展的科学技术将多种功能凝聚在头盔里,使其成为帮助飞行员操纵飞行、导航、瞄准攻击等设备的得力助手,是飞行员与其战机之间的重要纽带。因此,对飞行员头盔的设计要求不仅要保证各项功能的正常运行,还要具备较好的舒适性。

传统的飞行员头盔为了具有较好的防护性,一般由各种海绵、皮革和支撑条等部分组成。这样,头盔虽具有很好的防护性,但质量较大,飞行员长期佩戴会使颈椎疲劳甚至损伤;而且头盔的尺寸设计并不是按照每个飞行员的头型设计的,只是有几个特定的型号,因此对于某些飞行员来说,由于头盔尺寸不合适也会导致一定的不舒适。

飞行员头盔的人-机工效学设计一般应从以下几方面考虑:

(1) 头部尺寸分析

飞行员的头部尺寸是进行头盔设计的依据。由于头盔不仅具有传统的防护安全功能,而且更是作为信息传递的控制中心。头盔承载模块的增加也会影响佩戴头盔的适体性、稳定性,因此头部尺寸的精确化与科学化,尤其是针对每个飞行员头部尺寸的个性化设计,对于头盔的设计非常重要。

头盔设计参照标准头型进行,按头顶俯视图分为中、圆、超圆三组,按侧面视图分为正、高、特高三组。若按俯视图形和侧视图形的二维分布,则标准头型分为中正型、中高型、中特高型、圆正型、圆高型、圆特高型、超圆正型、超圆高型、超圆特高型 9 种类型。

(2) 头骨构造和受力分析

人体头部骨骼的构成是决定头盔造型的基本因素,是整个头盔设计的基础,是调研中非常重要的一个环节。分析飞行员头部骨骼的构造,不仅可以为盔体结构设计提供可靠的依据,同时对盔体内部紧固件的人-机工效学设计也会起到有效的参考作用。

(3) 头部应力分析

研究结果表明,头部承受正面冲击时,冲击力沿三个途径向后传播,即通过额骨沿上矢状线传播,通过上下颌骨沿颅底向后传播。其中额结节、翼点和颧骨承受了较大的应变。头部遭受正面下颌部冲击时,冲击力沿下颌骨传播至两侧颞骨,再分散到颅骨其他部位。下颌骨有最大应变,颞骨应变也较大,故下颌骨骨折一般应先于颅骨骨折。头部承受侧向顶结节部冲击,其冲击力辐射状地向四周均匀散布,且衰减得很快。在冲击点附近存在一个凹陷区,其内外弯曲区的外板承受了较大的应变,且拉应变大于压应变。

(4) 头盔的构成及材料分析

头盔是用来保护头部的护具,是飞行员在飞行过程中戴的帽子,多呈半圆形,主要由外壳、衬里和悬挂装置三部分组成。外壳分别用特种钢、玻璃钢、增强塑料、皮革、尼龙等材料制作,通过它的变形来吸收大部分冲击力,以抵御弹头、弹片和其他打击物对头部的伤害。

头盔作为单兵作战的基本防护工具,同样发挥着至关重要的作用,提高头盔佩戴的舒适性与操作的便捷性则是保护士兵生命安全的首要因素,因此,对头盔应该不断地进行人性化的工效学设计与分析,提高单兵作战的战斗力,保护生命安全。

4.3.2 舱外航天服手套工效学设计

舱外航天服手套一般分为三层(见图4.9),最里层为气密层,主要用于维持航天服内气体压力;气密层外为限制层,其目的是约束气密层因航天服内压力而膨胀;外层为TMG(Thermal Micrometeoroid Garment)层,由防热层和防护层构成,防热层主要是防止热量散失或过多热量流入,防护层起到耐磨和防微陨石等作用。

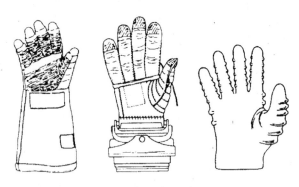

图4.9 舱外航天服手套的结构

舱外活动空间的环境十分复杂,航天员所处的环境可能是太阳辐射、微陨石和极端冷热(-175~$+160$ ℃)环境。这时手套内应具有一定的压力,并在满足人体工效要求的同时具有隔热保暖性能,还应提供手指、手部、腕部适宜的活动与合理的触觉、灵活性和舒适性。显然,这是一个很矛盾的要求,达到环境的所有要求均会明显降低手部的灵活性、活动范围、触觉功能、手的力量和耐力及手的舒适性。而舱外活动对手的作业能力要求是最高的,因为只有在保证手的活动能力的前提下,舱外作业才能迅速、高效地完成。因此可以认为,发展舒适性较好、带有改善手部灵活性和触觉性能的保温压力手套是实现舱外航天服活动系统,满足空间站需要的一个决定性的因素。

舱外航天服手套的工效学设计一般应从温度、力量、灵活性等方面考虑。下面以热防护为例说明手套的热设计。在温度控制方面,第二次世界大战中就有了对手套的加热,轰炸机飞行员在高空处于很冷的环境中,手很容易因为冷而较难操纵飞机。因此就给手套装上金属丝采用电加热方法来解决手冷的问题,随后得到很大的发展。在舱外航天服手套上采用外热源加热手套,又有所不同,它必须具有以下几个特性:加热介质物性坚韧、极轻柔且能形成复杂形状而对力矩只有较小的影响;加热介质必须能够对人体特定地方提供热量,最主要的是指尖;电源电压必须低(6 V、12 V 或 24 V 直流电源电压是理想电压),能够提供绝缘以防短路;加热系统温度不能高于 50 ℃,以免烫伤皮肤;耗费电量应尽量低;电加热控制器应适应性强,范围广,航天员能选择调节;加热介质不受扭曲、磨损、时间等的影响;电源至少用 8 h;损坏手套的危险较小。

放一个加热系统在柔软的手套里会产生许多设计上的麻烦,从加热的角度来说将加热器放在舱外航天服手套紧靠皮肤的加压层是最佳位置。但服装里是的纯氧环境,放在手套里层的加热器如果产生火花或短路,对航天员来说将是无法接受的风险。将加热系统放在限制层和气密层之间可以减小以上的危险,但这可能会由于限制层和气密层之间摩擦大而损害加热系统,同时也会使航天员感到不舒适。为了使危险减到最小,加热器应放在限制层和 TMG 层之间,TMG 层里有热防护层,可以使加热器所产生的热量对手提供较好的加热,且易于更换。由于生理上脂肪组织多在手掌和手指,手掌面及加热器不能影响航天员的手指触觉和手动作业,故应安放在手指背面和侧面。

在 NASA-JSC 实验室试验的结果表明,局部箔加热器和局部电阻丝加热器较好。特别是局部电阻丝加热器,各手指尖的温度均匀。在手动作业的实验中,局部电阻丝加热器对手动作业的影响也是最小的。

此外,对舱外航天服手套的工效学设计还需通过手动作业试验对其进行评价。笔者根据手的骨、关节、肌肉、韧带和神经系统等组织解剖结构及手动作业的操作内容,将手动作业工效评价系统地分为三个层次。第一层次为与生理解剖结构直接相关的直接作业,一共分为 4 个大指标(力量、疲劳、活动范围和感知感觉),又分为 61 个小指标;第二层次为将手部生理组织组合起来的复杂作业,有 1 个大指标(协调性),又分为 4 个小指标;第三层次为能进行实际作业的集成作业。通过此系统可全面地评价不同因素对手动作业的影响情况。

4.3.3 人-机系统设计仿真

人体工效学(Ergonomics/Hnman Factors)已经有 60 多年的发展历史,随着对人体能力和局限的研究,以及在产品设计中对人、机器、环境的进一步认识,该学科已逐步走入了实用阶段。随着计算机辅助设计技术的发展,特别是近几年来,随着计算机软硬件技术的不断更新升级,计算机图形学、计算机辅助设计、虚拟现实、人工智能等技术的进一步发展,人-机工效学的理论与方法已发生了质的飞跃。计算机仿真技术在人-机工效学中也得到广泛应用,在产品概念设计阶段对产品进行仿真建模、分析和评价,从而在降低开发成本的同时提高产品的人-机特性。人-机工效仿真分析的方法已被广泛应用于工业产品设计、航空航天业、汽车业、建筑业。计算机辅助人-机工效目前已经成为国内外专家学者关注的热点。

常用的以人-机工效仿真分析、评价为主的虚拟现实软件如 Vicon、Virtool、JACK、AD-AMS-LifeMod 以及 MATLAB、SAFEWORK、HUMAN、ANYBODY 等。这些软件的优点是方便、简单,避免了有些实验的不可实施性。本小节以 Vicon、JACK 为例介绍仿真软件在人-机系统设计中的应用。

Vicon 是一种常用的运动捕捉系统,它通过在受试者身上粘贴反光的 Marker 点,用不同角度的多个摄像头来捕捉被试者的运动;JACK 是一个专业的工效学分析软件。

1. Vicon 与 JACK 软件接口原理

Vicon 与 JACK 接口原理是按照 JACK 软件中人体模型的贴点要求为受试者贴上 Marker 点(共 53 个),然后用 Vicon 软件摄取运动学数据,再将 Marker 点与 JACK 中人体模型的对应点建立约束,模型可以实时反映被试者的运动情况,最后在 JACK 中分析关节力、扭矩、疲劳/恢复、能耗、可视域和可达域等数据。由于受试者的动作和虚拟人是通过点的约束建立连接的,因此需要准确地贴 Marker 点。具体贴点方式见表 4.2 及图 4.10。

表 4.2　Vicon 与 JACK 人体模型贴点

头部(5 个)	头左侧	躯干(10 个)	颈后部
	头右侧		胸骨上下各一个(2 个)
	头前		左背部
	头后		右背部
	头顶		骨盆(5 个)
上肢(左右对称,共 20 个)	肩关节	下肢(左右对称,共 18 个)	髋关节外侧
	肱二头肌		大腿前
	肘关节		大腿后
	肘关节后		膝关节
	前臂		小腿
	尺骨		踝关节
	桡骨		脚后跟
	中指		脚侧面
	拇指		脚拇指
	小指		

需要指出的是,Vicon 采集的运动学数据和 JACK 中虚拟人的约束都是基于点建立的。因此,Marker 点的贴点位置是否正确直接关系到分析结果的准确性。除此之外,正确地测量人体参数,并修改 JACK 中虚拟人的身体尺寸,使虚拟人更贴近受试者的真实数据,也是提高仿真计算准确性的重要手段。

(a) 正面图

(b) 背面图

(c) 侧面图

图 4.10　贴点图

2. Vicon-JACK 工效学评价方法

图 4.11 是 Vicon-JACK 工效学评价方法流程图。其中,应用 Vicon Nexus 系统完成运动捕捉;再将运动学数据导入 JACK 软件中,并将 Marker 点与人体模型建立约束;最后在 JACK 中完成任务的分析。

该方法实施的基本流程如下:

① 按照图 4.10 的贴点方式在受试者身上贴 53 个 Marker 点;

② 应用 Vicon 运动捕捉系统摄取受试者的运动学数据;

③ 将运动学数据导入 JACK 软件,再将受试者身上的 Marker 点与 JACK 中人体模型上的对应点建立约束,至此模型就实现了与受试者完全相同的运动轨迹;

④ 在 JACK 中对模型进行任务设定,分析关节受力、疲劳/恢复、能耗、可达域、可视域和舒适性等。

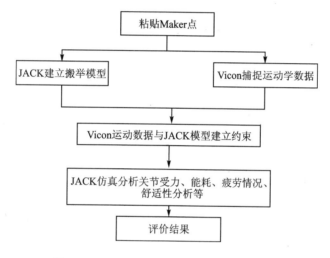

图 4.11 Vicon-JACK 工效学评价方法流程

4.4 人-机界面设计

4.4.1 概　述

人-机界面设计包括人与机器界面的研究、分析、设计和使用,是人与机器、环境等的交叉部分。它是计算机科学和认知心理学两大科学相结合的产物,涉及当前许多热门学科,如人工智能、自然语言处理、多媒体系统等,是一门交叉性、边缘性、综合性的学科。凡参与人-机信息交流的领域都存在着人-机界面。人-机界面设计是指通过一定手段对用户界面有目标和计划的一种创作活动。

较差的人-机界面设计会导致意想不到的事故。比如,飞机人-机界面设计时如果仪表布局不合理或使用了非标准的零部件,会导致飞行员操作失误或操作绩效降低,从而造成飞行事故。

近年来,随着科技逐步渗透到每个人的日常生活中,人-机界面的出现日益普遍,其主要的表现形式有：数字产品的使用操作界面，如手机、平板电脑等；电脑软件界面以及网页界面等。而且，触控功能正在被人-机交互设备越来越多的采纳，人们对触控设备的人-机交互体验要求也越来越挑剔，这进一步促使相关产品的快速发展。

人-机界面是人与计算机或机器之间进行通信的媒介，好的人-机界面应简单易懂、操作方便并且具备引导功能，保证使用者在心情舒适的状态下高效率地完成人-机交互。因此好的人-机界面设计应遵循以下原则：

① 合理性原则，即保证在系统设计基础上的合理与明确。任何设计都既要有定性也要有定量的分析，是理性与感性思维的结合。一定要在正确、系统的事实和数据的基础上，进行严密的理论分析，能以理服人、以情感人。

② 动态性原则，即要有四维空间或五维空间的运作观念。一件作品不仅是二维的平面或三维的立体，也要有时间与空间的变换，情感与思维认识的演变等多维因素。

③ 多样化原则，即设计因素多样化考虑。当前越来越多的专业调查人员和公司的出现，为设计带来丰富的资料和依据。但是，如何获取有效信息，如何分析设计信息实际上是一个有创造性思维与方法的过程体系。

④ 交互性原则，即界面设计强调交互过程。一方面是物的信息传达，另一方面是人的接收与反馈，对任何物的信息都能动地认识与把握。

⑤ 共通性原则，即把握三类界面的协调统一。功能、情感、环境不能孤立而存在。

4.4.2 显示装置设计

显示装置是人-机系统中人-机界面的主要组成部分之一。在人-机系统中，显示装置是将设备的信息传递给操作者，人依据显示装置所传递的机器运行状态、参数、要求，进行有效的操纵和使用。按照人接收信息的感觉器官可以将显示装置分为视觉显示装置、听觉显示装置、触觉显示装置。其中，视觉显示装置用得最广泛，比如显示器屏幕等，听觉显示装置次之，比如音响等，触觉显示装置只在特殊场合用于辅助显示，比如手机的振动提示等。

视觉显示的主要优点是：能传示数字、文字、图形符号，甚至曲线图表、公式等复杂的和科技方面的信息，传示的信息便于延时保留和储存，受环境的干扰相对较小。听觉显示的主要优点是：即时性、警示性强，能向所有方向传示信息且不易受到阻隔，但听觉信息与环境之间的相互干扰较大。

在《工作系统设计的人体工效学原则》GB/T 16251—1996 中，给出了"信号与显示器设计的一般人机学原则"。信号和显示器应以适合于人的感知特性的方式来加以选择、设计和配制，尤其应注意下列几点：

① 信号和显示器的种类和数量应符合信息的特性。

② 当显示器数量很多时，为了能清楚地识别信息，其空间配置应保证能清晰、迅速地提供可靠的信息。对它们的排列可根据工艺过程或特定信息的重要性和使用频度进行安排，也可依据过程的功能、测量的种类等来分成若干组。

③ 信号和显示器的种类和设计应保证清晰易辨。这一点对于危险信号尤其重要。应考虑例如强度、形状、大小、对比度、显著性和信噪比。

④ 信号显示的变化速率和方向应与主信息源变化的速率和方向相一致。

⑤ 在以观察和监视为主的长时间的工作中，应通过信号和显示器的设计和配置来避免超

负荷和负荷不足的影响。

下面以飞机座舱为例介绍显示装置的工效学设计。

随着飞机探测器提供的探测目标增多,使飞行员陷入了大量的数据当中。此外,一个目标可能被多个探测器探测到,这进一步加大了系统中的数据量。如一个敌对威胁可以被雷达、红外跟踪器和防御辅助系统探测到,也可以由其他飞机信息源传输来。大量的探测器及装备,必然存在大量的控制需求。如一个多模式雷达,即使采用了较高程度的自动化,仍需飞行员去输入或改变20多个参数。

从本质上说,座舱人-机接口的重要目标就是最大限度地改善飞行员的情境意识。进入"攻击"时,飞行员必须保持全局情境意识——其相对地理位置及其相对于友机的位置;瞬间情境意识——飞机相对于地面、其他附近飞机的位置。除此以外,飞行员不得不在考虑剩余燃油状态、高度及当前燃油使用率的同时,保持相对于加油机位置的意识。这是一个高度动态的脑力劳动,是飞行员不得不掌握的必要技能。

在空对空和空对地作战环境下,一方面,超视距情境意识需要集中于仪表;另一方面,近视距情境意识需要目视来搜索目标,如何兼顾两者,是一个难以掌握、但又是必要的技能。

因此,如何有效地处理各种问题,最大限度地改善飞行员的情境意识,降低飞行员的工作负荷是座舱设计者面临的难题。

1. 座舱显示信息及其优先级

目前,我国军用飞机正处在更新换代时期。引入计算机控制显示技术,用平视仪、下视仪、多功能显示器等时分制综合信息显示系统取代常规机电显示仪表,采用话音告警技术改进听觉显示界面,是我国新机研制和现役飞机改型中更新信息显示界面的主要举措。为了了解飞行员对战斗机座舱显示信息的使用需求,航空医学研究所郭小朝等人在全面收集飞行信息的基础上,根据飞行专家建议,选定16个飞行阶段或任务,对162名飞行员、试飞员的座舱信息使用意见作了调查。结果表明,飞行员按显示需求程度将飞行信息分为五类,在不同飞行阶段或任务中对各类信息的使用需求很不一样。

使用需求包括:十分需要的一级通用显示信息8条,很需要的二级通用显示信息41条,需要的三级通用显示信息33条,倾向需要的四级通用显示信息20条。这为座舱显示设计提供了技术依据。飞行员要求分级显示的信息数量远多于美国空军规定的内容。

2. 显示信息内容最优化

目前,由于缺乏设计标准,越来越多的信息引入到显示器上,从而导致了信息过多、混乱,增加了飞行员的工作负荷,延迟了认知和判断的时间。但若信息量不足,又会使飞行员情境意识下降。因此,显示内容的最优化至关重要。

显示器的功用是提供关键飞行阶段有用的信息。可根据不同飞行任务的方法来确定各特定任务下所需的相关信息,并考虑在系统失灵或其他应急情况下是否有足够的信息被显示。总之,任何一条显示信息,设计师都应考虑飞行员是否需要。国外就此研究提出了功能分配与折中(Function Allocation Issues and Tradeoffs,FAIT)分析法来研究显示信息内容。并利用该分析法确定了在自由飞行环境下交通意识的信息需求。FAIT是人-机系统中确定人为因素问题的一个系统程序,能提供许多传统任务分析所没有的信息,分为6个主要步骤。国内目前也开始着手这方面的研究,如新型歼击机应急操纵时的显示信息及其优先级。

3. 显示方式优化

飞行员在飞行、作战过程中,主要靠视觉通道获取机内外信息。飞机各系统状态是通过不同的信号显示通知飞行员的,如果显示方式混乱,必将影响飞行员判读,从而危及安全飞行。一个好的显示方式必须符合飞行员的认知特点和感知运动操作特性。

事实上,直观知觉到的显示信息更易被认知。研究发现,图形数据格式信息显示界面不仅认知反应时间短、操作错误少、心理负荷低,而且情境意识增强。实验表明,以声调信号作为听觉主告警加在语音信号前的方式将使信号反应时间增长。但听觉主告警信号对提供告警级别信息可能有一定作用。警告、注意和提示三级告警采用视觉(信号灯)方式,优于它们都采用视听双显示方式,也优于纯听觉告警方式。最佳的告警方式是警告信号采用灯光显示和语音,其余两类信号采用灯光显示。

为了改善飞行员在复杂情境中对自身状态、飞机状况及周边事态的充分了解和整体把握,国外目前正在寻求新的信息显示方式或途径,研制开发新型信息显示界面。其研究集中在平视仪、下视仪、多功能显示器及头盔显示器等信息显示优化方面。如平视仪中俯仰角梯线符号变化对飞行性能影响的评估;最小化空间方位丧失的新型显示研究;采用色彩编码的水平情况显示仪来提高战术情境意识;自由飞行座舱情况显示器的研制;用于目标定位的多模式显示器(声音与视觉模式)等。目前,头盔显示器已日趋成熟,大有取代平视显示器实现平视飞行之势。"阵风"战斗机及JSP攻击机中均采用了头盔显示器,其以视场大、灵活,能满足大离轴角搜索、跟踪、瞄准和发射大离轴角制导武器的需要而备受青睐。

4. 显示器的布局与排列

显示器的布局与排列是否合理,关系到认知效果、巡检时间和工作效率。显示器、操纵器的布局与排列应考虑人的视觉特性、使用频率及重要性等。与显示有关的视觉特性包括:

① 飞行员作业时双眼的视觉作业域在中心视轴左右94°,视平线上55°~60°、下65°~70°范围。根据视觉观察任务的不同,又可把双眼总视区分为若干子区,其中$-94°\sim94°$为视轴转动最佳区,$-62°\sim62°$为颜色识别区,$-(30°\sim60°)\sim(30°\sim60°)$为标注、标记识别区,$-(5°\sim30°)\sim(5°\sim30°)$为最大视敏区,$-(5°\sim10°)\sim(5°\sim10°)$为符号识别区,$-1°\sim1°$为精细视觉区。

② 人眼的调节能力是显示器与操纵器装置配置设计时要考虑的附加因素。视线在不同距离上聚焦能力不同。配置显示器的仪表板安装距离要保证视觉系统不致过分紧张,要求的距离一般为400~700 mm。仪表板的板面与飞行员观察视线,尽可能接近90°。为此,在理论上,板面前倾15°,并向飞行员翻开两侧板。水平操纵板在纵向倾斜不低于5°,垂直板倾离垂直方向不低于10°,这样可保证最佳工作条件。

③ 水平式与垂直式显示仪相比,水平式的认知效率高,认知差错率低。

④ 人的视线习惯从左到右或从上往下运动。

⑤ 在偏离视觉中心相同距离的情况下,人眼对左上角的观察效率优于右上角,其次左下角,最差的为右下角。

⑥ 人对视野最佳范围内的目标,认读迅速而准确;对视野有效范围内的目标,不易引起视觉疲劳。因此,重要的显示仪表应布置在最佳视野范围内,而视野最大范围外不应布置显示仪。

⑦ 在特殊条件下,人的视觉特性会发生变化。如在过分摇晃或振动严重的情况下,人的视觉能力会受到损害,影响视觉显示信号的认读。东南大学有关实验表明,人眼与监控目标之间的相对振动量级越大,影响也越严重。振动严重干扰人眼视觉功能的敏感振动频率范围为:垂直方向 8～16 Hz,水平方向 4～8 Hz,且垂直方向振动对人眼视觉功能的影响远比水平方向振动要大。对于垂直振动,人眼识别的最佳视角应设计成大于 10°,其垂直方向的排列间距应为字符高度的 2 倍,这样可明显减小振动对人眼功能的影响。在缺氧的条件下,人的视觉机能减弱,噪声也影响视觉工效。

5. 显示设备的选择

显示设备的选择应考虑:显示清晰图像的能力,显示彩色图像的能力,是否符合座舱视野要求,飞行员的接受程度,以及是否能显示仪表信息等。目前,因大屏幕液晶显示器具有分辨率高、能耗低、占用座舱空间小等特点,正取代 CRT 显示器。研究发现,大屏幕液晶显示器性能较好,基本满足上述要求。

6. 显示画面的背景、光照

由于背景、光照直接影响认知效果,因此,显示画面、字体设计中必须要充分考虑背景和照明因素。一般情况下不应采用强反射背景,因为强反射背景会产生闪烁眩目的现象,影响认知效果。浙江大学有关实验表明,眩光强度越大,对视觉作业绩效的影响越大;反射眩光离判读者视线越近,视觉作业绩效越差;当视标亮度为 1.5 cd/m²,反射眩光的亮度为 30 cd/m²,不同反射眩光面积对受试者视觉作业绩效有显著影响,并且反射眩光面积越大,视觉作业绩效越差。一般认为背景色有暗色较好的趋势,目标色有亮色较好的趋势。研究发现,彩色 CRT 上目标-背景间的对比度是影响视觉工效的重要因素,对比度大的配合,视觉工效较好;对比度与视觉工效的关系呈一负脉冲方波函数关系;当对比度小于 -0.13 或大于 1.3 时,视觉工效较好;当对比度值处于 -0.13～1.3 时,视觉工效较低。

4.4.3 控制装置设计

控制器是人将信息传递给机器,或运用人的力量来开动机器,使之执行控制功能,实现调整、改变机器运行状态的输入信息的装置。

按操纵控制器的身体部位的不同可分为手动控制器和脚动控制器。按控制器运动类别的不同可分为旋转控制器、摆动控制器、按压控制器、滑动控制器和牵拉控制器。控制器有很多种类,如图 4.12 所示。另外,随着触屏设备越来越多的渗入人-机交互设备,越来越多的设备不再通过机械部件进行控制,而是通过触摸屏控制设备,例如触屏手机正在更多地取代传统键盘手机。

控制装置将人的输出信息转换为机器装置的输入信息,实现人对机器的控制。其设计要充分考虑人体尺寸、生理、心理、体力、能力和运动特征等。与视觉、听觉相比,触觉功能和特性不太敏感,适应迅速,有立体感。设计基本原则如下:

① 尺寸、形状要适应人体结构尺寸要求,利于操作,尽量减少不必要的操作动作。

② 与人的施力和运动输出特性相适应,运动方向应该与预期功能方向一致,操作部分的大小、形状及指向符合人体特征。

③ 多个控制器时,应易于识别,按照系统运行程序和作用的顺序来配置。

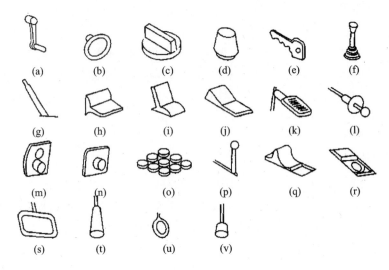

图 4.12 不同类别控制器

④ 尽量利用自然的控制动作、身体重力,阻力惯性和转矩要适当。移动范围要根据操作者的身体部位、移动范围和人体尺寸来确定。

⑤ 与显示界面或被控对象的工作状态相适应。

⑥ 造型设计简单、美观、适用,材料符合卫生要求。利用编码来提高控制器的辨别效率。

下面以飞机座舱为例介绍控制装置的工效学设计。

1. 操纵控制方式

国产新机在普遍采用平视仪、下视仪、多功能显示器等综合电子显示系统的同时,还大量采用了握杆操纵控制器、显示器周边控制软键、正前方控制板等新型控制设计将座舱重要控制器小型化、集中化、多功能化,以方便飞行员同时兼顾显示观察和操作控制。采用握杆操纵技术,将至关重要的转换控制器集中布置在飞机油门杆和驾驶杆上,以保证飞行员在平视飞行操纵飞机的同时仍能完成诸如武器投放等控制动作,是现代高性能战斗机控制器设计的共同特点。《握杆操纵中手的数据和手指功能》GJB 1124—1991 是国产握杆操纵控制设计的重要依据。

2. 小型多功能控制按键

将小型按健式可选择开关布置在多功能显示器四周,并通过计算机软件将可选择开关功能和多功能显示器当前显示画面联系起来,完成对可选择开关控制功能的动态模块化设置,是新型歼击机座舱控制设计的一个特点。研究发现,可选择开关按键大小为 10 mm×10 mm 或 13 mm×13 mm,按键动作反应时间明显小于 7 mm×7 mm 可选择开关键的反应时间;受试者按压显示器上、下周边水平排列可选择开关键的反应时间明显小于左、右周边垂直排列可选择开关键的反应时间。因此,可选择开关键大小最好不小于 10 mm×10 mm,重要控制功能应优先分配给多功能显示器上、下周边水平排列的可选择开关按键。

3. 控制界面优化

控制界面优化包括控制方式、控制反馈、控制编码、控制器的结构和尺寸、控制器阻力,以及防止控制器的偶发启动。目前,综合控制、非接触控制因具有更为自然、易用、不易出错等优点而受到青睐。国外正在研究语音控制、头部跟踪定位控制、眼睛控制和体势控制。其中,语音控制、触敏控制屏、头部跟踪定位控制技术等正率先在"阵风"战斗机及 JSP 攻击机飞机座舱设计中得到应用。

4.4.4 人-机界面评价方法

任何一个系统的评价都必须建立在试验的基础上。其测试内容及方法是否客观、全面,直接影响到评价的客观性、全面性及有效性。而显示、控制系统的好坏与飞行员的生理、心理状况、动力学和运动学特性有着直接的关系。飞行员作为使用的主体,其主观评价对整个评价起着不可替代的作用。因此,为了达到客观的评价,就需要对试验内容、方法及飞行员的选择进行研究。

随着不断更新的显示、控制技术的出现,显示、控制评价的测试矩阵已变得越来越复杂。电子显示器的引进,使得显示器的光照影响、模式转换及数据的延迟性必须加以考虑。若有头盔显示器,还需考虑头部动态运动的影响。因此,测试矩阵必须要考虑评价任务、外部视觉条件、头部运动,以及对振动、噪声等环境进行评价。

飞行员分为试飞员和现役飞行员,其选择关系到试验结果的客观性。由于最终的用户是现役飞行员,为保证试验的客观性,须选择现役飞行员。但这又面临一个问题,即每个现役飞行员都过分熟悉一类显示器。事实上,理想的选择应是没有任何显示器背景的现役飞行员。但这是不实际的。

在评估方面,国外已建立了不少评估方法,主要分为情境意识、工作负荷评估法。单是情境意识的评估法就有近 10 种,如机组人员情境意识(Crew Situation Awareness)、情境意识全球评估方法(Situation Awareness Global Assessment Technique)、情境意识探测法(Situation Awareness Probe)、情境意识评估法(Situation Awareness Rating Technique)、情境意识主观工作负荷优势(Situation Awareness Subjective Workload Dominance)、情境意识监督评估法(Situation Awareness Supervisory Rating Form)、情境意识生理测量法(Physiological Measures of Situation Awareness)以及情境意识的性能表现测量法(Performance Measures of Situation Awareness)等。

4.4.5 人-机界面发展趋势

人-机界面设计的趋势,已从传统的以产品系统为中心的设计思考模式,转变为以使用者为中心,譬如现今的智能手机、平板电脑、电子书、互动体感游戏等,提供人们异于传统电脑的移动性与娱乐性,让这些产品越来越普及。这些产品运用的人-机界面创新设计,已经深入各个家庭,随时随地影响着我们的生活。产品新奇,能设计出创新的互动模式,让使用者感到愉悦,开创新的应用市场,已是各家厂商努力的目标。针对这一现象,未来人与机器之间的创新互动模式与应用趋势,将包含以下几点:

① 移动便利:以 iPhone 和 Android 手机为例,使用者可在任何地方透过 Wi-Fi 或 3G 操作 iPhone 上网并云端存储,未来人-机界面将具有更高的移动性和便携性。而电子书部分,如 Skiff Reader 就是以 11.6 寸超大触控屏幕加上可弯曲式的功能取胜,有较佳的阅读性和可携性。另外,也有产品利用投影技术创造出虚拟触控屏幕,利用红外线技术接收使用者的操控动作。

② 多维空间：透过3D化的UI,让屏幕呈现更真实的感觉。例如SPB公司的Shell 3D界面、TAT公司的3D界面(可随用户的视角而改变图像阴影)等。

③ 体感控制：传统的游戏机都是通过摇杆或按钮方式来控制游戏角色的,而现在新的游戏已经可以透过其他方式来达成。在游戏机部分,包含任天堂公司的Wii和Wii平衡板、微软公司的Xbox 360 Kinect、Sony公司的PS Move和PS Eye,就是通过摇杆的加速度反应、2D影像捕捉技术甚至3D影像捕捉技术,只要摇摆一下身体就可以达到控制的目的。

在手机方面,可透过将手机倾斜、晃动、语音、手写等方式来操控,因此越来越多的游戏厂商都设计以触控为主的游戏。另外,新产品像互动智能型电视,将可用手势来操控,甚至未来可以达到以立体3D投影呈现,通过手势感应技术来操控。

④ 虚拟现实(Augmented Reality,AR)：AR透过实地计算摄影机影像的位置和角度,并加上相应图像的技术,将虚拟世界套在现实世界中并进行互动。

⑤ 新式材料：例如电子书,采用液晶及反射技术,不使用背光源,不耗电即可显示,具有易使用、轻薄、可弯曲、抗摔、低耗电等优点,另也有厂商正研发透过弯曲的方式来操控。

比尔·盖茨曾预言,电脑毫无表情的时代即将结束,21世纪将是情感电脑大行其道的时代。虽然今天的电脑还没有喜怒哀乐,但是让电脑也有喜怒哀乐是人-机交互的发展趋势。

本章小结

1. 在人机功能分配关系中,需要分别考虑人与机器的哪些优势？

人机功能分配时,需要通过对人和机器的特性进行权衡分析,将系统的不同功能恰当地分配给人或机器。其中,机器的优势包括：重复性的操作、计算,大量的情报资料；迅速施加大的物理力；大量的数据处理；根据某一特定范围,多次作出判断；环境约束,对人有危险；在调节、操作速度非常重要,具有决定意义时。而人的优势包括：由于各种干扰,需要判断信息时存储；在图形变化情况下,要求判断图；要求判断各种各样的输出时；对发生频率非常低时的事态需要；解决问题需要归纳、判断时；预测不测事件的发生时。而其中所遵循的原则包括：比较分配原则；剩余分配原则；经济分配原则；宜人分配原则等。

2. 人-机界面设计的概念

人-机界面设计包括人与机器界面的研究、分析、设计和使用,是人与机器、环境等的交叉部分。它是计算机科学和认知心理学两大科学相结合的产物,涉及当前许多热门学科,如人智能、自然语言处理、多媒体系统等,是一门交叉性、边缘性、综合性的学科。凡参与人-机信息交流的领域都存在着人-机界面。人-机界面设计是指通过一定手段对用户界面有目标和计划的一种创作活动。

思考题

1. 简述人-机系统的分类。

2. 以电脑的显示界面为例,联系显示界面的发展史,简述人的主导作用及工效学在此过程所起的作用。

3. 以游戏机控制器为例,简述控制装置设计原理在控制器发展史中的作用。

4. 显示装置的类型和特征及其设计的基本要求。

关键术语：人-机系统　人-机界面

　　人-机系统：包括人与机器两个基本组成部分，它们相互联系构成一个整体，并通过人与机器之间的相互作用而完成一定功能。

　　人-机界面：人-机系统中人与机器直接进行信息交换的界面。

推荐参考读物：

1. 朱序章. 人机工程学[M]. 西安：西安电子科技大学出版社，1993.
   该书以人、机、环境三要素为对象，以人为中心，系统地介绍了人-机工程的基本理论和实际应用。
2. 黄艳群，黎旭，李荣丽. 设计. 人机界面[M]. 北京：北京理工大学出版社，2007.
   该书系统地介绍了近年来国内外人-机界面设计领域的基础理论、研究方法、最新发展与成果。
3. 中国机械工业联合会. 信息显示装置人机工程一般要求：JB/T 5062—2006[S]. 北京：中国标准出版社，2006.
   该标准规定了信息显示装置的分类、设计、选用基本原则和人-机工程一般要求。
4. 马江彬. 人机工程学及其应用[M]. 北京：机械工业出版社，1993.
   该书介绍了较多的人-机工程学的应用实例，可以让读者更容易地理解人与机器之间的关系。

参考文献

[1] 王维光. 视觉效果的提升：显示器的展史[J]. 电脑知识与技术，2006，(6)：80-83.

[2] Andy Dearden，Michael Harrison，Peter Wright. Allocation of function：Scenarios，context and the economics of effort[J]. International Journal of Human Computer Studits，2000，52：289-318.

[3] Doyle J，Glover Khargonekar P P，Francis B A. State-space Solution to Standard H and H2 Control Problem[J]. IEEE Trans，1989，34(8)：831-847.

[4] 徐海玉，张安，汤志荔，等. 飞机驾驶舱人机界面综合评估[J]. 科学技术与工程，2012，12(4)：940-943.

[5] 侯宁波. 人机工学在军用头盔中的应用[J]. 商界论坛，2013，4：298-291.

[6] 周前祥，姜世忠. 载人航天器系统人机功能分配方法的研究[J]. 中国航天，2002(6)：30-33.

[7] 吴国兴. 人在航天中的作用[J]. 航天医学与医学工程，1988，1(2)：136-139.

[8] Brody A R. Space Operation and the Humam Factors[J]. Aerospace America，1993(10)：18-21.

[9] 周前祥，姜国华. 长期载人航天中人机功能分配计算模型的探讨[J]. 航天医学与医学工程，1997，10(6)：417-420.

[10] 张汝果.航天医学工程基础[M].北京:国防工业出版社,1991.

[11] 王希季.中国返回式航天器发展途径探讨[J].中国空间科学技术,1995(6):1-8.

[12] Dearden A M,Harrison M D,Wright P C,et al. IDA-S:A framework for understanding function allocations [R]. University of York/BAe Center of excellent for Cockpit Automation Research,1998.

[13] 杨宏刚,朱序璋,李栋,等.人机系统功能分配方法研究[J].机械设计与制造,2007(7):151-153.

[14] 张吉军.模糊层次分析法:FAHP[J].模糊系统与数学,2000,14(2):80-88.

[15] 介玉新,胡韬,李青云,等.层次分析法在长江堤防安全评价系统中的应用[J].清华大学学报(自然科学版),2004,44(12):1634-1637.

[16] 周前祥,马治家.载人航天器系统人机功能分配方法的研究[J].系统工程与电子技术,2000,22(8):44-47.

[17] 周诗华,周前祥,曲战胜.复杂系统人机功能分配方法的研究进展[C]//中国控制与决策学术年会论文集,2004:255-258.

[18] 周前祥,姜国华.载人航天器乘员舱结构布局工效学的研究进展[J].航天医学与医学工程,2001,14(2):144-148.

[19] 王兴伟,袁修干,孙明昭,等.混合机种飞行员人体测量结果及其工效学意义[J].北京航空航天大学学报,2000,26(5):547-551.

[20] 李良明,刘保刚.高性能飞机的工效问题[J].人体工效学,1998,4(2):39-43.

[21] 王辉,武国城,刘保刚,等.航空工效学研究进展[J].中华航空航天医学杂志,1998,9(3):180-183.

[22] 贺林,张林英.飞行自动化中人的因素[J].中华航空航天医学杂志,1998,9(3):184-186.

[23] 崔卫民,薛红军,宋笔锋.飞机驾驶舱设计中的人因工程问题[J].南华大学学报(理工版),2002,16(1):63-66.

[24] 谭智勇,安锦文.H_∞控制理论在阵风缓和控制中的应用[J].火力与指挥控制,2006,31(3):93-95.

[25] 易华辉,宋笔锋,姬东朝.场景的无人机控制站人机功能分配[J].火力与指挥控制,2007,32(12):129-132.

[26] 徐超,王建中,姚俊武.自重构机器人机载控制系统硬件设计[J].机器人技术,2003(4):267-272.

[27] 孙滨生.飞机显示器的发展[J].知识园地,2005(6):50-51.

[28] 徐晔.浅析软件界面的人机交互设计[J].广西轻工业,2009(11):71-72.

[29] 封根银.人体工效学[M].兰州:甘肃人民出版社,1990.

第5章 人与环境的关系

> **探索的问题**
> - 哪些环境指标是航空航天最关注的?
> - 高温和低温环境会对工效特性造成什么影响?
> - 低压缺氧会导致人体的哪些生理反应?如何预防?
> - 红视和黑视分别是指什么生理现象?它们与重力有什么关系?
> - 航空航天对采光的要求是怎样的?为什么?
> - 如何避免噪声对人体的干扰?

在人-机-环境这个工效学系统中,人与环境的关系密不可分,因为我们无时无刻不处于"环境"的包围之中。无论是我们日常的家居环境,还是工厂、学校的工作和学习环境,亦或是航空航天的特殊环境,都属于环境的宏观范畴。事实上,人们很早就对人与环境的关系进行过系统和深入的描述,例如《孙子》中就有关于"天时、地利、人和"对战争的重要作用的叙述,且被当作战争学的重要理论。当然,从工效学的角度来讲,天地人与战争的关系也可以当作人与环境的问题来理解,即如何适应和利用环境的特殊性,提高己方士兵的作战效能并削弱敌人。可见,在古人朴素的价值观中,早已认识到人与环境的密切关系。随着现代战争形态的变化,新的战争模式促使大量高技术的作战兵器被开发使用,但同时对士兵的作战素质提出了更高的要求。例如:第四代战斗机甚至第五代战斗机,由于其高负载对飞行员的身体素质有极高的要求,更先进的防护装备也需要考虑在保护飞行员安全的前提下,尽可能提高其作战能力,这其中就包含着工效学的重要论题,具体的内容将在本章详述。

随着时代的进步,人类的可活动范围不断扩大,俄罗斯、美国、中国等先后进行了载人航天活动,未来的人类活动会逐步扩大到太空。太空环境的特殊性会导致一系列对设备、人员、科技、后勤的新要求。这其中都蕴含着重要的且亟待解决的工效学问题。

本章将以航空航天环境为主,根据具体的环境因素分门别类地进行讲解,在讲解中我们会引入一些文献和实验,并简要地对工效学的环境模拟试验进行介绍。

5.1 温 度

温度是经常用来描述环境的一个因素。对于人类来说,其适宜的生存温度十分有限,但是在特殊的防护措施下,却可以在零上或零下百度的高低温环境中生存。需要指出的是,人之所以能在极端恶劣的环境中生存,是因为防护措施使得人体周边的环境被改变成适宜生存的环境。因此在大的环境背景下,往往还存在人体附近的"微环境"。而工效学不仅要考虑大环境问题,同时也更加关注微环境的客观规律及其对工效的影响。这种实例,在航空航天的特殊背景下极为常见。

5.1.1 航空航天环境中温度对工效的影响

首先,要讲解一下人体与环境的热交换途径,其作用主要是保持机体的热平衡状态。人体与环境主要可通过传导、对流、辐射和蒸发四种途径之中的一种或者多种方式进行热交换,而热交换的速率和方向取决于温度环境的诸因素与人体表面温度,即皮肤温度(简称皮温)。

1. 传 导

两个物体直接接触或在物体内部,热流从温度较高向温度较低的方向流动叫传导。在人体与环境之间,是指体内热量通过体表皮肤与接触皮肤的物体间进行的热交换。传导是相互接触的物质分子层的传热现象,不伴有物质分子的流动。

热传导的速率取决于接触面积以及物体的材料热特性等。由于各种物体的导热率不同,因此热量的散失速度是不同的。但需要指出的是,在裸体状态下,人体热量仅有3%通过热传导直接传递到固体物体。

2. 对 流

液体或气体中较热部分与较冷部分之间,通过循环流动相互混合,使温度趋于均匀的过程叫对流。人体表面包围着一层空气,体内热量通过皮肤不断地与这些接触皮肤的空气进行热交换即为对流。实际上,热量首先通过热传导与空气进行热交换,然后通过气流的对流进行进一步的热交换。因此,在研究人体与空气的换热时,也应该区别看待此问题。对流热交换的方向和速率取决于温差和对流系数。对流系数是综合反映界面所有有关特性的参数。影响对流系数的主要是风速,一般对流系数取值为8.3乘以风速的平方根。对流有自然产生的自然对流,也有人工产生的强制对流。裸体状态下,约有15%的热量通过对流方式散失。

3. 辐 射

物体以电磁波形式散失热量的传热方式称为辐射。辐射与以下因素有关:
① 体表温度与环境温度的差值。
② 有效辐射面积,辐射面积并不永远等于人体表面积,而是与身体姿态有关。
③ 皮肤与服装的辐射系数,由于皮肤的颜色根据人种不同而发生变化,对可见光和短波红外线的反射存在较大差异;而且服装颜色对辐射热交换会产生一定影响,常见的例子是:白色服装可以反射太阳光中的单波长能量,降低人体热负荷。

裸体状态下,人体有60%的热量通过辐射方式散失。辐射是人体热流失的主要途径。

4. 蒸 发

液体表面发生的汽化现象叫做蒸发,1 g汗液蒸发,人体失去2400 J热量。影响汗液蒸发的主要因素有:①蒸发面积;②生理饱和差,即皮肤与环境中水汽压力的差值;③风速。

需要特别说明:蒸发分为发汗和不显性蒸发。在高温环境中,其他的途径已经无法散失人体热量,此时发汗成为唯一的途径。在航天活动时由于微重力影响,舱内气体分子难以产生自然对流,汗液也不会滴落,而是在人体体表形成水膜。微重力下无人工对流。人体的舒适温度为0~7 ℃。载人舱根据航天员各自的产热,应选择不同的通风方案。而在舱外,一般采用液冷降温。

在航空航天环境中,人们面临的依然是高温和低温的问题,只不过环境温度变得更加恶劣,超出了人体热调节的极限,因此人们很难在缺乏特殊装备的环境下生存。然而,引发航空航天环境温度变化的因素有着根本区别。对航空飞行而言,在不同的纬度、季节和高度飞行,可能需要完全不同的防护策略。在低纬度和炎热的夏季进行低空飞行,主要面临高温问题。热量主要来自飞行中机体与空气的高速摩擦以及太阳光线的直接照射。而在冬季或北方地区飞行时,主要面临低温问题。当飞机在万米高空飞行时,由于空气稀薄,水分甚至会在飞行员的面罩上结霜。当飞行器进入地球轨道时,几乎处于真空的环境,此时热量主要通过辐射进行传导,而太阳就是最大的辐射热源。在地球的向光面和背光面则呈现出完全相反的两种温度状态:在向光面极热,而背光面又极冷,温差在300 ℃左右。对于出舱进行工作的航天员来说,其航天服内部的热调控机构则根据当前环境状况随时进行调整。即使对飞行员和航天员已经采取了相当周密的防护策略,但飞行服内部的微环境依然不足以达到令人舒适的温度,因为服装在设计时,主要以全身散热量为参考因素,但人体的局部散热量并不一致,尤其是肢体末端(手、脚)温度很难达到舒适要求甚至难以达到完成工作的需要,因此在第二次世界大战之后,对于航空和航天的热控和工效学研究始终在进行。

战斗机在炎热季节进行长时间飞行,座舱高温会严重影响飞行员的操作绩效。美国空军安全局对3 000次战斗机坠机事故按发生季节进行分析表明,事故发生率的高峰在夏季。欧阳骅从我国空军1960—1980年的全部飞行事故的原始资料中,分类统计得出结论:一等事故中,南方多于北方,夏秋季多于冬春季。国内外的研究重点是高温对生理的影响,而高温工效的研究也较多偏向认知方面。Petruzzello发现,长期工作在高温环境下,心率、肛温、热感觉和劳累程度显著上升。Fine等的研究结果表明,在热环境(32.8 ℃)中暴露4~5 h,认知能力明显降低,错误率显著增加。国内通常采用综合热应激指数(Combined Index of Heat Stress,CIHS)来描述飞行员的身体状况,与国外文献中常用的生理紧张指数(Physiological Stress Index,PSI)相比,考虑了更多的生理参数,能更清晰地描述人体的热应激状况。

人暴露于冷环境下,肢体末端,特别是手指和足趾,将因为血液供应不足和局部温度过低而引起损伤。从工作效率考虑,当皮肤温度降至15~20 ℃时,手的技巧性活动就会降低,皮温降至8 ℃以下,触觉灵敏度严重减弱。当手的灵活性降低时,事故发生率便会增加。不少文献资料表明,手动作业的效率在低温环境下明显下降,其中手指活动比全手活动更为明显。通常情况下,人们靠视觉和手指感觉穿插螺杆。但当手指受冷而麻木时,只能靠视觉来确定安放的位置,因而效率不高。手指麻木或手指感觉度的下降可用指端两点感觉的最小间距(称二点感觉阈)来度量,这种方法称"V"试验,是低温工效的经典方法之一,并有专用的V形测试仪。

鉴于手指皮温与手的麻木程度之间存在着显著相关,因此可用手指皮温作为感觉灵敏度的代表来估算精细手动作业的效率变化。有关文献报导,当手部皮温低于12.8 ℃时需触觉鉴别的手动作业能力将显著下降,当手指皮温低于4.4 ℃时,这种精细作业的能力几乎完全丧失。而手指皮温高于15.6 ℃时,作业能力的下降无明显的统计意义。因此,手部皮温15.6 ℃被定为手动作业工效不受影响的最低限度,而12.8~15.6 ℃这一温区被作为临界温度区。

当人体暴露在高温或低温环境中时,其生理反应会产生变化,对温度环境逐渐习惯,正确的生理学医学术语名为"习服"。根据温度的不同,又分为高温习服和低温习服。这是人体对恶劣环境的一种生物适应本能,在一些医学和生理学书籍上也对其有更深入的介绍。在此提到"习服"的概念主要是因为随着人体的生理调整,对其作业能力也会有所帮助。温度对工效的抑制和降低有望得到缓解。但是"习服"并非是无限度的,因此在极度恶劣的环境中,各种防护装备和防护手段才是最主要的方法。

5.1.2 人体的热调控机制

我们都知道,人体的热调节是一个精密而又复杂的系统,简单讲可以分为体液调节和神经调节两种方式,但在实际中这两种调节方式往往是掺杂在一起的。对于工效学来讲,由于现有的测量手段和技术的制约,我们能检测的生理指标是比较有限的。例如:心率、血压、血氧饱和度、体表温度、肌电信号等。这些指标反映的是人体在当前环境下产生的生理反应。对于航空航天环境来讲,由于危险程度更高,对于失误率的要求更加严格,仅仅检测生理指标已经略显不足。例如,在航天员出舱作业过程中,地面控制台会实时监控航天员的生理状况,但对于地面指挥人员来讲,他们更加关心航天员在未来一段时间的生理状况,以便于他们做出正确的指令。此时,仅仅检测当前的生理指标就略显信息量不足了。解决此类问题的方法是通过建立合理的生物数学模型进行预测,将各种生理指标及生理生化反应以数学方式表达和量化。这种科学方法是目前研究的一个主流方向。

下面是一个比较典型的人体热调控模型。从图5.1中可以看出,人体热调节系统是一个以负反馈为基本特征的闭环控制系统。在这一系统中,体温是输出量,身体的基准温度为参考输入量。与一般的闭环控制系统类似,它包括测量元件、控制元件、执行机构和被控对象等。人体温度的控制过程为:外周温度感受器(分布在人体不同部位)和中枢温度感受器将感受到的温度信息传入体温调节中枢;体温调节中枢把接收到的温度信息进行综合处理后,向3种体温调节效应器(包括血管、肌肉和汗腺)发出相应的启动指令;效应器则根据不同的控制指令进行相应的控制活动:血管扩张和收缩、肌肉运动、汗液分泌等。效应器的这些活动将控制身体产热和散热的动态平衡,从而保证体温的相对稳定。

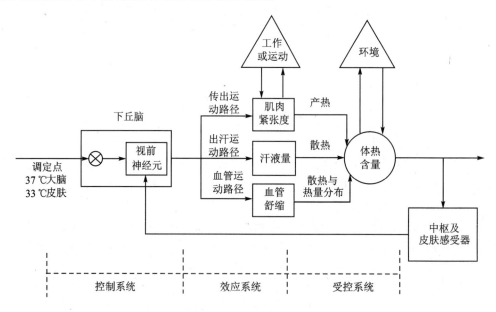

图 5.1 人体热调节系统控制框图

1. 控制器模型

现有的控制模型需要输入人体各个节段各层组织的温度值,即皮肤和下丘脑的寒冷或者温热信号数值。这两种信号分别表示两者所对应人体组织温度与组织调定点温度的偏差量。

人体节段 i 的皮肤组织温度与调定点温度的偏差量为

$$f_{\text{er},i}^{s} = t - t_{\text{set},i}^{s} + R_i \frac{\partial t}{\partial \tau} \tag{5.1}$$

式中：R_i 为动态感应项系数，s；$t_{\text{set},i}^{s}$ 为节段 i 皮肤调定点温度，℃。

下丘脑与调定点温度的偏差量为

$$f_{\text{er}}^{c} = t - t_{\text{set}}^{c} \tag{5.2}$$

式中：t_{set}^{c} 为下丘脑调定点温度，℃。

2. 效应器模型

真人的效应器包括汗腺活动、皮肤血管运动和肌肉寒颤。这三类效应器的活动受到皮肤和下丘脑信号的共同控制，效应器输出信号为

$$\varPhi_F = C_s(S_w - S_c) + C_c f_{\text{er}}^{c} \tag{5.3}$$

式中：C_s 为皮肤控制信号系数，W/℃；C_c 为下丘脑控制信号系数，W/℃。

在这三种效应器中，汗腺活动是通过出汗散出人体，当人体处于热环境中，出汗导致的蒸发散热是维持体温的主要方式；皮肤血管运动是通过血流来传递热量，其作用是平衡人体各组织的温度，主要是动脉将热量传递给各组织，这是一个类似产热的过程；肌肉寒战是指人体全身肌肉的寒战产热，实际发生在人体的肌肉部分，而表现在皮肤部分，就是肌肉产生的热量传递到皮肤上。

3. 受控系统模型

受控模型主要是根据人体的解剖结构，将人体分成多个节段进行组织间的温度传热研究，目前通用的是 15 个节段（见图 5.2）：头、颈、躯干、上臂（左右各 1 个）、前臂（左右各 1 个）、手（左右各 1 个）、大腿（左右各 1 个）、小腿（左右各 1 个）、足（左右各 1 个）。每个节段又分成 4 个同心层（见图 5.3）：核心层、肌肉层、脂肪层、皮肤层。

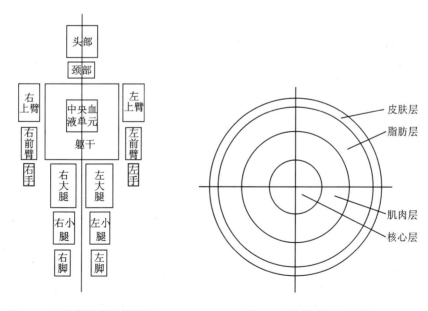

图 5.2 人体节段划分示意图　　图 5.3 节段分层示意图

根据这个模型,我们可以将能够检测到的环境温度信号、皮肤温度信号等作为输入条件导入模型,并预测在未来一段时间内的体表温度及核心温度的变化情况,其模拟的准确程度可以达到 0.1 ℃。

5.1.3 典型人体温度实验介绍

以上介绍了一些温度对工效影响的研究成果和结论,这些结论大多是通过环境模拟实验得到的。利用科学方法将研究对象转变为可控制、可观测、可计量的模拟实验环境,是工效学一种较为普遍的举措。不仅仅是温度,几乎所有的工效研究对象都可以简化为不同的模拟实验进行研究,在进行这些实验时,应该注意实验中的变量是唯一并且可控的,输出的结果可以是多种多样的,这取决于研究的需要。

下面以高温工效实验为例,简要介绍人体温度工效学实验的一般方法、实验设计思路等,希望能对读者有所启发和帮助。

本高温实验是有关战斗机飞行员座舱内温度与飞行员的操作能力之间关系的研究。战斗机的座舱温度远远高于民航飞机的驾驶舱,原因是多方面的:

① 战斗机的座舱舱室体积小,在战斗机高速飞行时,座舱会与空气摩擦产生大量热量。

② 战斗机的座舱虽然配备了制冷系统,但在作战时,为了提高作战效能,会将其关闭,使全部能量用于机动。

③ 在热带地区或炎热季节,太阳光会直接照射座舱,使座舱升温。

因此,在设计高温实验的模拟舱时,就应将以下因素考虑在内:

① 实验舱的体积不宜过大,应与实际相符。

② 实验舱的热量来源分为两类:一类用来模拟飞机产生的热量,除了座舱的舱盖方向,这是热量的主要来源。另一类是来自座舱上表面的热源,用于模拟太阳光的直射。

③ 座舱的舒适温度约为 28 ℃,但有些时候座舱温度可能会达到 60 ℃ 以上,在夏季进行低空巡航飞行时,温度一般会达到 45 ℃ 左右。

④ 座舱内的空气流动速度较缓慢。

根据这些要求设计的高温模拟舱如图 5.4 所示。

模拟舱的控制参数是舱内的温度,输出的参数可以根据需要进行添加,例如人体的体表温度、心率、血压,以及根据不同需要设计的工效学实验,如反应速度类、辨别能力类、心理状况类、耐受力等。

为了研究战斗机座舱在高温环境下的操作工效,采用环境模拟方法,在 40 ℃ 和 45 ℃ 下,对 10 名男性受试者进行握力、感知、灵活性、反应以及智力的工效测试,并将数据与综合热应激指数(CIHS)对比。通过不同温度下受试者各项目平均值的比较显示,CIHS 分别在 45 min 和 20 min 时超过热应激安全线;握力分别下降了 12% 和 3.2%;最小感知力分别增大了 2.89 倍和 4.36 倍;手指灵活性受到的影响较小;反应在初始阶段加快,随时间的延长而变慢,智力测试时间缩短,但失误率上升。高温环境下,最小感知受到的影响最大,握力次之,反应和灵活性的变化较小,智力没有下降,反而上升。在相同的环境温度下,与庞诚的实验结果相比,本实验的耐受力明显较短,庞甚至在 60 ℃ 下进行了 1 h 的实验,这主要取决于受试者的身体素质。在此方面,我们选择的学生志愿者要远远低于军人。而且庞的实验所进行的灵活性实验的复杂程度要远远高于本实验,因此其完成率在高温下呈明显下滑趋势。我们应当看到,实

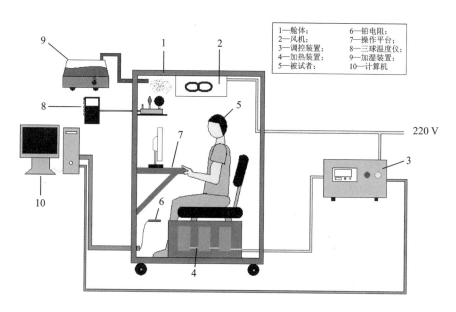

图 5.4 高温模拟舱示意图

验的设计和选择对于实验结果和分析会产生很深远的影响,是进行科学实验设计的一项必不可少的工作。

高温试验普遍采用电加热方式模拟试验温度,但是在航天环境的实验中,环境温度更多趋近于低温段,有时可达到 $-130\ ℃$ 以下,此时用液氮配合换热器进行温度控制是较为常用的手段。图 5.5 是一个航天手套低温抓握试验的示意图。

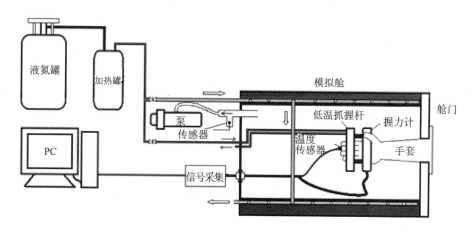

图 5.5 航天手套低温抓握试验示意图

除了模拟太空的温度,进行舱外模拟时还需要模拟其压力环境。但是在地面上模拟航天的真空环境是非常困难的,因此只能模拟手套的充压条件,保证内外压差为 39.2 kPa。方法是对密封的压力舱降低 39.2 kPa 压力,装在舱门上的航天手套内表面与大气直接连通。由于舱内依然有空气,所以热的传播并非以单一的辐射散热形式出现,而依然是以对流换热为主。另外,航天员在舱外活动时也会抓取物体,例如攀爬扶梯、工具等,这时在手套接触面上依然是热传导,所以在舱内单独设计了低温抓握元件模拟航天员抓握的物体。

5.1.4 温度的监控方法

在上文所述的实验中,使用了一些经典的元件,这些元件的主要作用是便于监控温度。下面将对其进行简要介绍。

1. 铂电阻

铂电阻的全称是铂热电阻,是热电阻中的一种,热电阻是中低温区最常用的一种温度检测器。它的主要特点是测量精度高,性能稳定。其中铂热电阻的测量精确度是最高的,它不仅广泛应用于工业测温,而且被制成标准的基准仪。热电阻测温是基于金属导体的电阻值随温度的增加而增加这一特性来进行温度测量的。热电阻大都由纯金属材料制成,目前应用最多的材料是铂和铜,此外,现在已开始采用镍、锰、铑等材料制造热电阻。铂电阻从外形上可分为两类:普通铂电阻和铠装铂电阻,铠装铂电阻是由感温元件(电阻体)、引线、绝缘材料、不锈钢套管组合而成的坚实体(见图 5.6),它的外径一般为 $\phi 2 \sim \phi 8$ mm,最小可达 $\phi 1$ mm。与普通

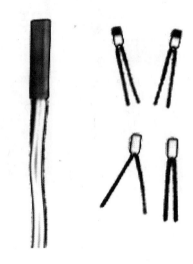

图 5.6 铠装热电阻(左)和普通热电阻(右)

型热电阻相比,它有下列优点:①体积小,内部无空气隙,热惯性大,测量滞后性小;②机械性能好、耐振、抗冲击;③能弯曲,便于安装;④使用寿命长。

实验中选用的铂电阻型号为 Pt100,就是说它的阻值在 0 ℃时为 100 Ω,热电阻公式是

$$R_t = R_0(1 + At + BT^2) \tag{5.4}$$

式中:t 为摄氏温度;R_0 是 0 ℃时的电阻值;A、B 都是规定的系数。对于 Pt100,$R_0 = 100$。

2. 电加热膜

发热片是一种片状会发热的电热元件。发热片是利用云母板良好的绝缘性能及其耐高温性能,以云母板(片)为骨架和绝缘层,辅以镀锌板或不锈钢板作支持保护,做成板状、片状、圆柱状、圆锥状、筒状、圆圈状等各种片型的加热器件。

高温模拟实验采用了航天级别的 PET 聚酯发热片。PET 电热膜聚酯发热片是在两片聚酯膜片中间夹以可导电的油墨及特殊合金载流条,通过印刷、热合技术制备在一起,形成厚度为 0.26 mm 左右的电阻膜片,膜片通上电流后发出红外热量形成热辐射源,且工作温度≤80 ℃。

PET 聚酯发热片性能特点如下:

① 元件采用高强度绝缘材料——聚酯薄膜作为载体,安全可靠,永不漏电;

② 元件远红外辐射强,其工作时有 2~13 μm 远红外波长产生,具有阳光般温暖,有益人体健康;

③ 元件自身质量轻且薄,厚度仅为 0.26 mm 左右,是常规电热元件的 1/10;

④ 元件柔性好,适用于各种异形及任意凹凸面的加热器具;

⑤ 元件热转换率高达 98%,比常规的加热元件节能 30% 以上。

3. 控温模块

控温模块是用于控制电加热膜工作状态，从而精确控制发热量和温度的控制回路。其主要组成部分如下：温控仪表、可控硅芯片、控温铂电阻，结构如图 5.7 所示。

可控硅芯片输出端接电加热膜。控温铂电阻放置在实验舱中，通过它来测量实验舱的温度，可以在温控仪表中设置想要达到的温度，如测量温度小于设定温度，温控仪表就会给芯片控制端信号，芯片保持工作状态；若测量温度大于设定温度，芯片就被命令停止工作。通过这种方法，可以实现对加热装置的自动化实时监控，节约了人力。

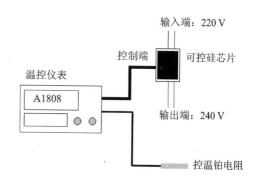

图 5.7 控温模块结构图

4. 换热器

换热器（heat exchanger）是将热流体的部分热量传递给冷流体的设备，使流体温度达到工艺流程规定的指标的热量交换设备，又称热交换器。换热器种类很多，但根据冷、热流体热量交换的原理和方式基本上可分为三大类：间壁式、混合式和蓄热式。较为常用的是表面换热器，原理是温度不同的两种流体在被壁面分开的空间里流动，通过壁面的导热和流体在壁表面对流，两种流体之间进行换热。在前文介绍的低温实验中就利用了这种结构，低温氮气在管内流动带走舱内的热量。

5.2 低压缺氧

低压缺氧是一种在航空航天领域十分普遍的现象。更准确地讲，缺氧是低压环境中的一种应激现象。在海拔 2 km 以内，可以近似认为每升高 12 m，大气压降低约 0.1 kPa。由于大气变得稀薄，空气中的氧气含量不足以供应人类生存，因此需要额外的氧气供应以保证人的生命安全。除了缺氧外，低压还可能造成人体体内压失衡，危及人的生命。对于航空航天领域，低压缺氧是每一名驾驶员不得不面对的问题，因此针对性的防护措施必不可少。作为额外担负的装备，个体的压力防护装备在适体性和舒适性上仍存在缺陷，因此对飞行员和航天员的工效能力会产生干扰。

5.2.1 压力对生理的意义

高空大气压力的降低对人体主要有两方面的影响：一是大气中氧气分压降低引起的高空缺氧（也叫低压缺氧）；二是低气压的物理影响（航空航天中遇到的环境压力剧烈变化影响也包括在内）。大气压力降低时，这两类影响同时发生，但主要威胁仍是高空缺氧。低气压之所以能对机体产生物理性影响，是由于生物机体形态结构方面具有下列内在特点：

① 空腔器官例如胃肠道、肺、中耳腔、鼻窦内含有气体。环境压力降低时，腔内气体如不能及时排出，就会根据器官壁的可扩张程度发生体积膨胀或者器官腔内部压力相对升高的现象。

气压性损伤是指在大气压骤然改变时，咽鼓管口不能顺利开放以调节鼓室内压力，因而引起鼓室损伤,类似无菌性中耳炎。正常飞机升空飞行越高,大气压力越低,而鼓室内压力相对变高。当鼓室内外压力差达 2 kPa 时(相当于 152 m 高空),鼓室内气体便会自咽鼓管逸出,借以保持鼓室内外压力平衡。如继续凌空飞高,每当压力差达到 1.5 kPa,咽鼓管就可自动开启一次进行调节。因此升空爬高,不易发生鼓室创伤。反之,从高空下降,外界气压增高而鼓室内压力逐渐变小,外界气体很难冲开咽鼓管进入鼓室。据 Armstrong(1937 年)测试,从高空下降,鼓室内外压力差达 12 kPa 时,咽鼓管也不能自动开放。1947 年 McGibbon 研究,从高空骤降和从低空骤降所引起的鼓室压差完全不同,如在高空从 9 144 m 下降到 6 096 m,下降了 3 048 m,压力差为 16.4 kPa,而在低空由 3 657.6 m 降到 609.6 m,同样是下降 3 048 m,鼓室压力差却为 29.7 kPa,二者相差几乎达 1 倍。可见,低空俯冲飞行比高空俯冲压力差大,因此鼓室创伤发生率也比较多,常发生在 1 000~4 000 m 高空。

② 组织和体液中溶解有一定量气体,环境压力降低到一定程度时,这些溶解的气体就可能离解出来,在血管内、外形成气泡,此病症也被称为"高空减压病"。此现象与我们打开碳酸饮料时产生的气泡类似。在太空中,最先离解出来的是氮气,因此航天员在进行出舱作业时需要进行"吸氧排氮"。

③ 体液主要由水组成,当环境压力降低到真空时,水的沸点为 37 ℃,也就是说,此时人体的体温即可使体液沸腾。因此当人体暴露在该高度上,皮下组织的体液最先汽化,经过 1 min 就会变成"气鼓人";接着胸腔液体汽化,形成蒸汽胸,造成肺局部萎缩,丧失气体交换功能使人体缺氧甚至停止呼吸。

5.2.2 航空航天环境中的低压和缺氧现象

缺氧现象是在稀薄的大气层或空间飞行时人体组织细胞因得不到代谢所需之氧气而引起的反应或症候。通常在 3~4 km 高度开始呈现轻度缺氧,其主要表现是夜间视觉减退,高强度体力负荷时感觉疲倦乏力,工作效率降低,但呼吸循环功能增强,不危及生命。在 5 km 高度上产生中等程度的缺氧,主要表现是头痛等脑症状,视力模糊,智力活动和工作效率明显降低,但呼吸循环代偿功能增强。少数(占 29%)发生循环代偿功能障碍(心率突然减少,血压迅速降低),严重者出现恶心、苍白、冷汗,甚至意识消失,以至危及生命。在 6 km 高度时产生较严重的缺氧反应,上述主客观反应与体征更加严重。7 km 高度时出现严重缺氧,这时,缺氧耐力一般者,其肺泡氧分压已降低到意识消失阈值(4 000 Pa),在安静状态下经 10 多分钟便会发生意识消失。在 7 km 以上高度时主要的威胁是意识消失。高空飞行会出现高空急性缺氧。10 km 以上的高度由于缺氧极严重会发生爆发性缺氧,这时由于外界气压很低,人体内氧气向体外逆流,高度越高,逆流速度越快。在 16 km 高度时肺泡氧分压已接近于零,体内氧气迅速向体外逆流,大脑皮层随之陷入无氧状态,有效意识时间仅为 9~15 s。但吸入氧气后,缺氧或无氧反应迅速消失。因此,预防飞行员缺氧或无氧危害的常用措施是吸入氧气。航天中,一旦航天员暴露在真空无氧环境中,将发生急性缺氧、爆炸性缺氧或无氧,在 150 s 后将危及生命。此时必须依靠供氧系统和气密座舱来维持飞行员或航天员的生命健康。

5.2.3 低压情况下的工效学问题

缺氧直接影响人的生理、心理、认知和运动等功能,导致人体作业工效降低。Ernsting 指出,5 000 m 高空缺氧暴露影响到手的稳定性;Chiles 的研究表明,4 270 m 手控跟踪效率已开始显著降低。而 Carolyne 却得出,7 625 m 以下的高空缺氧暴露对手控跟踪效率无显著影响等。

我们对急性轻、中度低压缺氧对手动作业工效的影响进行的系统实验研究发现,与地面(50 m,北京地区实际海拔高度)对照组相比,插钉板、拧螺母完成时间绩效在 5 种模拟高度均显著降低($P<0.01$),在 5 000 m、5 500 m 高度缺氧反应进一步加剧($P<0.001$)。但在 4 500 m 高度时,绩效降低水平反低于 4 000 m(见表 5.1 和表 5.2);形状感知反应时、反应时绩效和感知综合(反应时间与正确率综合)绩效在 5 种模拟高度均发生显著变化($P<0.01$)(见表 5.3);握力绩效仅在 4 000 m、5 500 m 显著降低($P<0.05$),疲劳绩效在 5 种模拟高度均未发生显著改变,耐力绩效(最大握力和疲劳综合绩效)在 5 000 m、5 500 m 高度显著降低($P<0.5$)。因此,其结论是:急性轻、中度低压缺氧对手动作业工效产生显著的负面影响。插钉板、拧螺母、形状感知和主观问卷调查 4 种工效测试项目对缺氧比较敏感,在 5 种模拟高度其工效均显著降低;耐力绩效对缺氧不敏感,仅在 5 000 m、5 500 m 模拟高度显著降低。

表 5.1 不同高度急性缺氧暴露 25 min 对拧螺母的影响

高度/m	完成时间/s	归一化结果
50	14.9±1.0	100±6
3 500	17.3±1.4	84±11**
4 000	17.7±1.8	82±8***
4 500	17.4±3.0	84±18**
5 000	18.3±1.8	77±13***
5 500	18.8±1.5	74±11***

表 5.2 不同高度缺氧暴露 25 min 对插钉板的影响

高度/m	完成时间/s	归一化结果
50	10.8±0.7	100±7
3 500	12.1±1.1	87±10**
4 000	12.1±0.5	87±7***
4 500	11.98±1.10	88±9**
5 000	12.0±0.8	88±6***
5 500	12.6±0.5	82±6***

** 代表 $P<0.01$;*** 代表 $P<0.001$。后文表格意义相同。

表 5.3 不同高度急性低压缺氧暴露 25 min 对形状感知的影响

高度/m	完成时间/s	归一化结果	成功率/%	综合表现
50	3.5±0.6	100±17	100±5	100±2
3 500	5.1±0.9	50±26**	96±14	49±29
4 000	5.0±0.9	53±29**	95±13	51±31
4500	4.9±0.6	56±23**	93±14	53±24
5 000	5.3±0.6	44±32**	98±9	43±32
5 500	5.5±1.3	39±45**	93±14	40±41

5.2.4 低压的防护措施及其产生的工效问题

为了解决低压环境对乘员的威胁,在军用飞机和航天飞机上经常使用低压防护装置来解决此问题。但需要指出的是,低压和缺氧一般是按照不同的技术手段来解决的,但是在一些特殊的装备上,由于结构的特殊性,二者又存在交叉。

对抗外界压力变化的最实际手段是改变身体表面的压力,使人体的体内压力维持稳定,从经济性和实用性的角度考虑,利用气体的气压变化和封闭的弹性容器极易达到效果。目前的飞行服、航天服均采用此类设计。在飞行中,也需要对乘员进行额外的氧气供应以对抗缺氧造成的人体损伤。利用供氧气体实施防护服装的压力调控,是一举两得的妙招。

目前对于低空飞行来讲,为了方便飞行员的头部活动性,一般将呼吸面罩与代偿服分开设计。在低空环境中,低压现象并不明显,人体的生理机能具有一定的调节作用,对身体心肺功能的影响可以进行适应,并不需要对头部进行针对性的防护。对于未经过针对性训练的正常人而言,缺氧的危害甚至大于低压,因为一定时间的脑部缺氧就会造成脑功能的永久性损伤,但是只要提供呼吸面罩即可解决大部分问题。需要特别指出的是,人体呼吸的主要动力并非依靠人体本身,而是外界与肺泡内的气体压差。在低压环境中,由于压力差的变化,会造成人体的呼吸衰竭,因此呼吸面罩的供氧压力要根据飞行高度进行增强,因此最正确的叫法应该是加压供氧装置。不过,随着供氧加压的增强,面罩简易的固定方式会对面罩的气密性造成妨碍,一般高压气体会通过鼻翼和眼窝位置泄漏,强烈刺激眼睛,造成应激性反应,例如流泪、酸胀,严重者甚至无法睁眼,影响飞行员的注意力。因此,在万米以上的高空,比如一些高空高速侦察机的飞行员也会身着与航天服类似的全身封闭式服装,头盔和服装形成一个封闭壳体,并在内部充纯氧供应呼吸。虽然牺牲了头部的部分活动能力,但是从安全性和实用性的角度讲,更加符合实际。

目前的代偿服装主要可以分为两类:侧管式和囊式。侧管式服装并非由管道自身提供体表的压力,而是通过管道的膨胀,拉紧服装,利用面料的弹性产生肢体整体的压力变化。侧管式服装的主要缺点是由于管道相通,提供的压力是相同的,因此在全身产生的压力一般差别不大。虽然防护周全,但相应的对于关节这种不需要很大压力的位置,服装的压力过大,反而导致活动能力的降低。因此在低空飞行中,逐渐被囊式服装所代替。但在高空领域,侧管式服装的防护性更全面,也具有自身的优势。囊式服装直接利用气囊的体积变化,拉伸服装的面料,使服装对人体产生压力,气囊可以安置在一些人体的柔软部位(例如腹部、大腿),进一步平衡体内压。

根据飞行高度的不同,选用的防护装备种类和压力水平会略有不同,高度越高,防护越严密,压力越大,装备就显得越臃肿,同时对作业的影响也越大。对于飞行员来讲,无论是管式还是囊式代偿服,对于腹部的防护效果都较差,为了提高这些人体柔软部位的防护效果,就要为服装充很高的压力,这会导致其他部位,例如肩、肘关节的活动性降低。因此为了减少压力,新式的代偿服装特意在腹部添加了较大的气囊,以提供足够的保护。但是气囊的位置必然会导致体表的压力不均。另外,为了不影响活动性,气囊的数量和大小也受到了限制。目前我国已经为囊式和侧管式服装设计了无袖版本,主要提高了肩肘部的活动性,根据我们的实验结果表明,无袖服装的手部活动性与未着服装基本一致,在夏季低空飞行中,此设计收到了良好的效果。

更高的高度已经突破了地球的大气环境,已经属于航天领域,一般在出舱时会穿着航天服进行舱外活动。对于航天服而言,由于结构的特殊性,活动性的影响更主要体现在肢体的末端,根据我们的实验结果,在冲压条件下,人体的抓握力会下降10%～17%,耐受力会降低20%～25%,而感知觉、手指的灵活性等均有显著的下降。目前,解决航天手套的舒适性和操作灵活性是一个主要的研究方向,利用反压方式降低内部的气压,提高手指的活动性是较为可行的方案,但受限于材料的力学特性尚存在缺点,反压手套还处于理论研究阶段,但麻省理工学院最新研制的反压航天服具有良好的适体性和活动性,具有实物论证的可能。

5.3 重 力

重力,是描述当前环境状况不可缺少的一种要素。当人们处于地面时,由于长期处于$1g$重力环境中产生了适应性,因此不会对重力产生很明显的不适感。但是当重力发生变化,并导致超重和失重时,往往会导致严重的应激反应,甚至危及生命。一般加速度小于$1g$的超重和失重现象,普通人是可以承受的,但对于某些特殊人群,例如飞行员和航天员,他们面临的可能是$5g$以上的过载或者无重力状态,长期处于这种状态是十分危险的;并且伴随生理的变化,其工作能力也会产生明显差别,我们将在本节重点介绍这些内容。

5.3.1 超重的生理影响

超重是物体对支持物的压力(或对悬绳的拉力)大于物体所受重力的现象。当物体做向上加速运动或向下减速运动时,物体均处于超重状态,即不管物体如何运动,只要具有向上的加速度,物体就处于超重状态。超重现象在发射航天器时更是常见,所有航天器及其中的航天员在刚开始加速上升的阶段都处于超重状态。战斗机在迅速拉升高度时也会产生明显的超重感觉。

根据乘员的姿态和加速度方向,超重可具体分为头—盆向超重和胸—背向超重两种。

1. 头—盆向超重对人体的影响

此类超重是飞行员经常遇到的力学问题。其力学表现为:随着超重作用的增加,身体重量沿着头向脚的方向逐渐增大,使身体运动发生困难;超重时,软组织及有一定活动余地的内脏器官受力牵拉、位移和变形,是这些器官的功能和向中枢的信息传递发生异常;体液系统流体静压梯度增大,造成液体的重分配。具体表现如下:

① 血压变化 由于流体静压效应使处于立姿或坐姿的人血液向下半身转移。心脏以上部位血压下降,心脏以下部位血压上升。

② 心率 在离心机上的实验表明,$+3g$时,心率可达120~130次/min,$+4g$时心率为130~140次/min,$+5g$时心率为150次/min以上。这种现象与颈动脉窦加压反射有关,也与精神的紧张程度有直接关系。

③ 心搏量 由于血压的变化和部分器官的形变,心搏量减少,因此为了维持正常人体活动,心脏的负担加重,需要增加心肌收缩力以维持同等量血液的排出。

④ 血氧饱和度 需氧饱和度在$+g$下是降低的,在实验中发现,受试者承受$+5g$ 2 min后,血氧饱和度由95%降至80%。其原因是肺部的血液分配量降低导致的肺部通气灌流比例失调。

⑤ 航空性肺不张 由于飞行员在飞行中呼吸纯氧,会造成肺部出现暂时肺不张,引起咳嗽、胸闷、肺部不适。

⑥ 视功能改变 由于视网膜缺血,眼水平收缩压降低至6 kPa以下,开始出现视觉模糊现象。

⑦ 脑功能改变 由于大脑供血不足引起的氧供应不足,会对大脑产生永久性的损伤,这取决于加速时间的长短。短时间内(5 s),由于大脑内存留部分氧气,因此不会产生意识丧失;当时间较长,即可产生昏厥、失能等现象。

⑧ 乘员功能丧失　在+g下,人体的反应速度下降,操纵精度和协调性降低,信息鉴别和记忆能力等工作指标改变。

2. 胸—背向超重对人体的影响

在载人航天器的发射和返回过程中,为了减轻火箭加速和启动减速对人体的影响,一般让人体在舱内采取仰卧姿态,所以重力方向为胸—背向。具体的变化有:

① 限制性呼吸困难　在+g下,由于重力作用使质量增加和前后距离变短,加之胸腔内含物的挤压和膈肌上移影响,使呼吸受到阻碍,造成肺活量和最大呼吸量降低。根据文献的报道,在+3g下,肺活量为正常值的62%,最大通气量减少20%;6g肺活量减小到正常值的50%,最大通气量减少40.8%。

② 通气功能改变　呼吸频率随g值增大而提高,潮气量减少,每分钟通气量略微增加,在+6g下动脉血氧饱和度降低至85%。呼吸纯氧只能部分解决问题。

③ 右房压变化　右心房压力随g值的增加而升高,正常值为1.07~1.2 kPa,在5g时为2.8 kPa。右心房压力随着作用时间的延长呈下降趋势,超重作用后短时间内无法完全恢复。

④ 心率变化　在+g不大的情况下,心率有所增加,但当g值高到一定值而且作用时间很长时,会出现心动过缓现象。

⑤ 工作效率下降　在感觉运动反应实验中,受试者的反应时间延长、错误率上升、漏反应次数增多。当受试者进行跟踪作业时,跟踪操作发生困难,出现反应动作迟缓和幅度下降,操作精度降低。这些现象的引发原因有两点:生物动力学效应使乘员的运动机能减退;大脑缺氧和外界信息输入异常引起的脑功能变化。

5.3.2　失重的生理影响

失重是物体对支持物的压力(或对悬绳的拉力)小于物体所受重力的现象。当物体做向上减速运动或向下加速运动时,物体均处于失重状态,即不管物体如何运动,只要具有向下的加速度,物体就处于失重状态。例如,战斗机进行俯冲机动动作时,若速度达到一定值,由于人体的惯性产生的惯性力与重力的方向相反,且均为1g,此时就认为制造了0重力空间。在科技手段相对落后的时期,这是模拟太空为重力环境的主要方法。目前,利用磁力、旋转微重力模拟、浮力等方法能够更长期稳定地模拟太空微重力环境。

1. 空间运动病

航天员在进入太空的最初几天,有40%~50%的人出现空间运动病症,表现为脸色苍白、出汗、眩晕、胃不适、恶心、呕吐等前庭植物反应。这严重影响了航天员的身心健康和工作效率,因而成为短期载人航天中的突出问题。目前对于其发病机制还不完全清楚,但相关的研究工作提出了3种学说:感觉矛盾冲突理论,耳石不对称理论,体液再分配理论。

2. 心血管功能变化

心血管功能变化包括循环功能失调、心功能改变和微循环变化。

3. 骨钙流失和肌肉萎缩

航天员的骨钙指数下降速度呈指数趋势,第一周每天降低50 mg,第12周为300 mg,骨钙流失就会引起骨质疏松,骨密度下降15%~18%。骨钙降低的原因有两方面:承重骨骼负荷降低,骨骼肌牵拉活动减少。

由于太空中不需要肌肉的牵拉即可完成许多动作,受到废用性机制的影响,肌肉产生萎缩性变化。这是机体适应环境的反应。

4. 血液和电解质的变化

红细胞和血红蛋白减少,红细胞形态变化。血清中的钾镁含量降低,钠氯含量无改变。总电解质含量降低36%~61%。

5.3.3 超重对工效的影响和解决措施

人体超重和失重最主要的生理变化是血液循环系统中血液分布的变化。虽然人体是一个紧密的整体,但血液本身在人体各部位的比例,具体地说是上肢和下肢的血液比例,会随着重力的变化而随时调整。由于地球引力的存在,血液自身的重力会导致液体向下肢堆积,血管自身的弹性和心脏的搏动会带动血液向心脏回流。当产生超重现象时,血液会进一步向下肢堆积,回流心脏的血液量减少,人为地造成了心脏缺血;而当失重时,更多的血液灌入头部,过度膨胀的血管会干扰和阻碍脑神经活动,更严重者,脑血管破裂,产生类似脑淤血的现象,危及人的生命。因此,即使受过专业训练的飞行员,自身抵抗重力的能力也很有限,随着现代战争兵器的迅猛发展,早已超出了人体自身调整的极限,所以需要各种防护手段来保护乘员的生命安全。

红视和黑视是航空领域超重和失重现象的一种最常见的表现方式。当飞行员在飞行中受到比较大的正加速度作用时,眼睛会感到发黑,看东西模模糊糊,甚至什么也看不见,这就是黑视。黑视也是晕厥的先兆,对飞行安全危害较大。统计发现,引起黑视的加速度,最低值是 $2.9g$,最高值达 $9.1g$,大多数人在 $5g$ 左右。实际飞行中,当快速拉杆时机头迅速上仰并形成正过载,此时飞行员头部的血液迅速向下肢流动并造成脑部大量失血,飞行员眼前一片漆黑什么也看不见,只有当过载结束一段时间后飞行员的视力才会恢复正常。如果过载很大,脑部失血过多甚至会让飞行员短暂失意、失能甚至昏厥,从而导致机毁人亡的惨祸;如果正加速度过大,飞行员的眼球甚至会被拉出眼框,或者造成脑出血,从而导致飞行员失能最终机毁人亡。可以说,飞行过载是严重威胁飞行安全的因素之一。

红视的产生与黑视相反,但危险性大过黑视。现代飞机的超级机动性,已经超过了人的生理承受极限,飞机快速地俯冲,飞行员出现"红视"。当负荷载过高时产生红视,以约 $2g$ 加速度开始,负加速度同正加速度相反,惯性力把血液从足部推向头部,使头部形成高血压。飞行员会感觉戴上了一副红色眼镜,周围成了一片红色世界,就是飞机改出后,飞行员的头部仍会感到刺痛,脸胀,睁不开眼。在 $-3g$ 时,有些人就可能出现红视现象;$-4g$ 时,头部青筋暴起,看一个东西会变成两个,甚至什么也看不见;$-4.5g$ 时,精神可能错乱,甚至昏迷。常人只能忍受 $-3g$ $5s$,头部和心脏的水平高度差越大,人越难受,也越容易出现红视,红视较黑视更危险,但飞行中剧烈的负加速度过载比较少,因此红视并不多见。

5.3.4 失重对工效的影响和解决措施

失重对航天员的影响是多方面的。航天员的血压没有明显改变,但出现上身血管内压增高和下肢血管内压下降。太空飞行初期脑血流增加,之后逐渐减少,内脏器官出现静脉血液充盈增加;航天员返回地面后,出现明显的心血管功能失调,主要表现为超重耐力、立位耐力和运动耐力下降。失重飞行时,航天员可以明显地感觉到体液在体内的重新分布,例如头部充血,鼻堵，静脉窦充血，脸变胖和发红，巩膜、鼻和口腔粘膜充血，眼窝浮肿，头和颈部静脉扩张，腿围径变小。一些航天员也感觉到血液流向或冲向头部，这种感觉在太空飞行的前 24 h 最明显，之后逐渐减弱。但是，客观指标记录证明，太空飞行中航天员体液重新分布的现象是长期存在的。这种现象也称为血液再分配（blood shift）。失重飞行可引起航天员体内水的丢失，主要表现在绝大多数航天员飞行后体内总体水和血浆容量减少及太空飞行中排尿增加，飞行后体重下降。在太空飞行中，航天员最明显的生理改变是钙的递增性减少和骨质变化，表现为骨密度降低，尿钙、粪钙和尿磷排出量增加，飞行中钙、磷代谢呈负平衡。由于骨质的变化，航天员容易骨折。肌肉，尤其是骨骼肌呈现出明显的萎缩现象，表现为以下特点：

① 抗重力肌的萎缩大于非抗重力肌。
② 慢肌的萎缩大于快肌。
③ 在同一肌肉中，慢肌纤维（Ⅰ型纤维）的萎缩大于快肌纤维（Ⅱ型纤维）。

航天员在航天环境中，要想尽快地适应航天环境，必须在地面时进行一系列适应性训练。航天员在发射和返回的过程中要遇到的超重作用，使人的体重和体内的脏器的质量增加好几倍，超重耐力低的人会因此而出现晕厥或呼吸困难。一个人的超重耐力是可以通过训练提高的。具体的训练方法是让受训者半卧或坐在离心机的座舱里，逐渐增加离心机的转速，这时超重值逐渐增加，直到航天员不能耐受，再逐渐降低离心机的转速。还可以结合今后的飞行任务，模拟飞船上升和返回时所遇到的超重曲线，进行周期性训练，或加入其他因素进行综合性体验。

航天员在轨道飞行过程中是处于失重状态的，失重不仅对人体的健康有影响，而且可以影响日常生活和工作效率。因此，在飞行前进行失重训练是十分重要的。由于在地面上不可能产生真正长时间的失重，所以只能进行短期失重和模拟失重训练。短期失重飞行训练用的是失重飞机。这种特别改装的飞机在进行抛物线飞行时可产生 25～35 s 的失重，失重飞机飞一个起落可完成 15 个左右的抛物线飞行。利用短暂的失重可进行体验失重、空间定向、人体行为、失重状态下的生活和工作等训练。

人在水中时，由于流体静压和重力负荷作用减小，可产生类似失重时的一些变化和感觉。这种方法不是真正的失重，只是模拟失重产生的体液头向分布和漂浮感。浸水训练是在一个大水槽中进行的，这个大水槽可以将航天器的 1∶1 模型放在里面，可以训练航天员失重情况下的工作能力。例如，训练航天员的出舱活动，在舱内和舱外工作时的动作协调性等。

头低位时，下身的血液会冲向头部和胸部，因此如果在地面经常让受训者处于头向下的位置，进入太空后，航天员对失重环境的适应就快，产生的不舒服感觉就会减少。我国的航天员在发射前几天的晚上，也采用了这种头低位的方式睡觉，这样可以使航天员入轨后更快地适应失重环境。

航天员进入失重环境后，有一半以上的航天员会出现类似地面晕车、晕船的反应，使航天员十分不舒服，也影响工作。出现这些反应的主要原因是失重影响了人体内耳的前庭器官，为了增强前庭器官的适应能力，可在地面采用转椅、秋千、跳弹力网、体育训练等方法训练人体的前庭器官。

5.3.5 个体防护装备的工效性问题

从根本上讲，并没有单独用于重力的个体防护装备，一般为了结构的简单和成本因素，压力和重力往往具有相类似的防护手段。低压防护服装一般可以根据飞行高度进行气压调整，当飞行员进行高难度的飞行动作产生失重状态时,可以适当增加头盔的气压量,头盔内的气囊会进一步膨胀,防止血液的过分堆积;当超重时,也可以增大腿部压力,辅助下肢血液向上运动。这种压力的调整是在保证低压缺氧防护的基础上进行的,一般是以提高上肢或下肢的压力为主要手段,当增大压力时,对飞行员的舒适性影响极大,对活动性也会产生制约。

航天服更是采用了整体密闭的着装方式,虽然简化了穿戴时间,但无法避免地产生臃肿、局部不舒适、压力不均等问题。由于太空失重和地球引力的消失,对于刚进入太空的航天员而言,方位感的丧失是面临的最主要问题,虽然航天服具有脚限位器和固定缆绳等定位手段,但在实际工作中,如果身体姿态未及时调整,也会产生翻滚现象。目前,美国的航天服背包中就添加了喷气功能,便于航天员进行自我调整。

5.4 光 照

即使在深夜,光线依然存在。随着科技的发展,采光已不仅仅局限于自然光,各种由人工产生的光线极大地弥补了自然光的不足。颜色,也是光照的一种反应。但是对于航空和航天环境而言,自然光依然是面临的主要问题,因为人工光源可以根据要求进行调整。人体的视觉依赖外界的光线照射,同时人体的节律性也主要由光照来维持和调节。可以说,虽然我们已经非常习惯光照,但光线的任何微小变化都有可能引起人体的应激反应。

5.4.1 光强与颜色

在我们的视觉经验中,色彩扮演重要的角色。不仅增添三度空间的立体感并丰富视觉景观,更影响我们的心理感受。我们平日所见的白色光,其实是由许多单色光构成的,一天当中的光色亦随时在变化。光源所发出的光,因光谱组成的不同而使光色各异,同时影响物体的显色效果,此即光的光谱组成、物体的反射特性与我们色彩视觉共同作用的结果。

所谓的颜色,只是不同频率的电磁波在人眼中的反应。世上本没有"颜色",是人的神经对电磁波频率的感受。同样是可见光,对牛、鹿等很多动物,则没有色彩的感觉,即其眼神经只探测亮度,而不分辨频率,所以它们永远只能看到黑白世界。我们所看到物像,是由色度和亮度组合而成。色度反映其色彩构成,即电磁波的频率组合;亮度反映物像的明亮程度,即电磁波的辐射能量。

电磁波可依波长(见图 5.8)分为:
- 紫外线——紫光波长最短。
- 红外线——红光波长最长。
- 可见光——380～770 nm。

5.4.2 航天中对光的特殊要求

航空和航天器内部的装饰和照明关系到乘员的心理认同感和判断能力,从而影响工作效率。尤其在空间相对狭小的特殊环境(空间站、飞行座舱),更需要重视,以提高乘员的舒适性。对于飞行员和航天员来说,在任务中需要长期忍受巨大的心理压力和长时间的孤独感。因此,从工效学的角度上讲,不仅是照明,甚至舱内装饰物、显控界面的设计共同造成的视觉环境与心理感受作业有较大的关系。

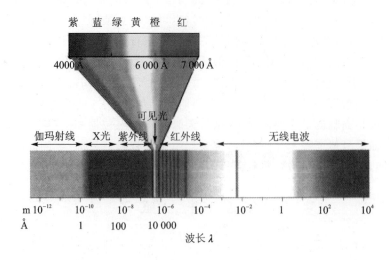

图 5.8 电磁波波长

  对于航天员而言,在太空中最无法忍受的问题并不是失重带来的行动障碍,而是由于脱离地球而造成的日夜交替的消失。人体的正常劳作是在日照时间的基础上产生的,在太空中是没有明确的白昼的。在航天员进入太空的初期,人体还会根据惯性维持一段时间的规律作息,但长时间缺乏正常的光刺激,大脑对这种刺激的反应就会弱化,进而对自身的活动产生怀疑,从而影响乘员的生理、健康和安全,干扰昼夜睡眠和警觉周期,产生工作状态时的过度思睡和休息状态的失眠症状,严重者甚至造成身体的过度劳累,引发安全事故。这种现象可以统一认为是睡眠障碍。美国睡眠医学会(American Academy of Sleep Medicine,AASM)在睡眠节律障碍治疗方案共识报告中指出,光照疗法为睡眠时相障碍患者的 2～3 级推荐治疗指南性方案,临床疗效确切。光照疗法可有效调整紊乱的昼夜睡眠—觉醒节律至理想状态,改善患者的睡眠质量。这种手段的核心是重置生物节律至理想的 24 h 昼夜周期,来评估昼夜节律时相。此外,光照治疗的疗效也与光源性质、光照强度、照射持续时间密切相关,时相位移的幅度也取决于光照剂量和持续时间。目前,光源由最初的简单白炽光源发展到 LED 光源,在光照的频段选择上,有报告显示特定频段的光源(主要是波长为 497 nm 蓝光)对机体生物节律系统调节作用最大,但必须看到该短波段与对人视网膜伤害甚大的紫光有一定波长的重叠,且目前也无其疗效的可靠循证医学证据。因此,美国主要的光照疗法组织推荐使用带有紫外线滤过装置的白光源,而非单色光源或全波频开放光源。

  在一项针对航天员的实验中,实验者利用光源作为刺激观察受试者睡眠时的警觉性。实验发现,当利用强光照射受试者的眼睛时,他们极易从深层睡眠中惊醒。同时进行的血液成分的检测也表明,光照刺激可能引发了某些光回路,并造成血液中某种化学物质含量的提高,作为一种调节因子,它的主要作用是维持人体的情形,抑制睡眠,主要由下丘脑产生。这个实验对航天员的任务规划具有重要的意义。作为缺乏节律性变化的太空环境,调整光照强度可能是保证航天员作息时间分配,完成任务的一种必要手段。实验同时发现,蓝光产生的化学物质最多,同时单色光也更加节能。

5.4.3 航空中对光的特殊要求

对于飞行员而言,自然光作为一种不可控的因素会影响飞行员的作战能力,其中一种较为常见的名为眩光。眩光是由于视野中光源或反射面亮度太大或者光源与背景之间亮度比太大所引起的视觉不适,或视觉目标能见度下降的现象。产生眩光的光源一般称为眩光源。由于太阳光照射、舱室内照明光过强或仪表布放位置不适等因素,都可能产生眩光。根据眩光源的不同可以把眩光分为直射眩光和反射眩光两类,区别在于光线是直接照射入眼还是通过反射,类型不同控制眩光的具体手段也不同。根据眩光对视觉的不同影响,可以把眩光分为不舒适眩光、碍视眩光和失明眩光,其影响程度逐级上升。不舒适可能来自四种因素:眩光源亮度、立体角、与观察者的视线夹角以及背景亮度。目前有两种比较好的眩光评价方法:美国的视觉舒适法(VCP)和欧洲的眩光指数法(GI)。实际照明中 VCP 要求 70 以下。碍视眩光主要引起作业工效的降低,国际上以失能眩光系数 DGF 进行评价。失明眩光是在很高的亮度内暂时失明的现象。预防眩光的方法有:①选取眩光指数小的灯具;②用多数的低亮度灯具代替单一的高亮度光源;③提高背景亮度;④尽量远离视线;⑤用遮光板进行遮挡;⑥佩戴特制的减光护目镜防止失明眩光。

5.4.4 航天照明的设计

1. 内部装饰

内部装饰泛指内部颜色、植物或者涂层、用具、饰物等,其主要作用除了装饰和美观外,还可以增强辨别力,提高工作效率。

对于舱内的装饰应该达到以下要求:

① 简易性,内部装饰应尽量简单,不宜太花哨,含有太多种颜色,因为太多的颜色会引起混乱和辨别障碍,使人感到烦躁。

② 多样性,极度的简单会导致单调,缺乏变化会使人无聊,因而丧失注意力,因此最好是在简易性和多样性之间寻找平衡。

③ 个性化,允许乘员根据个人特点在一定范围内进行独立的装饰,这些装饰会适应独立个体的习惯,有助于操作。

④ 清洁与保养,所有都应保持清洁并便于保养。

⑤ 持久耐用,降低清洁的难度,耐磨、耐划,不需频繁更换。

⑥ 安全,材料不应含有危害性,包括易燃、毒气、机械损伤。

2. 照 明

根据需要的不同,舱内照明分为泛光照明、仪表照明、特殊照明和应急照明。整体性能应考虑周围环境,仪表内部照明和局部照明的相互影响。根据 NASA 的相关标准,可以概括出以下照明工效的基本要求:

① 正常条件下使用泛光照明,适合纸面阅读和液晶显示,亮度范围 5~200 lx 连续可调,夜间维持 20 lx。

② 仪表照明适当考虑暗适应要求,当暗适应要求较高时,应提供低亮度(0.07~0.3 cd/m^2)红光(波长 620 nm)。

③ 泛光不宜照射的部分,要配备特殊照明,一般为便携式照明、头盔照明灯等,在主电源发生故障时可以自动提供一定时间的照明,照明水平不低于 30 lx。

④ 灯具安装时应安装阻隔板、漫射板,使光线柔和,消除闪光。为了消除眩光,应尽量使用间接照明,灯具表面温度高时,应设有防护装置。

⑤ 在保证视觉舒适性的基础上,可适当使用单色光,减少能源的消耗。

5.4.5 航空照明标准

航空照明有自己独特的要求,早在 1991 年,国家就发布了《飞机内部照明设备通用要求》。无论是民用机还是军用机都须遵循此原则。飞机内部照明大体上可分为驾驶舱照明、其余乘员舱照明和乘客照明三大类。其中驾驶舱照明是重中之重。

驾驶舱主照明系统应由符合 HB 5863 的导光板组成,当采用红光照明时,光颜色一般为黑色,采用白光照明时,则可以是黑或灰。对于飞行高度在 12 000 m 以上的飞机,应安装附加的强白光照明系统,对主要仪表提供的照度应不小于 1 500 lx,对其他仪表和控制器提供的照度应不小于 750 lx。应为驾驶舱的每位乘员设置控制面板,并按照适用情况装有一个标明"仪表"或两个分别标有"仪表内"及"仪表外"的仪表主照明控制器,并按适用情况装有一个标明"操纵台"或"导光板"的操纵台主照明控制器和一个标明"泛光灯"的仪表和操纵台辅助照明控制器。其他的照度要求如表 5.4 所列。

表 5.4 照度值对照表

被照明区域	照度值/lx	
	最 小	最 大
仪表板和操纵台	20	100
领航员工作台及其他需要阅读和书写的地方	300	600
电子及电气设备控制装置及需要调节的部件	50	100
乘务人员工作区域(地板上方 1.5 m)	100	300
辅助动力装置舱、发动机舱、起落架舱等(工作区域)	50	100
厨房(工作面)	100	300
洗手间(地板上方 1.5 m)	40	300
轰炸机或射击员舱(地板上)	30	60
储藏间(地板上)	10	50

5.5 噪 声

噪声是一种生活中普遍存在的现象,然而在航空航天领域,噪声的危害性会更大,不仅噪声本身会对操作人员的信息接收能力造成干扰和破坏,伴随噪声产生的振动更会对生理健康造成损伤,因此在航空器、航天器设计中对噪声的控制有着明确的要求。

5.5.1 噪声的定义

从物理学的角度来讲,噪声是发声体做无规则振动时发出的声音。但是从生理学的角度来看,凡是妨碍人们正常休息、学习和工作的声音,以及对人们要听的声音产生干扰的声音都属于噪声。从这个意义上说,噪声的来源很多,如街道上的汽车声、安静的图书馆里的说话声、建筑工地的机器声、以及邻居电视机过大的声音,都是噪声。因此,噪声的定义不仅是一个生理学问题,也是一个心理学问题。如人在昏昏欲睡时,即使是听到自己喜欢的音乐,也可能是噪声。

5.5.2 噪声对人体的损害

噪声已证实对人既有短期的也有长期的影响,这些影响包括生理和心理两个层面。

1. 噪声的生理影响

许多研究表明,当人受到噪声影响时,都会有一些生理反应,如血压升高、心率加快和肌肉紧张等。所有这些现象都与人是否进入了"警觉"的觉醒状态有密切的关系。警觉时的一系列生理变化是由于自律神经受到网状系统的影响而产生的。

这种情况最典型的就是唤醒。研究表明,噪声的唤醒作用最根本的因素在于噪声的强度。噪声的唤醒作用具有十分重要的生理意义,它可以使人免受或避免外界的伤害。另一方面,噪声也可以使人进入半睡眠状态。许多坐过火车的人对此深有感触。

2. 噪声的心理影响

在心理影响方面,噪声对人的情绪影响很大,这样的厌烦情绪取决于主观和客观的各种因素,有以下特点:①噪声强度越高,高频成分越多,引起的厌烦情绪也越强;②不熟悉和间断的噪声更令人厌烦;③个体对噪声的经验也是一个重要因素,有孩子的父母更容易容忍邻里婴儿的哭闹声;④人体对噪声的态度和看法也特别重要,讨厌宠物的人听到邻居宠物发出的声音时,会感到更加反感;⑤噪声干扰作用的大小还在于受影响的人的作业性质及所处时间。

对于正常人而言,噪声级为30~40 dB是比较安静的正常环境;超过50 dB就会影响睡眠和休息,由于休息不足,疲劳不能消除,正常生理功能会受到一定的影响;70 dB以上干扰谈话,造成心烦意乱,精神不集中,影响工作效率,甚至发生事故;长期工作或生活在90 dB以上的噪声环境,会严重影响听力和导致其他疾病的发生。听力损伤有急性和慢性之分。接触较强噪声,会出现耳鸣、听力下降,只要时间不长,一旦离开噪声环境后,很快就能恢复正常,称为听觉适应。如果接触强噪声的时间较长,听力下降比较明显,则离开噪声环境后,就需要几小时,甚至十几小时到二十几小时的时间,才能恢复正常,称为听觉疲劳。这种暂时性的听力下降仍属于生理范围,但可能发展成噪声性耳聋。如果继续接触强噪声,听觉疲劳不能得到恢复,听力持续下降,就会造成噪声性听力损失,成为病理性改变。我国环境噪声允许范围见表5.5。

表 5.5 我国环境噪声允许范围

人的活动	最高值/dB	理想值/dB
体力活动	90	70
脑力活动	60	40
睡眠	50	30

因此,对于不同的工作环境,我国颁布了针对性的噪声标准,例如:《工业企业厂界噪声标准》GB 12348—90,《声环境质量标准》GB 3096—2008。

国际上同类的标准有:日本的《声学飞行器内的噪声测量》JIS W0851—1993、《全部车辆声学轨道车辆发出的噪声测量》JIS E4025—2009等。

5.5.3 振动对人体的损害

噪声还时常伴随着物体的不规律振动,这种振动也会对人体产生影响。与人相关的振动的要素包括:振动传入人体的作用点、振动频率、振动加速度、受振动的时间和共振频率。实验证明,对人体影响最大的振动频率为4~8 Hz。需要特别指出的是,人体是一个十分复杂的振动系统,人体不同部位的固有振动(共振)的频率是不一样的,可以进一步分为全身振动和局部振动。

当整个身体振动时,不同部位并不是一起振动,也没有相同的振动频率。这会引起人体各器官的相对位移,从而产生不适的感觉。人体的姿势、座椅的形式不同,会对振动有一定影响。例如飞行中,频率为5 Hz的振动传到飞机驾驶员身上,臀部的实际频率将是头部的2倍。全身振动可以从汽车、轮船等各种交通工具中见到,晕车就是一种典型的症状。

局部振动通常是指身体的一部分受到振动的情况,振动的部位取决于振动源的性质。例如,人在使用线锯的情况下,振动几乎全部局限在手和手臂。但使用风动钻时,振动会传到躯体上部和头部。长时间操作手动工具,往往会引起一系列不良反应,振动性白指就是一种典型的症状,它是一种手指血液供应失调的结果。

从生理上看,振动对代谢、循环系统和呼吸系统的影响较小,但能严重损害视觉、脑信息加工和手眼协调,因此对各种技能作业影响较大。从心理上讲,振动使人产生不由自主和讨厌的感觉。振动对人的情绪影响与振动的频率、加速度、振动时间长短密切相关。振动所引起的心理反应起因于生理反应。

5.5.4 航空航天噪声防护浅谈

对于不同的航空器或航天器,由于其机构的不同,其噪声大小也不相同。

歼击机座舱内噪声较大。经测量,歼-6、歼-7、歼-8三种歼击机座舱内噪声均为108~110 dB,而歼-8D飞机由于加装固定式受油探头装置,座舱内最大噪声达116.3 dB,超过了座舱噪声限值108 dB的规定。歼击机座舱外噪声同样很强,我国现役各主要机种发动机舱口的噪声强度为117~130 dB,歼-8D飞机座舱外最大噪声已超过140 dB(A),远远超过国内外有关噪声的听力保护标准,即裸耳暴露最大噪声不得超过115 dB。

早期的载人飞船舱内噪声为65~70 dB。空间站的舱体大,飞行时间长,航天员数量多,因而对噪声的要求更加严格。美国1973年发射的天空实验室是小型空间站,载人发射3次,每次都测量了8个位置的噪声,结果表明,舱内的背景噪声较低,其能量主要在低频部分,同时存在间歇噪声。苏联对空间站推荐的噪声水平为60~65 dB。

噪声的标准根据我们的需求不同而改变。当存在高噪声时,我们关心的问题是如何避免航天员听力丧失,或者维持舱内的通信联络和无线通信。在上升段和返回段,由于航天员没有实际的任务,因此主要以保证其听力为主。实验和实践的经验证明,上升段和返回段舱内的噪声应保持在125 dB以下。而当航天员需要休息时噪声水平不应超过常人睡眠时的允许噪声极限,如60~65 dB。当然,在航天器设计之初,不同的功能区就进行了区段和结构划分,不同的舱室对允许的最大噪声均存在独立的要求。

对于飞行员和航天员而言,在独立执行任务时,均需要穿戴通信头盔作为维持通信的必要手段,同时通信头盔也具有隔离外界噪声的作用。目前,我国的通信帽耳罩的平均声音衰减为 22 dB。美国国家航空航天局(NASA)的头盔和耳罩均具有很强的隔声作用。

本章小结

1. 哪些环境指标是航空航天最为关注的?

温度、压力、重力、光照、噪声等,这些是最为常见的指标,对于具体环境还可能增加更有针对性的参数。

2. 高温和低温环境会对工效特性造成什么影响?

低温通常指 10 ℃以下的环境温度。低温环境除冬季低温外,主要见于高空、高山、潜水、南极和北极等地区以及低温工业。极低的低温会对人体产生急性效应,造成皮肤冻痛、冻僵和冻伤。因此造成肢体僵直,关节活动能力降低。最简单的防护方法就是穿上合适的衣物。衣物并非越厚越好,而是要尽可能夹带足够的空气。而在航空航天领域,衣物必须具备主动加热功能。

对于高温环境,人体的注意力、警觉性和耐受力随着体液的排出而降低,严重者甚至造成神经系统的损伤。当温度低于 35 ℃高温时,依靠人体自身可以调节;高于 35 ℃或湿度极大时,必须穿着能够主动降温的空调服;另外,也可以选择空调恒温,而对于比较温和的不利温度,可采用热/冷锻炼的方法提高人体适应性。

3. 低压缺氧会导致人体的哪些生理反应?如何预防?

低压会对人体造成气压性损伤,例如耳与鼻窦症状,腹胀和肺脏症状等;人体由高压环境向低压环境运动时,形成气泡或气栓会使人产生高空减压病,严重的会使体液汽化,形成蒸汽胸,造成肺部局部萎缩,丧失气体交换功能。

当人体突然暴露在大高度(12 km 以上)上,10 s 便会因缺氧而丧失意识,称为爆发性缺氧,如不立即解除缺氧,数分钟后便会因昏迷而死亡。常见的高空急性缺氧会造成脑功效降低、呼吸功能降低以及循环功能降低,进而造成意识障碍,呼吸循环功能衰减并使人意识丧失。

4. 红视和黑视分别是指什么生理现象?它们与重力有什么关系?

红视和黑视是航空领域超重和失重现象的一种最常见表现方式。当飞行员在飞行中受到比较大的正加速度作用时,眼睛会感到发黑,看东西模模糊糊,甚至什么也看不见,这就是黑视。当负荷过高时产生红视,以约 2 g 加速度开始,负加速度与正加速度相反,惯性力把血液从足部推向头部,使头部形成高血压。飞行员会感觉像戴上了一副红色眼镜,周围成了一片红色世界,这就是"红视"。

5. 航空航天对采光的要求是怎样的?为什么?

航天照明需要考虑在有限的能源下合理利用照明,基本要求如下:

① 正常条件下使用泛光照明,适合纸面阅读和液晶显示,亮度范围为 5~200 lx 连续可调,夜间维持 20 lx。

② 仪表照明适当考虑暗适应要求,当暗适应要求较高时,应提供低亮度(0.07~0.3 cd/m²)红光(波长 620 nm)。

③ 泛光不宜照射的部分,要配备特殊照明,一般为便携式照明、头盔照明灯等,在主电源

发生故障时可以自动提供一定时间的照明,照明水平不低于 30 lx。

④ 灯具安装时应安装阻隔板、漫射板,使光线柔和,消除闪光。为了消除眩光,应尽量使用间接照明,灯具表面温度高时,应设有防护装置。

⑤ 在保证视觉舒适性的基础上,可适当使用单色光,减少能源的消耗。

飞行员最主要面临的问题是眩光。对于飞行高度在 12 000 m 以上的飞机,应安装附加的强白光照明系统,对主要仪表提供的照度应不小于 1 500 lx,对其他仪表和控制器提供的照度应不小于 750 lx。

6. 如何避免噪声对人体的干扰?

根据标准,控制声源是解决噪声干扰的最根本方法,在航空航天领域,这可能涉及机械、航空动力学、生命保障等多个学科领域的知识。

对于飞行员和航天员而言,在独立执行任务时,穿戴通信头盔作为维持通信的必要手段,同时也具有隔离外界噪声的作用。

思考题

1. 假设飞机驾驶舱突然破裂,舱内气压降低,此时应对飞行员进行胸部的加压防护,其原因是什么?

2. 如果想提高航天服的操作能力,即在充压条件下具有良好的关节活动能力,航天服的材料应该有什么特点?

关键术语: 高温　低温　温度　控制　低压　缺氧　防护服装

高温: 把日最高气温达到或超过 35 ℃ 时称为高温,高温对其他生物影响的标准可依据达到危害时的温度量值制定。高温会给人体健康、交通、用水、用电等方面带来严重影响。

低温: 从广义上讲,凡是低于环境温度的都称为低温。

温度控制: 保证环境控制系统中某部位或空间的介质温度或壁面温度在规定的范围内,以满足座舱或设备舱热力要求。

低压: 当航天器在高空飞行时,由于空气稀薄导致的压力降低现象,会导致人体呼吸困难。

缺氧: 是指因组织的氧气供应不足或用氧障碍,而导致组织的代谢、功能和形态结构发生异常变化的病理过程。这里主要指飞行器乘员由低压环境导致的呼吸困难而引起的缺氧。

防护服装: 军队人员执行特种勤务时着用的制式工作服,亦称特装。其作用是保证特种勤务人员在有害人体环境中工作的安全。各国军队特种工作服的范围和种类不尽相同。这里特指针对低压缺氧和重力变化设计的服装,主要用于飞行员、航天员。

推荐参考读物:

1. 陈信,袁修干. 人机环境系统工程总论[M]. 北京:北京航空航天大学出版社,1995.
该书是关于工效学研究的一系列丛书之一,内容非常广泛。

2. 余志斌. 航空航天生理学[M]. 西安:第四军医大学出版社,2013.
该书详细介绍了航空和航天的生理学、病理学、解剖学基础知识。

3. 袁修干,庄达民. 人机工程[M]. 北京:北京航空航天大学出版社,2002.

这是一本适合初学者入门的教材。

参考文献

[1] 丁立,杨锋,雷岩鹏,等.冷环境下手的热生理问题[J].工程热物理学报,2007(6):1007-1009.

[2] 彦启森.空调与人居环境[J].暖通空调,2003(5):1-5.

[3] 刘梅,于波,姚克敏.人体舒适度研究现状及其开发应用前景[J].气象科技,2002,30(1):11-14.

[4] 陈镇洲,徐如祥,姜晓丹,等.高温高湿环境运动后人生命体征及脑血流的变化[J].解放军医学杂志,2005,30(1):652-653.

[5] 邵同先,张苏亚,康健,等.低温环境对家兔血清蛋白、血糖和钙含量的影响[J].环境与科学杂志,2002,19(5):379-381.

[6] 蒋培清,严灏景,唐世君,等.高温环境中服装材料选择的人体实验[J].青岛大学学报,2004,19(1):18-21.

[7] 赵杰修.脸部冷却方法对高温环境中人体运动能力的影响[J].体育科学,2008(1):3.

[8] 李天麟,金书香,吉宏龙.低温环境生物学因素的工效学评价及其机理探讨[J].铁道劳动安全卫生与环保,1996(4):239-240.

[9] 袁修干,庄达民.人机工程[M].北京:北京航空航天大学出版社,2005.

[10] 姜艳霞,吕士杰.超重对神经系统的影响[J].吉林学院学报,2006,27(2):114-116.

[11] 沈羲云.失重生理学的研究与展望[J].中国航天,2001(9):30-35.

[12] 李瑞英.航天飞行中失重对人体生理的影响[C]//海口:中国航空学会信号与信息处理分会全国第二届联合学术交流会议论文集,2003.

[13] 冯岱雅,孙喜庆,卢虹冰.失重对人体心血管系统的影响及仿真[J].西安工业学院学报,2005(3):253-257.

[14] 孙平.失重与骨代谢调节失衡[J].中国骨质疏松杂志,2006,12(5):502-505.

[15] 冯岱雅,孙喜庆,卢虹冰.失重对脑血流影响的仿真研究[J].航天医学与医学工程,2006(3):163-166.

[16] 孟庆军.失重对人体生理功能的影响及其对抗措施[J].生物学通报,2002(6):17-31.

[17] 蔡启明,余臻,庄长远.人机工程[M].北京:科学出版社,2002.

[18] 赵强.室内光环境的应用性研究[D].南京:南京林业大学,2006.

[19] 项英华.人类工效学[M].北京:北京理工大学出版社,2008.

[20] 航空航天工业部.航空工业标准 飞机内部照明设备通用要求:HB 6491—91 [S].北京:中国标准出版社,1991.

[21] 贾司光.航空航天缺氧与供氧生理学与防护装备[M].北京:人民军医出版社,1989.

[22] 周前祥,等.航天工效学[M].北京:国防工业出版社,2002.

[23] 周前祥,等.载人航天器人机界面设计[M].北京:国防工业出版社,2009.

[24] 袁修干.人体热调节系统的数值模拟[M].北京:北京航空航天大学出版社,2005.

[25] 陈信,袁修干,等.人-机-环境系统工程总论[M].北京:北京航空航天大学出版社,2000.

[26] 田寅生,丁立.战斗机座舱高温环境操作工效评价研究[J].生物医学工程学杂志,2011(4):702-707.

[27] 庞诚.低温环境下的人-机工效问题[J].航天医学与医学工程,1993(2):133-141.

[28] 郎莹,蒋晓江,等.光照疗法对轮班睡眠时相障碍患者昼夜节律恢复作用疗效观察[J].中国临床神经科学杂志,2013,21(3):284-288.

[29] 沈羡云.失重飞行对航天员身体的影响及防护措施[J].中国航天,2002(1):24-29.

[30] 呼慧敏,肖华军,丁立,等.急性轻、中度低压缺氧对手动作业工效的影响[J].航天医学与医学工程,2008,21(2):97-102.

第6章 工作负荷

探索的问题
- 什么是工作负荷、脑力负荷?
- 选择工作负荷测量方法应注意的问题有哪些?
- 体力负荷是怎么测量的?
- 人脑力负荷有哪些测量方法?
- 脑力负荷如何预测?

6.1 概 述

工作负荷是一个抽象的概念,它既有体力的成分也有脑力的成分,对其进行准确测量和评价是人-机系统设计和改进的重要依据,也是人力资源管理决策的重要依据。一项工作任务量的设计应该在作业人员的能力范围之内,并使其在工作时间内保持高效的作业,避免疲劳过早地产生,降低工作失误率。同理,合理友好的人-机界面设计,应尽量减轻作业人员从各种显示界面上获取信息的认知工作负荷和操作控制设备的工作负荷。一项任务和一个人-机系统应尽量使人的工作负荷在合理的范围内,高工作负荷不利于作业人员安全作业,而低工作负荷不利于作业人员个人能力的发挥和作业绩效的提高。因此,必须了解工作负荷的本质,在实际工作中采取合理的方法和措施对其进行准确的测量和评定。

6.1.1 定 义

工作负荷并没有一个统一的定义,Weiner将工作负荷定义为对影响工作绩效和作业反应的各种压力的衡量;而Wickens则将其定义为一种工作的需求与能力间的关系。而我国的研究人员将工作负荷定义为单位时间内人体承受的工作量。本书将工作负荷定义为操作者完成某项任务所承担的生理和心理负担,也可以说是作业要求为完成或保持一定的业绩必须付出的努力程度。所以,工作负荷的内容应该包括体力负荷和脑力负荷两个方面。体力工作负荷主要表现为动态或静态肌肉用力的工作负荷。脑力工作负荷,也叫心理工作负荷,主要表现为监控、决策、期待等不需要明显体力的工作负荷。实际的工作任务一般都同时包含体力负荷和脑力负荷两个成分,有时体力负荷成分占主要比例,有时脑力负荷占突出地位。

影响工作负荷的因素有很多。任务的复杂性、精度要求和时间要求都会对工作负荷的测量结果产生影响。工作负荷还与特定的人有关,个人的能力、动机、策略、情绪和操作状态都会影响脑力负荷的大小。另外,环境因素如噪声、振动和温度等也会对工作负荷产生影响。所以,工作负荷是一个多维的构建,其影响因素可以归纳为人的、任务的和环境的三个方面,是人、任务和环境交互作用的结果。

在实际工作中,当工作超负荷时,除了操作效绩不佳外,还很容易患上各种职业病或诱发生理系统功能紊乱,更严重的是容易引起人员损伤等事故。但是,工作负荷也不是越低越好,如果人们的工作要求远低于工作能力,那么不仅工作成果少,而且也会出现工作效率降低、不适感增加以及个人成就感降低等现象。所以,通过工作负荷的测量和评价,可以使各个职业工作者的工作负荷更加合理,减少疲劳和失误,提高工作效率,保证安全作业;还可以减少和避免各种职业病的发生,保证人的职业健康。

6.1.2 测量和评价方法及要求

工作负荷一般可以通过生理测量方法、生化变化法和主观评价法来进行测量和评价。生理测量方法主要是用一些人体的生理指标如心率、血压、呼吸、脑电、肌电等指标的变化来评价工作负荷的变化,属于客观的方法。生化变化法一般通过测量人体内的血糖、乳酸、电解质、糖原等的含量变化来评价工作负荷。主观评价法主要是通过设计一些评分量表,对操作者的主观感觉进行打分评价。

在选择工作负荷测量和评价方法时,通常从三个方面考虑:敏感性、诊断性和侵入性。

敏感性就是测量方法要能够反应工作负荷的变化。这是区分施加在操作者身上不同负荷水平的关键因素,是工作负荷测量和评价时首先要考虑的问题。选定的指标能否准确反映工作负荷的大小,对不同的人、不同的作业可能是不同的,需要对测试对象、测试条件和环境进行比较准确的判断。

侵入性是指测量方法能够降低主任务绩效的程度。当进行负荷测量时,可能会对同时进行的主任务的绩效产生破坏作用,应尽量避免或减小方法的侵入性。大多数生理测量技术的侵入性较小。主观测量方法由于是在任务完成后进行,对主任务没有侵入性。在工作负荷评价时有一种次任务技术,在主任务之外人为地添加一个次要任务,用次要任务绩效的好坏评价人的工作负荷。次任务技术对主任务的侵入作用最大,人为的次任务的加入会降低主任务的绩效。

诊断性是指测量方法能反应任务需求对具体资源使用情况的能力。其理论基础是Wichens 的多资源理论。如果在任务的某一段或某一点,测量方法能够反映任务需求的变化,诊断性就较高;如果只能反映一般的任务需求,诊断性就较低。例如:在任务的不同阶段(如在信息编码和中枢信息处理阶段)瞳孔直径测量方法表现出同样的敏感性,所以该方法反映了一般的任务需求,具有较低的诊断性。事件相关脑电位(P300)对主任务的中枢信息处理敏感,具有较高的诊断性。

以上三个指标中,敏感性是最重要的,诊断性和敏感性具有直接的关系,敏感性是诊断性的前提。如果只是为了确定工作负荷水平,诊断性并不是一个很重要的选择标准。但是,如果必须要追溯负荷的来源,则必须选择诊断性较高的方法。对测量方法的侵入性的考虑也很重要,它关系到结果的精确性,通过一些技术措施可以减小这种侵入性。

6.1.3 工作负荷测量在航空航天中的意义

在航空航天任务中,飞行员和航天员处于复杂的环境中,操作任务复杂、难度大,工作负荷繁重,因而工作负荷的测量和评价具有更为重要的意义。

1. 航空航天飞行器的设计

载人飞行器在设计和生产的全过程都要考虑工作负荷问题,在设计初期需要根据人和机器的各自特性,合理地进行人机功能分配,使得分配给人的任务类型和任务量与人的能力相匹配,使人尽量处于合理的工作负荷范围内。在具体的人-机界面设计时,也需要考虑工作负荷问题,不同的人-机界面设计方案会导致不同的工作负荷,必须通过实验获取相应的工作负荷数据和其他相关数据,进行比较优化,选取最佳的人-机界面设计方案,以保证飞行员和航天员能顺利地完成任务。

2. 飞行员和航天员训练及选拔依据

航空航天任务操作复杂、难度大,加上环境的特殊性,必须制定科学合理的选拔方法,选出能够胜任飞行任务的人,其中选拔的依据之一就是操作绩效和工作负荷的大小。在飞行员和航天员学习和训练过程中的不同阶段,可以通过对操作绩效和工作负荷大小的评定,对训练方法进行评定和改进,对飞行人员的训练水平进行评定和考核。

3. 航空航天环境诱发的应激效应

航空航天环境中的各种因素,如失重和超重、空间运动病、着飞行服的不利因素等都会对人产生心理应激,引起工作负荷的变化,影响操作绩效。为有效预防和对抗不良应激因素效应的产生,应该建立合理的工效学评价方法对不同水平的应激效应进行评定,其中,操作绩效和工作负荷评定是较为有效的方法。

4. 飞行员和航天员的身体功能状态评定

为保证航空航天飞行任务的安全可靠,可以通过对工作负荷的测量和监测,了解飞行员和航天员在执行任务时的工作能力,尤其是一些重要的关键任务,需要根据人-机系统的工况,制定或调整飞行方案,避免使人在过高的工作负荷状态下工作。

6.2 体力负荷

6.2.1 定 义

体力负荷又称生理负荷,是指人体单位时间内承受的体力工作量大小,主要表现为动态或静态肌肉用力的工作负荷。工作量越大,人体承受的体力工作负荷强度越大。

人体的工作能力有一定限度,当超过这一限度时,不仅工作无法顺利进行,而且还会使人产生疲劳,使心理和生理处于高度应激状态,导致事故发生。工作的要求超过人体工作能力的现象称为工作超负荷。当操作者处于超负荷时,作业效率将显著下降,且其生理和心理也将明显地变化。例如,随着作业时间的延长,操作者在工作中发生的错误将增多,疲劳感增强,反应迟钝,缺少对外界事件的应变能力,情绪容易激动;人与机器的冲突增加,使人对工作产生厌烦。持续的高强度活动会加剧人体的疲劳,降低人体各种系统的能力,最后出现衰竭,引发各种心理疾病,对身心产生不良的后果。所以,对操作者的体力工作负荷的状况进行准确评定,既能保证工作量,又能防止超负荷工作,是人-机系统设计的一项重要任务。

6.2.2 体力作业特点

当体力劳动时,不论是从事工业或农业劳动,由于工种限制,身体常常是按照某种固定的姿势做局部的连续活动,动作比较单一,全身各部分肌肉的负担轻重不均,往往只有那些参加活动的肌肉、骨骼得到锻炼。

体力劳动的另一特点是,肌肉负荷较重但对心肺功能锻炼不足;另外,体力劳动往往在动作上不考虑人体关节、肌肉运动的规律。

6.2.3 体力负荷的生理学特点

人体在体力负荷变化时,人体的一些指标如心率、血压、乳酸、呼吸等会产生变化,这是人体为适应体力负荷变化而产生的一些生理性的调节与适应,具体表现在以下几个方面:

(1) 心　率

心率在刚开始作业的 30～40 s 内会迅速增加,然后上升速度减慢,一般经过 5 min 达到与劳动强度相适应的稳定水平。只要心率超过安静状态时的范围不大于 40 次/min,就可以胜任所做的作业。停止作业后的 15 s 内心率会迅速减小,然后再缓慢减小恢复至正常水平。心率的恢复取决于体力活动中的心率水平,活动中心率值越大,需要恢复的时间越长;反之则越短。

(2) 血　压

对于一般强度的劳动,血压与心率变化相似。作业开始时,血压增加较快,然后逐渐增加,当达到一定水平时保持持续不变,此时血压水平是体力劳动可以持续有效进行的标志。作业停止后,血压迅速下降,不论体力活动强度大小,体力活动停止后几乎在 1 min 内(最长不超过 5 min)均可恢复到活动前安静时正常范围内。

(3) 血糖含量

在安静时,机体的血糖含量为 100 mg/100 ml;轻度作业时,血糖可保持稳定水平;中等强度作业条件下,开始血糖稍有降低,但很快会使血糖维持在较高水平,直至作业停止后一段时间;作业强度较大或持续时间较长,则可出现血糖降低现象;血糖降至正常含量一半时,表明不能继续作业。

(4) 乳酸含量

在安静时,血液中乳酸含量为 10～15 mg/100 ml;中等强度作业,开始时血液中乳酸含量略有增高;作业强度较大时,血液中乳酸含量可增加到 100～200 mg/100 ml。

(5) 血液再分配

安静时,血液流入肾、肝、胃、肠和脾等内脏器官的量最多,其次是肌肉和脑,再次是心肌、皮肤和骨骼等。体力劳动时,流入肌肉的血量增多,流入心肌的比例虽未增加,但血量却增加 4～5 倍,流入脑的血量维持不变或稍有增加,而流入内脏、肾、皮肤和骨骼的血量有所减少。

(6) 呼　吸

呼吸的频率随作业强度增加而增加,正常时约 20 次/min,重强度作业时约 30 次/min,极大作业强度时可达 60 次/min,但恢复较快。

(7) 排尿量

正常时为 1.0～1.8 L/24 h,体力劳动一段时间后,尿量减少 50%～70%,取决于出汗情况和环境因素等。

(8) 体　温

体力劳动后一段时间内,体温比未作业时略有升高,体温升高的幅度与作业强度、作业持续时间及环境条件有关。一般认为,正常作业时,体温不应超过安静时体温 1 ℃,超过这一限度,人体不能适应,作业也不能持久。

6.2.4 体力负荷的测量方法

一项体力劳动会对人产生多大的负荷？一项任务的负荷该设计多大合适？施加在人体上的负荷量会不会对人体造成损伤？这些都需要设计合理的方法，对体力负荷进行评定。体力工作负荷可以从生理变化、生化变化、主观感受三方面进行评定。

1. 生理变化测定

从前边的内容可知，人在进行体力作业时，人体的一些生理指标会发生有规律的变化，可根据生理指标的测量去评估体力作业负荷。评估体力负荷时一般使用的生理指标有心率、血压、呼吸率、氧耗量、能耗指标（主要是能量代谢率）、体液分析、眼睑运动、特定肌肉的肌电等，随着体力工作负荷的加剧，人体的吸氧量将增加，肺通量加大，心率加快，血压和能耗指标将相应升高。

对于生理指标的检测，新近开发的 Quark K4b2 系统（见图6.1）能实时测量人在劳动或者运动状态下心肺功能指标，如心率、氧耗、每分通气量、代谢当量等。该仪器具有质量轻、体积小、易携带、数据存储量大、软件功能强、测量范围宽、遥测距离远、应用领域广等优点，特别是其可遥测的特点（可在800m范围内实现遥测），研究人员已经将其应用于实时监测和评价不同活动类型的体力负荷。

图 6.1　K4b2 系统及其与跑台连接测试

2. 生化变化测定

人体持续活动伴随着体内多种生化物质含量的变化。在这类变化中，乳酸和血糖的含量比较重要，也是经常被测定的项目。实验表明，血糖和乳酸含量均随活动的进行而有较大幅度的变化。可以通过测定人体内乳酸和糖原的变化来测定体力负荷。此外，血尿素也可以作为评定体力负荷的因素之一。

人体在持续活动时，因氧供应有限，糖酵解速率加强，由于氧供应不足，糖酵解的终产物乳酸也会大量增加。而在持续运动的过程中，乳酸的消除过程也在进行。所以一般用乳酸的消除速度来评定肌肉所能承受的负荷大小。正常时，骨骼肌乳酸浓度为 1 mmol/L，血乳酸浓度保持在稳态 1~2 mmol/L。

血尿素是蛋白质和氨基酸分子内氨基的代谢产物，在持续运动过程中，当机体长时间不能通过糖、脂肪分解代谢得到足够能量时，机体蛋白质与氨基酸分解代谢随之加强。研究资料证明,血尿素与运动负荷密切相关,当负荷量越大时,血尿素增加越明显;小、中负荷的运动量,血尿素不宜超过 7 mmol/L,大负荷的训练量不宜超过 8 mmol/L,否则可能会使机体受伤。

3. 主观感受测定

人体随着工作负荷的变化,主观的感觉是不一样的,所以通过测定人的主观感觉可以测出人作业时的工作负荷。常见的主观感受有对工作的兴趣、对外界敏感度的判断、人的主观生理感觉等,可以通过自认劳累(心跳、呼吸、排汗、肌肉疲劳等)分级量表(RPE)(见表 6.1)进行评价。

目前普遍使用的是 15 点(6～20 点)的 RPE(Rating Perceived Effort,自认工作努力程度量表)主观量表,见表 6.1。该量表的特征是要求操作者根据工作中的主观体验对承受的负荷程度进行评判。

表 6.1 RPE 主观量表

评分/点	主观感觉
6	完全没有用力的感觉(no exertion at all)
7～8	极轻松(extremely light)
9～10	非常轻松(very light)
11～12	轻松(light)
13～14	有点辛苦(somewhat hard)
15～16	辛苦(hard/heavy)
17～18	非常辛苦(very hard)
19	极其辛苦(extremely hard)
20	尽最大努力(maximal exertion)

目前,RPE 主观量表的模式主要包括两类:估计模式与输出模式。两者的差别在于前者是在负荷过程中根据自我感受被动估计自我努力的程度,后者是根据 RPE 信号值主动输出负荷。对 RPE 主观量表模式的选择和应用应根据研究目的与实验条件进行。RPE 主观量表主要基于机体运动过程中的自我感知,因此与个体的年龄、认知能力与水平有非常密切的关系,不适合 8 岁以下的儿童以及有认知障碍的老年人使用。

6.2.5 体力作业时的能量消耗

能量消耗(简称能耗)是衡量体力工作负荷的重要指标,进行工作和运动所需要的能耗来源于体内物质的能量代谢。根据人体的不同状态,可将能量代谢分为基础代谢量、安静代谢量和作业代谢量。

1. 基础代谢量

基础代谢量,是人在基础条件下(清醒、静卧、空腹、室温 20 ℃)所必须消耗的能量。它反映人体在基础条件下维持心搏、呼吸和正常体温等基本活动的需要,反映了人体新陈代谢的水平,即单位时间、单位体表面积的能耗称为基础代谢率,记为 B,单位是 $kJ/(m^2 \cdot h)$。所以有以下公式:

$$基础代谢量 = BSt \tag{6.1}$$

式中：S 为体表面积，m^2；t 为时间，s。体表面积 S 用下式计算：

$$S = 0.0061 \times 身高(cm) + 0.0128 \times 体重(kg) - 0.1529 \qquad (6.2)$$

基础代谢率随着年龄、性别等生理条件不同而有差异。通常，男性的基础代谢率高于同龄的女性。幼年比成年高，年龄越大，代谢率越低。

2. 安静代谢量

安静代谢量是指机体为了保持身体各部位的平衡及某种姿势所消耗的能量。

安静代谢量包括基础代谢量和为维持体位平衡及某种姿势所增加的代谢量两部分。通常以基础代谢量的 20% 作为维持体位平衡及某种姿势所增加的代谢量。安静代谢率为基础代谢率的 120%。

安静代谢率记为 R，$R = 1.2B$。

$$安静代谢量 = RSt = 1.2BSt \qquad (6.3)$$

3. 作业代谢量

作业代谢量是指人体作业时所消耗的能量，即作业时增加的代谢。

4. 能量代谢量

能量代谢量是指人体进行作业或运动时所消耗的总能量，包括安静代谢量和作业代谢量两部分。对于确定的个体，能量代谢量的大小与劳动强度直接相关。

将能量代谢率记为 M，则

$$能量代谢量 = MSt \qquad (6.4)$$

5. 相对代谢率

体力劳动强度不同，所消耗的能量也不同。但由于作业者机体的体质差异，即使同样的劳动强度，不同作业者的能量代谢也不同。为了消除作业者之间的差异因素，常用相对代谢率这个相对指标衡量劳动强度，记为 RMR。RMR 可由以下两个公式求出：

$$\text{RMR} = \frac{作业代谢率}{基础代谢率} = \frac{能量代谢率 - 安静代谢率}{基础代谢率} \qquad (6.5)$$

$$能量代谢率 = 安静代谢率 + 作业代谢率 = 1.2 \times 基础代谢率 + \text{RMR} \times 基础代谢率 =$$
$$基础代谢率 \times (1.2 + \text{RMR}) = (\text{RMR} + 1.2)B \qquad (6.6)$$

6.2.6 体力作业时的氧耗

体力作业中人体的能耗与需氧量有直接关系，因此相对代谢率（RMR）指标可以通过作业中的氧耗量来计算：

$$\text{RMR} = \frac{作业时氧耗量 - 安静时氧耗量}{基础代谢氧耗量} \qquad (6.7)$$

作业时氧的消耗量可以在作业中直接测定。测定时让被测者背着储气袋，通过面罩把劳动时呼出的气体引入袋中。根据气袋的容积，通常测定 5~10 min。呼气的化学成分可使用肺功能测定仪器分析，呼气量通过仪器测量。

基础代谢氧的消耗量可以通过由公式（6.2）计算出的体表面积值查表 6.2 求出。表 6.2 所列为男子基础代谢氧耗量与体表面积的关系。女子的基础代谢氧消耗量为男子的 95%。安静氧耗量，以基础代谢氧消耗量的 1.2 倍来计算。

表 6.2 基础代谢氧耗量

氧耗量/(mL·min⁻¹) 体表面积/m²	1/100									
	0	1	2	3	4	5	6	7	8	9
1.4	175	176	178	179	180	181	183	184	185	186
1.5	188	189	191	190	193	195	195	196	198	199
1.6	200	201	204	203	205	208	208	209	210	211
1.7	213	214	216	215	218	220	220	221	223	224
1.8	225	226	229	228	230	233	233	234	235	236
1.9	238	239	241	240	243	245	245	246	248	249
2.0	250	251	254	253	255	258	258	259	260	261

注：由行和列数字/100 组合查询该体表面积所对应基础代谢氧耗量。如体表面积为 1.63 m² 时，查询行 1.6 和列 3 所确定的基础代谢氧耗量，即为 203 mL/min。

6.2.7 作业时人体的最佳体力负荷

一般，最佳体力负荷是指在正常情境中，人体工作 8 h 不产生过度疲劳的最大体力工作负荷值。最大工作负荷值通常以能量消耗界限、心率界限以及最大摄氧量的百分数表示。对于最佳体力的评价标准，国外大部分研究人员认为，当能量消耗为 20.93 kJ/min，心率 110～115 次/min，吸氧量为最大摄氧量的 33% 时的体力工作负荷为最佳；德国学者 E·A·米勒认为，一般人可以连续劳动 480 min，中间不休息的最大能量消耗界限是 16.8 kJ/min，称为耐力水平，如果作业时的能量消耗超出此界限，就要用肌体的能量储备，作业后也必须通过休息来补充能量储备。我国学者认为，一个工作日(8 h)的总能量消耗应为 5 860.4～6 697.6 kJ，最多不能超过 8 372 kJ。

对于重强度劳动，只有增加工间休息时间即通过劳动时间率来调整工作日中的总能耗，使 8 h 的能耗量不超过最佳能耗界限。为了补充体内的能量储备，就必须在作业过程中，插入必要的休息时间。

6.2.8 体力疲劳

1. 疲劳的定义

疲劳是指人由于高强度或长时间持续活动导致工作能力减弱、工作效率降低、差错率增加的状态，这是一种自然性的防护反应。

疲劳不仅是生理反应，而且还包括大量的心理因素、环境因素等，心理上的某种不适应或不满会提前加速疲劳的出现。根据作业时使用的身体部位，疲劳可以分为局部疲劳和全身疲劳；根据活动时间的长短，疲劳可以分为短时间剧烈运动后疲劳和长时间中等强度作业产生的疲劳。

2. 疲劳发展的四个阶段

人体疲劳是随工作过程的推进逐渐产生和发展的。按照疲劳的积累状况，一般可以分为四个阶段。

(1) 工作适应期

在工作的开始阶段,工作刚开始时,由于神经调节系统正在恢复和建立,造成呼吸循环器官和四肢的调节迟缓,人的工作能力还没完全激发出来,处于克服人体惰性的状态,人体活动水平不高,这时不会产生疲劳。

(2) 最佳工作期

经过短暂的第一阶段后,人体逐渐适应工作条件,人体操作活动效率达到最佳状态并能持续较长时间。只要活动强度不是太高,不会产生明显疲劳。

(3) 疲劳产生期

由于持续工作较长时间,作业者开始感到疲劳,工作动机和兴奋性降低等特征出现。作业速度和准确性开始降低,工作效率和质量开始下降。进入这一阶段的时间依据劳动强度和环境条件而有很大差别。劳动强度大、环境差时,人体保持最佳工作时间就短。反之,时间就会延长。这一阶段疲劳不断累积。

(4) 疲劳期

疲劳产生后,应采取措施控制,进行适当休息或者改变活动强度。否则,疲劳就会过度累积,使操作者丧失活动能力,被迫停止工作,严重时容易引起作业者的身心损伤。

如图6.2所示,疲劳的积累过程可用"容器"模型来说明,在作业过程中,作业者的疲劳受许多因素的影响,如工作强度、环境条件、工作节奏、身体素质及营养、睡眠等。"容器"模型把作业者的疲劳看成是容器内的液体,液面越高,表示疲劳越严重。疲劳源不断地加大疲劳程度,犹如向容器内不断地倾倒液体一样。液面升高到一定程度,必须打开排放开关,降低液面。容器排放开关的功能如同人体在疲劳后的休息。容器大小类似于人体的活动极限,溢出液体意味着疲劳程度超出人体极限。只有不断地适时休息,即"排出液体",人体疲劳的积累才不致于对身体构成危害。

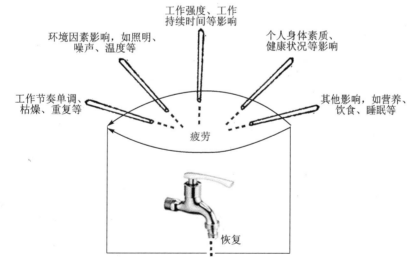

图6.2 疲劳累积的容器模型

3. 疲劳产生的机理

疲劳的类型不同,发生的机理也不同,对于疲劳现象的解释有很多种,但最流行的主要有以下5种理论。

(1) 力源消耗理论

随着劳动过程的进行,能量不断消耗,人体内的 ATP、CP 浓度和肌糖原含量下降。人体的能量供应是有限的,当可以转化为能量的能源物质"肌糖原"储备耗竭或来不及补充时,人体就产生了疲劳。

(2) 物质累积理论

短时间大强度作业产生的疲劳,主要是肌肉疲劳。大量研究表明,短时间大强度作业后,肌肉中的 ATP、CP 含量明显下降。ATP、CP 浓度下降至一定水平时必定导致肌肉进行糖酵解以再合成 ATP。糖酵解伴随乳酸的产生和积累。这种物质在肌肉和血液中大量累积,使人的体力衰竭,不能再进行有效的作业。

(3) 中枢系统变化理论

在作业过程中,除了 ATP、CP 浓度和肌糖原含量不断下降以外,同时还伴随着血糖的降低和大脑神经抑制性递质含量上升。由于血糖是大脑活动的能量供应源,它的降低将引起大脑活动水平的降低,即引起中枢神经疲劳。

(4) 生化变化理论

全身性体力疲劳是由于作业及环境引起的体内平衡状态紊乱。人体在长时间活动过程中必会出汗,出汗导致体液丢失。一旦体液减少到一定程度,则循环的血量也将减少,从而引起活动能力下降。同时,汗液排出时还伴随着盐的丢失,这会影响血液的渗透压和神经肌肉的兴奋性,结果导致疲劳。

(5) 局部血流阻断理论

静态作业时,肌肉等长收缩来维持一定的体位,虽然能耗不多,但易发生局部疲劳。这是因为肌肉收缩的同时产生肌肉膨胀,且变得十分坚硬,内压很大,将会全部或部分阻滞通过收缩肌肉的血流,于是形成了局部血流阻断。人体经过休整、恢复,血液循环正常,疲劳消除。

事实上,疲劳产生的机理,常常如以上 5 种理论的综合影响所致。人的中枢神经系统主管人的注意力、思考、判断等功能,不论脑力劳动还是体力劳动,最先、最敏感地反映出来的是中枢神经的疲劳,继而反射运动神经系统也相应出现疲劳,表现为血液循环的阻滞、肌肉能量的耗竭、乳酸的产生、动力平衡的破坏。

6.3 脑力负荷

6.3.1 定 义

脑力负荷最初是作为与体力负荷相对应的一个术语,用来形容人在工作中的心理压力或信息处理能力。国内外学者对其定义有多种,并未统一。

Young & Stanton 将脑力负荷定义为:为达到主客观的业绩标准而付出的注意资源水平,它与任务需求、外部条件以及个体经历有关。

O'Domrell 和 Eggemeier 将脑力负荷定义为工作者用于执行特定任务时使用的那部分信息处理能力,脑力负荷的测量就是对这部分信息处理能力的测量。

国内学者廖建桥等人把脑力负荷定义为衡量人的信息处理系统工作时被使用情况的一个指标,与人的闲置未用的信息处理能力成反比。脑力负荷与人的闲置未用信息处理能力之和就是人的信息处理能力。人的闲置未用信息处理能力越大，脑力负荷就越小；反之，则脑力负荷越大。

在北大西洋公约组织关于脑力负荷的专题学术研讨会上，与会者把给出一个大家都能接受的关于脑力负荷的定义作为大会的基本目标之一，但他们很快就发现给脑力负荷一个单一的定义太困难。最后，他们简单地得出结论：脑力负荷是一个多维的概念，它涉及工作要求，时间压力，操作者的能力、努力程度和行为表现，以及其他许多因素。之后，这个结论被广泛接受。

本书中我们将最后两种作为脑力负荷的定义，国内学者廖建桥等人的定义称为狭义的定义，北大西洋公约组织的定义称为广义的定义。

6.3.2 脑力负荷的理论模型

在实际工作中，研究人员比较关注脑力负荷、任务需求和操作绩效三者之间的关系。任务需求即任务复杂度、任务量、任务节奏等。操作绩效即对于给定的任务操作者的操作成绩，对于三者之间相互关系的描述有两个比较有代表性的模型：倒 U 形模型和三阶段模型。

1. 倒 U 形模型

在脑力负荷的研究中，一般是通过控制任务的难度来改变任务负荷水平，并通过操作绩效指标检测任务难度的变化。但是，任务、绩效和脑力负荷之间的关系并不总是那么一致，有时会出现相反的趋势。根据 Meister 等人的研究，研究人员用一个倒 U 形模型来描述任务、绩效和脑力负荷之间的关系，如图 6.3 所示。他们把绩效曲线定义了 D、A、B、C 四个区域。D 区是非激活区，由于乏味的任务、低任务需求，导致任务难度增加，人的能力降低，脑力负荷增加，操作绩效降低。厌烦情绪的产生也会使能力降低，相对地需要付出较大部分的能力来完成任务，脑力负荷增加。A 区脑力负荷水平最低，绩效水平稳定，也是绩效最优区，操作者能容易地处理操作任务，任务需求的变化并没有使绩效改变。A 区的两端不变的绩效是靠操作人员的持续努力，资源投入的增加，负荷的增加来维持的。当任务需求增加，资源的投入不足以维持绩效水平时，就进入了 B 区。B 区随着任务需求的增加，脑力负荷与绩效水平分别保持了持续的增长和降低。任务需求继续增加，使操作人员的负荷过载时，绩效水平降到最低水平，进入 C 区。

从模型可以看出，任务需求、绩效水平和脑力负荷之间并没有直接的联系。对脑力负荷进行测量评定时一定要弄清楚测量的绩效区域和测量方法的敏感性范围。

2. 三阶段模型

如图 6.4 所示，三阶段模型将脑力负荷与工作绩效之间的关系分成 A、B、C 三个阶段。

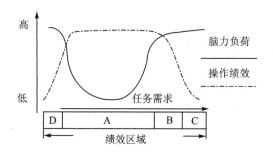

图 6.3 任务、负荷与绩效的模型关系

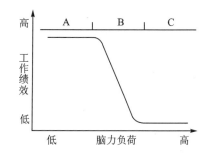

图 6.4 脑力负荷与工作绩效的三阶段模式

① A 段:在低脑力负荷情况下高的工作绩效,随着脑力负荷的增加,工作绩效保持不变。
② B 段:随脑力负荷的增加,工作绩效逐渐下降。
③ C 段:当脑力负荷处于超负荷状态时,工作绩效降至最低水平,并且随脑力负荷的进一步增加仍然维持在这一最低水平。

三阶段模式认为只有在 B 段中人的工作绩效对脑力负荷比较敏感,在过低或过高的脑力负荷下,人的工作绩效均无明显变化,提示脑力负荷比工作绩效更敏感,因为当人的工作绩效开始下降时,系统可能已经处于将对工作者造成严重负荷的状态。因此,在工作系统中,仅仅考虑人的工作绩效是不够的,应考虑工作对操作者造成的脑力负荷。三阶段模型实际上是简化的倒 U 形模型,是该模型的 A、B 和 C 三个阶段。

6.3.3 脑力负荷的测量和评价方法

脑力负荷的测量和评价方法有很多,可以归纳为四类:主任务操作法、次任务操作法、生理测量法以及主观测量法,前三种都是客观的方法。

1. 主任务操作法

主任务操作法通过对主任务绩效的测量来评估操作者的脑力负荷,其理论基础是,随着脑力负荷的增加,由于信息处理所需要的资源也要增加,导致任务绩效质量的改变。也就是说,当任务难度增加时,需要更多的资源处理信息,于是绩效降低。因此,可以从绩效的变化反推脑力负荷的程度。

主任务操作法可分为两大类:一类是单指标测量法,另一类是多指标测量法。

(1) 单指标测量法

单指标测量法就是用一个业绩指标来推断脑力负荷。为了有效地使用这种测量方法,显然要选择能反映脑力负荷变化的业绩指标。例如,随着飞机功能的增多,其显示信息也在增加,导致脑力负荷的增加,这时可以用飞行轨迹指标作为脑力负荷指标。飞行轨迹与标准轨迹的偏差越大,说明脑力负荷越大。在使用单指标测量法时,指标选择的好坏对脑力负荷测量的成功与否起着决定性作用,因此应该选择对脑力负荷敏感性好的指标作为评价指标。

(2) 多指标测量法

用几个绩效指标来测量脑力负荷是希望通过多个指标的比较和结合减小测量的误差,另外也可以通过多个指标来找出脑力负荷产生的原因,从而提高测量的精度。显然,在用多指标测量法时,指标选择就不像单指标测量法时那么重要,因为在难以决定取舍时,可以把两个或多个指标都选上。由于计算机的应用,在现实系统或模拟系统中同时收集成百上千的数据并没有技术上的困难,但从众多的指标中找出有用的指标,以及分析数据本身都是非常困难的。很多情况下,大量的数据被记录下来了,而有用的信息却被淹没了,或没有时间去提取出来。所以,即使是多指标测量也要求指标的有效性。

主任务操作法把绩效作为脑力负荷的指标,它直接反映了操作者努力的结果,因此主任务操作法是一种很有意义的负荷测量方法。但绩效测量是基于任务的,如果使用不同的维度,则很难将结果在不同的任务间进行比较。对于一些多任务操作环境,如飞机驾驶,其操作本质上是分配注意力的任务,涉及控制和监测。前者容易测量,但后者却难以测量。增加任务难度的结果是操作者改变了在检测和控制之间分配注意力的方式。没有测量两个任务的绩效,就不能完全确定任务难度的变化对个人脑力负荷的影响。而且,在许多情况下,大多数系统都没提供操作者绩效信息的测量单元,难以直接获得绩效操作数据。在航空领域,一般都是在地面采用模拟飞行的方法,利用地面的飞行模拟器,根据飞行员对各种不同任务的飞行绩效指标,例如"飞行参数保持率"作为主任务绩效的评价指标,评价飞行员的脑力负荷。表6.3所列为一些常用的主任务及其评价指标。

表6.3 常用的主任务及其评价指标

主任务	评价指标	主任务	评价指标
飞机驾驶	飞行参数保持率	短时记忆	时间、正确率
(模拟)驾驶	时间、速度、出错次数	逻辑推理	时间、正确率
拼图	时间、出错次数	视觉搜索	时间、正确率
走迷宫	时间、出错次数	数字计算	时间、正确率

2. 次任务操作法

次任务测量法把人看作是有限能力的单通道信息处理器,实施时让操作者进行主任务的同时,再完成另一项事先选定的作业(称为次任务),通过测量次任务绩效来反映主任务的脑力负荷变化。次任务操作法反映操作者做主任务时的剩余能力,其剩余能力越多,次任务的绩效越好。次任务操作技术常用的方法有:选择反应、数学计算、记忆、跟踪、监视、复述等。

(1) 选择反应

一般是在一定的时间间隔或不相等的时间间隔内向受试者显示一个信号,受试者要根据不同的信号做出不同的反应。选择反应涉及人的中枢信息处理系统,有反应时间和错误率两个业绩指标。在主任务的脑力负荷较轻时,反应时间可靠些;在主任务的脑力负荷较重时,错误率更可靠些。

(2) 数学计算

各种各样的数学计算也作为测量脑力负荷的次任务,一般用简单的加减法,但也有用乘除法的。数学计算涉及人的中枢信息处理系统,被认为是中枢处理系统负荷最终的一种任务。

(3) 记 忆

实际研究大都使用短期记忆任务,其模式是:告诉受试者几个数字,并要求受试者记住。然后向受试者显示一个数字,让受试者判断这个数字是否属于刚才记住的几个数字。如果是,则作出肯定的反应;如果不是,则作出否定的反应。值得注意的是,记忆任务本身负荷较重,这可能会影响主任务绩效或人对主任务困难程度的判断。

(4) 跟 踪

跟踪分为补偿性跟踪和尾随性跟踪。跟踪任务的实现可用模拟软件或连续手动反应。跟踪任务是属于反应性质的任务,跟踪阶数不同对跟踪任务的困难程度影响很大。Jex等人提出的临界跟踪任务测量脑力负荷效果明显。临界跟踪任务通过变换跟踪的函数方程求出一个人刚好能使跟踪目标稳定时函数方程的参数。显然,单独跟踪时临界值高,当与主任务一起做这项任务时,临界值会下降。通过临界值的变化就可以了解主任务的脑力负荷。

(5) 监 视

监视任务一般要求受试者判断某一种信号是否已经出现,业绩指标是信号侦探率。单独做监视任务时,信号侦探率等于1或接近1。受试者完成主任务时,监视任务的信号侦探率就会下降,下降的幅度是人的大脑被占用的情况,即主任务的脑力负荷。监视任务测量需要视觉的主任务的脑力负荷时效果较好,对其他类型的任务效果会差些。

(6) 复　　述

复述任务要求受试者重复他所见到或听到的某一个词或数字。通常不要求受试者对听到的内容进行转换。因此,复述主要涉及人的感觉子系统,被认为是一项感觉负荷非常重的任务。

次任务技术存在"侵入性"和"敏感性"等缺陷。其侵入性缺陷指次任务的介入对主任务即飞行作业产生干扰,从而降低飞行的安全性。从定义上可以看出,次任务的介入增加了额外的负荷,任务所需要的硬件设备会对主任务产生侵入性;另外,当主、次任务都高度使用同一资源时,由于次任务对脑力资源的占用,也会产生主任务绩效降低的侵入性缺陷。因此,在真实飞行环境中应小心应用。次任务的敏感性缺陷指次任务测量指标的敏感性随许多因素发生变化,从而影响工作负荷测评的可靠性。次任务技术的测评敏感性受操作者资源分配策略和主、次任务作业性质的影响,而资源分配策略又取决于作业要求,以及操作者的主观意图、意志努力和工作负荷水平等因素。

3. 生理测量法

生理测量法假设生理反应与任务相关。研究人员认为,当一个人的脑力负荷变化时,与之相关的生理量指标也会发生变化,对操作者的认知活动进行生理测量是一个实时客观的方式,因此测量生理量的变化是测量脑力负荷的好方法,典型的有心率测量、眨眼测量、眼动测量、眼动电图(EOG)、瞳孔直径测量、脑电活动(EEG)、呼吸测量、事件相关脑(P300)电位和体液分析等。

两个解剖学的功能结构分区可作为对生理技术测量的指标:中枢神经系统 CNS(Central Nervous System)测量和周围神经系统(Peripheral Nervous System)测量。CNS 包括脑、脑干和脊髓;周围神经系统可分为躯体神经系统(Somatic Nervous System)和植物神经系统 ANS (Autonomic Nervous System)。躯体神经系统控制着随意肌的活动,ANS 控制着内部器官的活动。ANS 可进一步分为交感神经系统(SNS)和副交感神经系统(PNS)。SNS 的功能是控制内部器官在紧急情况下的反应,PNS 是维持身体的功能。大多数器官都被 PNS 和 SNS 双重支配着。瞳孔直径、心率、呼吸、皮肤电活动和激素水平测量都属于 ANS 方法。脑电活动、脑磁活动、脑内物质代谢活动和眼电测量都属于 CNS 方法。

不同的生理测量技术能从不同角度表现出对脑力负荷的敏感性,例如,心率可随着脑力负荷的升高而升高,能对任务操作的总体需求进行评估;在飞机座舱里,视觉对信息的获取和关键信息的注意起着关键作用,眨眼活动作为飞行员脑力负荷测量的一个敏感性指标,对飞行员的视觉需求测量是一个好方法;EEG 测量人的脑电活动,对于认知和行为状态的变化很敏感。脑电的 α 节律变化是任务难度的函数,实验室中发现当受试者从单个的认知任务转变为双任务时,α 节律减少。但任何单一的生理指标对脑力负荷的测量都是片面的,只有多种生理指标的综合运用才能全面反映脑力负荷的变化。

生理测量技术一般都有专门的设备和技术要求,客观性和实时性强,对主任务有较小的侵入性。近年来,软件技术和硬件技术的发展使生理数据的测量和分析变得容易,测量设备尺寸都大为减小,侵入性问题也越来越小。执行任务时,成套的测量设备能方便地安置在操作者身上。测量心率、眨眼、呼吸和脑电波的便携式多路系统能同时记录至少 32 路通道的数据。测量系统既能够离线独立地进行数据处理,也能在线进行数据处理,能连续地采集操作者的反应信息。

生理测量法的局限:①生理测量法假定脑力负荷的变化会引起某些生理指标的变化,但是其他许多与脑力负荷无关的因素也可能引起这些变化;②不同的工作占用不同的脑力资源,因而会产生不同的生理反应,一项生理指标对某一类工作适用,对另一类工作则不适用。

4. 主观测量法

主观测量法是最简单也是最流行的脑力负荷评价方法。主观测量法是指让操作者陈述作业过程中的脑力负荷体验或根据这种体验对作业项目进行过程排序、质的分类或量的评估。方法的理论基础是操作者脑力资源耗费的增加同他的努力程度联系并能准确地表达出来。常见的主观测量法有:Cooper-Harper 法、SWAT 法、NASA-TLX 量表法。

(1) Cooper-Haper 法

库珀-哈珀(Cooper-Harper)评价量表(Cooper-Harper Ratings,简称 CH 量表)是评价飞机飞行品质(即飞行员能否方便随意地驾驶并精确完成任务的飞机特性)的一种主观方法,基于飞行员工作负荷与操纵质量直接相关的假设而建立。该方法把飞机驾驶的难易程度分为 10 个等级(见图 6.5),飞行员在驾驶飞机时,根据自己的感觉,对照各种困难程度的定义,给出自己对该种飞机的评价。CH 量表使用于"人-机闭环回路",适用于整个飞行包线和所有飞行任务,其等级由飞行员在飞行中给出。对于现代电传操纵飞机,在其设计阶段,特别是控制律的设计开发以及其他如电子系统、显示系统、操纵系统、人-机界面等的开发设计中,均可使用 CH 量表或其变化了的形式进行评价,评价结果可为工程技术人员提供简单明了的修改意见。

利用 CH 量表进行评价时,对于所给定的任务要清楚什么是评价重点,应该注意什么问题,选择什么样的操作方法和评价尺度,只有这样才能做到心中有数,评价真实。在实施 CH 量表时应注意以下事项:

① 进行等级评价时,最初印象比较重要,一般应在评价之前进行几次飞行练习,因为飞行员对系统不了解或对操纵方式不熟悉时,评价可能不准确,但严禁练习太多,以免适应其特点后给出的评价结果分数过高。

② 飞行员应该有多机种飞行的经验,飞行员进行等级评价时往往会将该飞机与自己熟悉的机型相对比以准确打分,飞过的机型越多,可进行对比的对象也越多,评价结果也会更准确。

③ 尽量给出整数分值,并将一批飞行员的评价结果进行平均,以确定最终评价结果。

在 20 世纪 60 年代后期,美国空军用 CH 量表评价新式飞机操作的难易程度取得了很大成功,这极大地促进了该方法在飞机设计阶段中的应用。如电子系统、显示系统、操纵系统、人-机界面等的开发设计中,均可使用该等级或其变化了的形式进行评价。Richard L. Newman 采用 CH 量表评价显示器的可读性和可控性,I. R. Craig 等人采用 CH 量表评价显示器的一致性、信息可读性、屏幕信息布局、信息明确性以及控制器设计的合适性等。

在近几十年的发展中,人们对 CH 量表进行了多次改进,把评价表中的飞机驾驶困难程度改为工作的困难程度,使之适合评价一般任务(如感觉、监控、通信等)的脑力负荷。

(2) SWAT 法

SWAT 量表是主观性工作负荷评价技术(Subjective Workload Analysis Technique)的简称,是美国空军某基地航空医学研究所开发的一个多维脑力负荷评价量表。该方法提出了一个包含 3 项因素的工作负荷多维模型,这 3 项因素是:时间负荷(time load,T)、脑力努力负荷

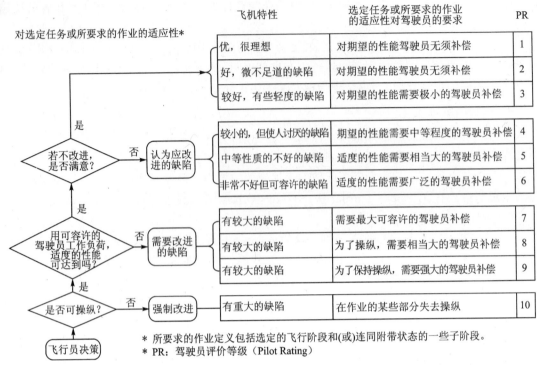

图 6.5　Cooper-Harper 评价量表

(mental effort load，E)，心理紧张负荷(psychological stress load，S)。其中，时间负荷反映了人们在执行任务过程中可用的空闲时间的多少；脑力努力负荷反映了执行任务需要付出多大的努力；心理紧张负荷反映了执行任务过程中产生的焦虑、不称心等心理状态表现的程度。每项因素均分为低、中、高三个等级，量表中对每个因素的各个等级都有详细的文字说明，见表 6.4。

表 6.4　SWAT 量表

因素名称	因素等级	等级描述
时间负荷	1	经常有空闲时间；活动很少或根本没有被打断或重叠
	2	偶尔有空闲时间；活动经常被打断或重叠
	3	几乎从未有空闲时间；活动被打断或重叠的情况十分频繁，或一直在发生
脑力努力负荷	1	很少需要有意识的脑力努力或集中；活动几乎是自动的，很少或不需要注意
	2	需要中等程度的脑力努力或集中；活动由于不肯定、不可预测或不熟悉而变得比较复杂；要求相当程度的注意
	3	需要广泛的脑力努力和集中；活动相当复杂；要求完全的注意
心理紧张负荷	1	很少出现混淆、危险、挫折或焦虑，且容易适应
	2	由于混淆、挫折或焦虑，产生了中等程度的应激，明显地增加负荷；为保持适当的绩效需要显著的补偿
	3	由于混淆、挫折或焦虑，产生了相当高的应激；需要很强的意志和自我控制

如表 6.5 所列,上述三个维度共有 27(3×3×3)种组合,采用 SWAT 量表进行脑力负荷评价时,受试者先根据自己的感觉将这 27 种组合所代表的脑力负荷从小到大进行排序,研究者将受试者的排序情况与六个理论上的排序组(即 TES、TSE、ETS、EST、STE、SET)进行相关分析,根据相关系数的大小确定受试者的响应组别。如 TES 组代表受试者认为时间负荷最重要,努力负荷次之,心理紧张负荷的重要程度最低,其余各组的意义类推。受试者再根据自己的实际情况从三个维度中选择相应的水平,研究者根据选择结果,并结合分组情况,在表 6.5 中查出脑力负荷分值,再换算为 0~100 分,分值越大,负荷越重。显然,(1,1,1)对应脑力负荷为 0;(1,2,1)对应于 15.2;(3,3,3)对应于 100。

表 6.5 SWAT 量表的分组及其评分标准

得分值	组 别					
	TES	TSE	ETS	EST	STE	SET
1	1 1 1	1 1 1	1 1 1	1 1 1	1 1 1	1 1 1
2	1 1 2	1 2 1	1 1 2	2 1 1	1 2 1	2 1 1
3	1 1 3	1 3 1	1 1 3	3 1 1	1 3 1	3 1 1
4	1 2 1	1 1 2	2 1 1	1 1 2	2 1 1	1 2 1
5	1 2 2	1 2 2	2 1 2	2 1 2	2 2 1	2 2 1
6	1 2 3	1 3 2	2 1 3	3 1 2	2 3 1	3 2 1
7	1 3 1	1 1 3	3 1 1	1 1 3	3 1 1	1 3 1
8	1 3 2	1 2 3	3 1 2	2 1 3	3 2 1	2 3 1
9	1 3 3	1 3 3	3 1 3	3 1 3	3 3 1	3 3 1
10	2 1 1	2 1 1	1 2 1	1 2 1	1 1 2	1 1 2
11	2 1 2	2 2 1	1 2 2	2 2 1	1 2 2	2 1 2
12	2 1 3	2 3 1	1 2 3	3 2 1	1 3 2	3 1 2
13	2 2 1	2 1 2	2 2 1	1 2 2	2 1 2	1 2 2
14	2 2 2	2 2 2	2 2 2	2 2 2	2 2 2	2 2 2
15	2 2 3	2 3 2	2 2 3	3 2 2	2 3 2	3 2 2
16	2 3 1	2 1 3	3 2 1	1 2 3	3 1 2	1 3 2
17	2 3 2	2 2 3	3 2 2	2 2 3	3 2 2	2 3 2
18	2 3 3	2 3 3	3 2 3	3 2 3	3 3 2	3 3 2
19	3 1 1	3 1 1	1 3 1	1 3 1	1 1 3	1 1 3
20	3 1 2	3 2 1	1 3 2	2 3 1	1 2 3	2 1 3
21	3 1 3	3 3 1	1 3 3	3 3 1	1 3 3	3 1 3
22	3 2 1	3 1 2	2 3 1	1 3 2	2 1 3	1 2 3
23	3 2 2	3 2 2	2 3 2	2 3 2	2 2 3	2 2 3
24	3 2 3	3 3 2	2 3 3	3 3 2	2 3 3	3 2 3
25	3 3 1	3 1 3	3 3 1	1 3 3	3 1 3	1 3 3
26	3 3 2	3 2 3	3 3 2	2 3 3	3 2 3	2 3 3
27	3 3 3	3 3 3	3 3 3	3 3 3	3 3 3	3 3 3

相对于其他的主观评价法,SWAT法的优点是运用数学分析方法对作业人员给出的27种排序情况进行数学处理,这样使得到的数据比简单地把27个点平均确定在0～100之间更可靠些。但SEAT法进行脑力负荷评价十分繁琐和费时,所以不少学者对其进行了简化处理,简化的量表大多采用两两配对的方法对其应用不同的算法进行赋权,然后计算,提高了效率和量表的敏感性。

(3) NASA-TLX量表法

NASA-TLX量表是美国航空与航天管理局任务负荷指数(National Aeronautics and Space Administration-Task Load Index)的简称。该量表由6个因素组成,即脑力需求(Mental Demand,MD)、体力需求(Physical Demand,PD)、时间需求(Temporal Demand,TD)、业绩水平(Performance,Per)、努力程度(Effort,E)以及受挫程度(Frustration Level,FL),量表中对每一因素具有详细的文字说明(见表6.6),并用一条分为10等分的直线表示(见表6.7),调查对象在直线上与其实际水平相符处画一记号,然后再将6个因素对总负荷的贡献进行排序(即予以权重),此6个因素的加权平均值乘以10即为该调查对象的总负荷得分。

表 6.6 NASA-TLX 量表

因素名称	端 点	描 述
脑力需求	低/高	脑力和知觉活动(如思维、决策、计算、记忆、注视、搜索等)有多高要求?任务是容易的还是困难的?简单的还是复杂的?苛刻的还是宽松的?
体力需求	低/高	体力活动(如推、拉、旋转、控制、启动等)有多大要求?任务是容易的还是困难的?缓慢的还是迅速?松弛的还是紧张的?悠闲的还是吃力的?
时间需求	低/高	你感到任务或任务成分的速度或节律所造成的时间压力有多大?速度是缓慢和悠闲的还是迅速和紧张的?
业绩水平	好/差	你认为你在达到实验者(或自己)设定的任务的目标方面做得如何?你对自己在完成这些目标中所获得的成绩有多满意?
努力程度	低/高	为了达到你的成绩水平,你必须工作(脑力和体力)得多努力?
受挫水平	低/高	在作业期间,你感到有多危险,多气馁,多恼怒,多紧张和多烦恼?或者多安全,多高兴,多满足,多轻松和多得意?

表 6.7 六个维度的打分表

指标名称	指标得分	分 值
脑力需求	低 ├─┼─┼─┼─┼─┼─┼─┼─┼─┼─┤ 高 　　0　1　2　3　4　5　6　7　8　9　10	
体力需求	低 ├─┼─┼─┼─┼─┼─┼─┼─┼─┼─┤ 高 　　0　1　2　3　4　5　6　7　8　9　10	
时间需求	低 ├─┼─┼─┼─┼─┼─┼─┼─┼─┼─┤ 高 　　0　1　2　3　4　5　6　7　8　9　10	

续表6.7

指标名称	指标得分	分 值
业绩水平	好 0 1 2 3 4 5 6 7 8 9 10 坏	
努力程度	低 0 1 2 3 4 5 6 7 8 9 10 高	
受挫水平	低 0 1 2 3 4 5 6 7 8 9 10 高	

NASA-TLX法中6个因素权重确定方法的原理如下：

记因素集为 $X=\{x_1,x_2,\cdots,x_m\}$，调查对象个数为 $L(L\geqslant 1)$，分别让每一位调查对象（如第 $k(1\leqslant k\leqslant L)$ 位调查对象）在因素集 X 中任意选取他认为对工作负荷影响大的 $s(1\leqslant s\leqslant m)$ 个因素。易知，第 k 位调查对象如此选取的结果是因素集 X 的一个子集 $X^{(k)}=\{x_1^{(k)},x_2^{(k)},\cdots,x_s^{(k)}\}(k=1,2,\cdots,L)$。

作(示性)函数

$$u_k(x_j)=\begin{cases}1, & \text{若 } x_j\in X^{(k)}\\ 0, & \text{若 } x_j\in X^{(k)}\end{cases} \quad (6.8)$$

记

$$g(x_j)=\sum_{k=1}^{L}u_k(x_j) \quad (j=1,2,\cdots,m) \quad (6.9)$$

将 $g(x_j)$ 归一化后，并将此比值 $g(x_j)\Big/\sum_{k=1}^{m}g(x_k)$ 作为与指标 x_j 相对应的权重系数 w_j，即

$$w_j=g(x_j)\Big/\sum_{k=1}^{m}g(x_k) \quad (j=1,2,\cdots,m) \quad (6.10)$$

例如：利用NASA-TLX量表法对某型号战斗机的起落航线飞行科目中的起飞和平飞阶段的工作负荷大小进行评价。评价时请了1位有2 000飞行小时以上的现役飞行员进行主观评价。

1) 确定权重

对NASA-TLX量表法的6个指标进行两两比较后各指标被选出的次数如表6.8所列。

表6.8 两两比较后各指标被选出的次数

指 标	MD	PD	TD	Per	E	FL
起飞	3	1	4	5	2	0
平飞	4	1	2	4	4	0

各指标被选出次数除以15即为它们各自的权重，如表6.9所列。

表 6.9　各指标权重

指　标	MD	PD	TD	Per	E	FL
起飞	0.200	0.067	0.267	0.333	0.133	0.200
平飞	0.267	0.066	0.133	0.267	0.267	0.267

2) 对各指标的脑力负荷打分

请飞行员根据自己的主观感觉对 NASA-TLX 量表法的 6 个指标按 10 分制分别进行主观打分,确定各指标的脑力负荷分值,结果如表 6.10 所列。

表 6.10　各指标脑力负荷分值

指　标	MD	PD	TD	Per	E	FL
起飞	9	5	5	9	9	2
平飞	2	2	2	9	2	2

3) 加权分值

得到了各指标的权重和分值之后,将它们加权计算即可得到起飞和平飞两个阶段的脑力负荷大小。经计算得到起飞阶段的脑力负荷为 7.7,平飞阶段为 3.9,可以看出飞行员在起飞阶段的脑力负荷明显大于平飞阶段,与实际飞行任务相符。

NASA-TLX 量表在 Cooper-Harper 法的基础上更进一步,不仅判断负荷的大小,而且能找到影响因素。与 SWAT 法相比,NASA-TLX 量表评价时间明显缩短,这对于现场操作环境下的任务的脑力负荷评价是非常有用的。该方法已经被用于评价飞机座舱内部显示器界面的布局设计、字符设计、显示格式设计,设计方案的优化以及不同控制方式的优劣。

5. 主观测量法的优缺点

主观测量方法的主要好处在于,首先它是一种脑力负荷的直接评定方法,操作简单,容易让操作人员接受;其次,由于是事后进行,方法不对主任务产生侵入性,Eggermeier 等研究发现,如果不是复杂的多任务操作,任务完成后 30 min 内的脑力负荷评价结果没有多大差异。主观测量方法使用统一的维度评价,可以对不同情境、不同任务和不同人员的负荷测量结果对比。此外,主观评价不仅能区分超负荷与非超负荷,而且对中、低负荷水平的变化也较敏感。由于这种方法效度高、无侵入性,使用经济,一直受到研究人员和使用者的重视,是最受欢迎的脑力负荷测量方法。

主观测量法存在的主要问题是:① 评价结果容易产生偏差。② 方法可靠性不高。主观测量法采用内省的方式评价脑力负荷,但并不是所有的脑力活动过程都可以用内省的方式得到,生理负荷与脑力负荷评价时可能会混淆。而且,受试者在不同时间对于不同任务,脑力负荷评价结果不同。③ 脑力负荷评价结果与个性特征、反应策略、身体或生理变量等都存在密切联系,评价结果的差异性较大。④ 敏感性方法存在特异性。

尽管存在以上问题,但操作人员的主观报告还是能反映出大量的有效信息的。由于主观测量法的无侵入性、表面效度高和经济性,是三种测量方法中最受欢迎的脑力负荷测量方法。

6.4　脑力负荷的预测

前边介绍的脑力负荷测量和评价方法都是在系统设计出来之后进行测量和评价,属于事后测量法。如果在系统设计之前或之初就能对影响人的工作负荷的因素和大小有所认识,将会极大提高系统的安全性和可靠性,提高系统的运行效率,大大缩短研制周期和费用。如果在系统设计后期或定型后再发现不合适的高工作负荷,再想做变动或改进可能要付出极大的代价,特别是对于飞机、飞船等复杂的系统,所以在系统设计初期对工作负荷进行预测是系统设计及相关人员必须考虑的问题。人们对脑力负荷预测远没有对脑力负荷测量那样重视,因为预测脑力负荷要困难得多,要求对工作任务进行详细的分析,需要占用大量的时间,而图纸与现实的差别也会影响预测的准确性。但由于预测脑力负荷的潜在效益非常大,人们在这方面做出了许多有用的尝试,也取得了一些成功的经验。

6.4.1 时间压力模型

在 20 世纪 60 年代中期,计算机模拟已开始应用于系统设计中,Siegel 和 Wolf 开发了一个以人为中心的人-机计算机模型。

这个模型中的一个最基本的假设是人对剩余多少时间可以用来完成任务的判断,这个判断的结果就是时间压力。时间压力影响操作人员的操作速度。Siegel 和 Wolf 认为时间压力可以被定量描述,他们把时间压力定义为完成任务所需要的时间与给定的完成任务的时间之比,即

$$T_P = T_D/T_A \tag{6.11}$$

式中:T_P 为时间压力;T_D 为完成任务需要的时间;T_A 为给定的完成任务的时间。例如要求某一操作人员在 5 min 内完成 A 和 B 两项操作,而操作 A 需要 4 min,操作 B 需要 2 min,则在完成操作 A 和 B 之前,操作人员的时间压力为 6/5=1.2。

在使用这个计算机模型时,需要用工作分析的方法完成以下工作:①把工作任务分解成次级任务;②给出各个次级任务之间的相互顺序及影响关系,各个次级任务的重要性,执行各项任务所需要的时间(随机分布的时间),完成每项次任务成功的概率,若第一次完不成这个次级任务后可采取的措施等;③通过工作分析,把这些情况都搞清楚,然后输入计算机中。把各个次级任务根据工作顺序和概率连接起来,给出不同的随机数值,就可以模拟人的行为,并且计算机可以自动地把一些有用的信息记录下来。

Siegel 和 Wolf 把他们的模拟用到了飞机驾驶员在航空母舰上的着陆问题。工作分析表明飞行员在准备着陆时,有 57 项次级工作。模拟中给出的时间是 210 s,即要求飞行员在 210 s 之内把飞机降落在航空母舰的甲板上。模拟结果表明飞行员的操作速度及飞行员对时间压力的反应对这项任务的完成起着非常重要的作用。模拟结果还指出了在哪一段时间内,飞行员比较忙,在哪一段时间飞行员有空闲时间。这些模拟结果都与实际飞行员的经验相吻合。

6.4.2 波音公司方法

从波音 737 开始,飞机上就使用了电子计算机显示和控制系统,评价飞行系统给人带来的脑力负荷就成为一个非常现实的问题。波音公司的研究和设计人员最初也用了许多脑力负荷测量方法,如主观评价法、生理测量法、时间序列分析法等。经过实践他们发现,时间序列分析法在预测脑力负荷时特别有用,所以波音公司最后主要采用工作任务的时间分析来评价脑力负荷,这种方法与传统的泰勒和吉尔布雷思的时间和动作研究有些相似。

波音公司在这方面的研究开始于20世纪50年代末。波音公司的研究人员Hickey首先提出了用时间研究的方法分析人的业绩的可能性问题。接着，Stern等人把这种方法扩展到用操作人员的能力和剩余能力，来估算人的负荷比例。他们在做脑力负荷的估计时，也考虑到同时执行两项以上的任务和体力方面的影响。他们随意地把80%作为脑力负荷的上限，这样使操作人员能有一点剩余能力（时间），这点能力也可以用来检查自己的错误，等等。这种方法产生的结果比较令人满意。

在与上面的研究人员同时进行的研究中，波音公司的Smith提出用时间占有率作为负荷比例。时间占有率是完成任务所需要的时间与给定的完成任务的时间之比。为了避免时间过长所产生的平均效应，给定的时间被分成许多很短的时段（即6～10 s），允许操作人员的某些部位同时工作，例如左手和右手可以同时工作，眼睛运动时人也可以做出反应等。Smith在完善他的模型时，又考虑了认知性的任务，因为在模拟飞行和飞行的录像中他发现，飞行员的眼睛移动了之后有一段时间，飞行员没有可看得见的反应，但从随后的行动可以判断在这段没有行动的时间内，飞行员在做思考和决策；Smith也给出了认知大约需要多长时间。当根据时间计算出的负荷比例达到80%以上时，飞行员开始忽略比较次要的工作。这与上面一组研究人员得出的结论不谋而合。

上述脑力负荷的指标是很有用的。首先，这给出了判断和解决脑力负荷问题的基础。其次，这个指标可以用来比较各种不同设计方案的优越性。最后，这些数据也可以帮助发现其他与脑力负荷相关的问题，比如需要的人员数量，对人员需要进行的培训程度等。这种方法的主要问题似乎是太费时，每当设计内容或方案发生改变时，都需要重新对工作进行分析，对计算程序进行修改。另外，这个模型对认识性任务、可同时工作、比较复杂工作的处理都比较粗糙。尽管有这些问题，但这个模型仍然是在设计中应用得最成功的一个模型。例如，在DC29飞机的设计和使用中，波音公司的工程技术人员就是应用这个模型提供的方法，对由两名飞行员驾驶这种飞机的脑力负荷是否过高进行了评价，取得了很好的效果。

6.4.3　Aldrich方法

为了满足美国军方在开发新武器系统中预测人的脑力负荷的需要，Aldrich等人开发了一个脑力负荷预测方法。这个方法与前边的方法有些相似，但增加了一些新内容。这种方法的开发分为以下阶段：

第一个阶段为工作分析阶段。在这一阶段把操作人员在系统中应该完成的任务逐级进行分解：系统—使命—阶段性使命—功能—任务—行为—人工作的部位。

例如：LHX直升机是一个系统，它有24个使命。Aldrich等人选择了3项使命进行研究，这3项使命可分为29个阶段性使命，58个功能，135个任务。这些任务都是通过人的行动来完成的，完成每项任务都需要用到人的不同部位，如眼睛、大脑、手、口等。

第二阶段是估计每项任务所需要的时间，他们把任务分为间断性任务和连续性任务两大类。间断性任务为能够用肉眼看到的、有起点和终点的任务，这些任务的时间比较容易测量和确定。连续性任务时间的确定就比较困难，主要是根据专家的意见确定的。

第三阶段为确定人的各个部位被占用的情况。根据Wickens的多资源理论，人的不同部位是可以同时来完成不同的任务的。他们把人的工作系统分为感觉、认知、反应3个子系统，而感觉又可分为视觉、听觉、触觉等。这样，人的工作系统就被分为5个可以同时工作的子系统。

第四阶段为确定任务的工作负荷。Aldrich等人将各个子系统的脑力负荷定为0~7,各子系统负荷的评分值如表6.11~6.14所列,表中的分值是由专家打分获得的。操作人员的脑力负荷是5个子系统在某一时刻负荷的总和。当视觉、听觉、触觉、认知和反应中的任一子系统的负荷分值超过7时即认为操作人员超负荷工作。

表6.11 Aldrich模型视觉负荷评价表

无辅助视觉(裸眼)		辅助视觉(夜视镜)	
描述	评分等级	描述	评分等级
视觉记忆/发现	3.0	视觉记忆/发现	5.0
视觉观察/检查(非连续观察)	3.0	视觉观察/检查(非连续观察)	5.0
视觉定位/调整	4.0	视觉定位/调整	5.0
视觉跟踪/注视	4.4	视觉跟踪/注视	5.4
视觉辨别	5.0	视觉浏览/查看监视器	7.0
视觉查看	5.0	视觉辨别	7.0
视觉浏览/查看监视器(连续/依次观察)	6.0		

表6.12 Aldrich模型听觉和认知负荷评价表

听觉		认知	
描述	评分等级	描述	评分等级
发现/记忆声音	1.0	自动(简单关联)	1.0
确定声音方向(大致定向/倾听)	2.0	比较选择	1.2
译成简单语义内容(语言)(1~2个字)	3.0	符号/信号识别	3.7
确定声音方向(选择定向/倾听)	4.2	评估/判断(考虑单个方面)	4.6
鉴定听觉反馈(发现预期声音)	4.3	复述	5.0
译成复杂语义内容(语言)(句子)	6.0	解码/编码,回忆	5.3
辨别声音特点(发现听觉差异)	6.6	评估/判断	6.8
说明声音模式(脉冲频率等)	7.0	估算,计算,转换	7.0

表6.13 Aldrich模型语言负荷评价表

描述	评分等级
简单语言(1~2个词)	2.0
复杂语言(句子)	4.0

但Aldrich模型存在以下几个问题：

① 上面所有的预测值没有接受实践的检验,这使得他们的模型缺乏足够的说服力。

② 每一个子系统的负荷值是专家的主观值,这样使通过工作分析这一客观方法加进了主观的东西,影响了最终结果的客观性。

③ 作者把不同子系统的负荷值相加,把7定为过度的脑力负荷标准缺乏科学的根据。

表 6.14 Aldrich 模型动作反应负荷评价表

精细动作		大动作	
描 述	评分等级	描 述	评分等级
发现/记忆声音	1.0	在平坦地形上步行	1.0
非连续反应(拨动、按动、触动)	2.2	在崎岖地形上步行	2.0
连续调整(飞行器控制、传感器控制)	2.6	在平坦地形上慢跑	3.0
操作	4.6	提升重物	3.5
非连续调整(转动、垂直拨轮、操纵杆位置)	5.5	在崎岖地形上慢跑	5.0
生成符号(书写)	6.5	复杂爬坡动作	6.0
依次非连续调整(键盘输入)	7		

尽管有以上这些缺点,但这种方法沿用了时间研究的方法,把多资源理论也用到模型中,不能不说是一个创新。

本章小结

1. 什么工作负荷?

操作者完成某项任务所承担的生理和心理负担,也可以说是作业要求为完成或保持一定的业绩必须付出的努力程度。所以,工作负荷研究的内容应该包括体力负荷和脑力负荷两个方面。

2. 工作负荷的影响因素有哪些?

工作负荷的影响因素可以归纳为 3 个方面:人、任务和环境。人的因素包括能力、情绪、状态、动机、策略等因素;任务的因素包括任务难度、任务精度、时间要求和显控特性等;环境的因素包括温度、噪声、振动、照明、湿度等。

3. 怎样选择合适的工作负荷测量方法?

选择合适的工作负荷测量和评价方法的要求主要有 3 个方面:敏感性、诊断性和侵入性。

敏感性就是测量方法要能够反应工作负荷的变化。这是区分施加在操作者身上不同负荷水平的关键因素,是工作负荷测量和评价时首先要考虑的问题。

侵入性是指测量方法能够降低主任务绩效的程度。当进行负荷测量时,可能会对同时进行的主任务的绩效产生破坏作用,应该尽量避免或减少方法的侵入性。

诊断性是测量方法能反应任务需求对具体资源使用情况的能力。

4. 脑力负荷的狭义与广义定义是什么?

狭义定义:测量人的信息处理系统的一个指标,与人的闲置未用的信息处理能力成反比。脑力负荷与人的闲置未用的信息处理能力之和就是人的信息处理能力。人的闲置未用信息处理能力越大,脑力负荷就越小;人的闲置未用的信息处理能力越小,则脑力负荷越大。

广义定义:脑力负荷是一个多维的概念,它涉及工作要求,时间压力,操作者的能力、努力程度和行为表现,以及其他许多因素。

5. 脑力负荷的测量和评价方法有哪些?

主要可以分为 4 类:主任务操作法、次任务操作法、生理评价法、主观评价法。

思考题

1. 怎样评价士兵负重行军时的体力负荷？
2. 如何评价战斗机飞行员降落时的脑力负荷？
3. 如何预测我国未来空间站的工作负荷？

关键术语：工作负荷　体力负荷　脑力负荷　倒 U 形模型　Cooper - Haper 法　SWAT 法　NASA - TLX 法　时间压力模型　波音公司方法　Aldrich 方法

工作负荷：指操作者完成某项任务所承担的生理和心理负担，也可以说是作业要求为完成或保持一定的业绩必须付出的努力程度。

体力负荷：又称生理负荷，是指人体单位时间内承受的体力工作量大小，主要表现为动态或静态肌肉用力的工作负荷。

脑力负荷：信息处理系统工作时被使用情况的一个指标，并与人的闲置未用的信息处理能力成反比。脑力负荷与人的闲置未用信息处理能力之和就是人的信息处理能力。人的闲置未用信息处理能力越大，脑力负荷就越小；反之，则脑力负荷越大。它是一个多维的概念，涉及工作要求，时间压力，操作者的能力、努力程度和行为表现，以及其他许多因素。

倒 U 形模型：根据 Meister 等人的研究，研究人员用一个倒 U 形模型来描述任务、绩效和脑力负荷之间的关系。该模型认为，任务需求、绩效水平和脑力负荷之间并没有直接的联系。由于乏味的任务、低任务需求，导致任务难度增加，人的能力降低，脑力负荷增加，操作绩效降低。当任务需求增加时，作业人员可以凭借持续的努力，资源投入的增加，来维持不变绩效，但负荷在增加。

Cooper - Haper 法：库珀-哈珀(Cooper - Harper)评价量表(Cooper - Harper Ratings,简称 CH 量表)是美国军方开发的用于评价飞机飞行品质(即飞行员能否方便随意地驾驶并精确完成任务的飞机特性)的一种主观方法，基于飞行员工作负荷与操纵质量直接相关的假设而建立。该方法把飞机驾驶的难易程度分为 10 个等级，飞行员在驾驶飞机时，根据自己的感觉，对照各种困难程度的定义，给出自己对该种飞机的评价。

SWAT 法：是主观性工作负荷评价技术(Subjective Workload Analysis Technique)的简称，是美国空军某基地航空医学研究所开发的一个多维脑力负荷评价量表。该方法提出了一个包含时间负荷、脑力努力负荷和心理紧张负荷 3 项因素的工作负荷多维模型。其中，时间负荷反映了人们在执行任务过程中可用的空闲时间的多少；脑力努力负荷反映了执行任务需要付出多大的努力；心理紧张负荷反映了执行任务过程中产生的焦虑、不称心等心理状态表现的程度。在负荷评价时需要对三个因素按重要度排序，再对每个因素进行主观评分，按照排序和评分对照给定的标准即可得到作业人员的负荷值。

NASA - TLX 法：是美国航空与航天管理局任务负荷指数(National Aeronautics and Space Administration-Task Load Index)的简称。该量表由 6 个因素组成：脑力需求、体力需求、时间需求、业绩水平、努力程度和受挫程度。此方法在实施时需要对 6 个因素进行两两对比获得每个因素的权重值，再对每个因素进行 10 分值的主观评分，最后加权平均后即为该调查对象的总负荷得分。

时间压力模型：在 20 世纪 60 年代中期，Siegel 和 Wolf 开发了一个以人为中心的人-机计算机模型。这个模型假定人对剩余多少时间可以用来完成任务的判断，这个判断的结果就是时间压力。Siegel 和 Wolf 认为时间压力可以被定量描述，他们把时间压力定义为完成任务所需要的时间与给定的完成任务的时间之比。时间压力影响到操作人员的操作速度，与脑力负荷非常接近。

波音公司方法：波音公司的研究人员 Hickey 首先提出了用时间研究的方法分析人的业绩的可能性问题。接着，Stern 等人把这种方法扩展到用操作人员的能力和剩余能力，来估算人的负荷比例。他们在做脑力负荷的估计时，也考虑到同时执行两项以上的任务和体力方面的影响。他们随意地把 80% 作为脑力负荷的上限，这样使操作人员能有一点剩余能力（时间），这点能力也可以用来检查自己的错误，等等。Smith 提出用时间占有率作为负荷比例。时间占有率是完成任务所需要的时间与给定的完成任务的时间之比。为了避免时间过长所产生的平均效应，给定的时间被分成许多很短的时段（即 6～10 s），允许操作人员的某些部位同时工作。Smith 也给出了认知大约需要多长时间。当根据时间计算出的负荷比例达到 80% 以上时，操作人员开始忽略比较次要的工作。

Aldrich 方法：为了满足美国军方在开发新武器系统中预测人的脑力负荷的需要，Aldrich 等人开发了一个脑力负荷预测方法。这种方法分为 4 个阶段：第一个阶段为工作分析阶段。在这一阶段把操作人员在系统中应该完成的任务逐级进行分解：系统—使命—阶段性使命—功能—任务—行为—人工作的部位。第二阶段是估计每项任务所需要的时间。第三阶段为确定人的各个部位被占用的情况。他们把人的工作系统分为感觉、认知、反应 3 个子系统，而感觉又可分为视觉、听觉、触觉等。这样，人的工作系统被分为 5 个可以同时工作的子系统。第四阶段为确定任务的工作负荷。Aldrich 等人将各个子系统的脑力负荷定为 0～7。作业人员的脑力负荷是 5 个子系统在某一时刻负荷的总和。

推荐参考读物：

1. 陈信，袁修干. 人-机-环境系统工程生理学基础[M]. 北京：北京航空航天大学出版社，1995.
   该书是关于工效学研究的一系列丛书之一，内容非常广泛。
2. 丁玉兰. 人机工效学[M]. 北京：北京理工出版社，2005.
   这是一本经典的工效学书籍，系统地介绍了人-机系统的相关研究。
3. 于永中，李天麟. 体力活动时心率、血压的变化[J]. 卫生研究，1979(1)：79-86.
   这篇论文较好地研究了不同负荷强度和负荷时间两种因素单一或综合的影响下心率和动脉血压改变的一般规律（在劳动中及劳动后的恢复过程中）及其相互关系。
4. 马治家，周前祥. 航天工效学[M]. 北京：国防工业出版社，2008.
   该书较为详细地描述了航天活动中工作负荷的测量和评价方法。
5. 孙林岩. 人因工程[M]. 北京：高等教育出版社，2008.
   本书是普通高等教育"十一五"国家级规划教材，对于脑力负荷的测量和评价方法有很好的论述。
6. 崔凯，孙林岩. 脑力负荷度量方法的新进展述评[J]. 工业工程，2008，11(5)：1-5.
   本文分析论述了脑力负荷测评的新技术和新方法。
7. 王洁，方卫宁，等. 基于多资源理论的脑力负荷评价方法[J]. 北京交通大学学报，2010，34

(6):107-110.

本文在 wichens 多资源理论的基础上,提出了一种新的较为可靠的脑力负荷分析和评价方法。

8. Mitchell D H. Workload Analysis of the Crew of the Abrams V2 SEP: Phase I Baseline IMPRINT Model. 2009,ARL-TR-5028.

该研究详细地描述了 Aldrich 方法及其在美国军方的应用。

参考文献

[1] 包文强. 铁路车站值班员工作负荷研究[D]. 成都:西南交通大学,2012.
[2] 柳忠起,袁修干,刘涛,等. 航空工效中的脑力负荷测量技术[J]. 人体工效学,2003,9(2):19-22.
[3] 郭伏,杨学涵. 人因工程学[M]. 北京:机械工业出版社,2001.
[4] 于永中,李天麟. 体力活动时心率、血压的变化[J]. 卫生研究,1979(1):79-86.
[5] 马如宏. 人因工程[M]. 北京:北京大学出版社,2001.
[6] 刘金秋,石金涛,李崇斌,等. 人体工效学[M]. 北京:高等教育出版社,1994.
[7] 赵铁生,王恒毅,李崇斌,等. 工效学[M]. 天津:天津科技翻译出版公司,1989.
[8] 石英. 人因工程学[M]. 北京:清华大学出版社,2011.
[9] 张磊,王治明,王绵珍,等. K4b2 便携式测试仪对不同活动类型体力负荷的现场测定[J]. 环境与职业医学,2002,19(5):296-299.
[10] 慧聪网. 科时迈 K4b2 遥测运动心肺仪运动心肺测试仪[EB/OL]. http://b2b.hc360.com/supplyself/213911474.html(2015.04.13).
[11] 刘卫华,冯诗愚. 现代人-机-环境系统工程[M]. 北京:北京航空航天大学出版社,2009.
[12] 袁新东. 不同训练负荷对运动员血清 CK 和血尿素的影响[J]. 山西体育科技,2008,28(1-2):65-66.
[13] 罗陵. 主观感觉疲劳程度(RPE)与递增负荷跑台试验通气阈的关系[J]. 四川体育科学,1988,(3):37-41.
[14] 蒋祖华. 人因工程[M]. 北京:科学出版社,2011.
[15] 孙林岩. 人因工程[M]. 北京:高等教育出版社,2008.
[16] 熊兴福,芦善芬. 人机工程学在包装设计中的应用[J]. 包装工程,1997(z1):61-63.
[17] 蒲海蓉. 汽车总装过程人因工程优化研究[D]. 湖南:湖南大学,2011.
[18] 李和平,季宁. 工作人员的疲劳对安全生产的影响及防护[J]. 电力安全技术,2007(10):21-22.
[19] Choi-Kwon S,Choi J,Kwon S U,et al. Fluoxetine is not effec-tive in the treatment of post-stroke fatigue: a double blind, pla-cebo controlled study [J]. Cerebrovasc Dis,2007,23 (2-3).
[20] 武琳娜. 基于动态效率的项目员工调度问题研究[D]. 西安:西安电子科技大学,2012.
[21] Young M S,Stanton N A. International Encyclopedia of Ergonomics and Human Factors—Mental workload: theory, measurement, and application [M]. London: Taylor & Francis. 2001.

[22] O'Donnell R D, Eggemeier F T. Handbook of Perception and human performance (II)—Cognitive Processes and Performance: Workload assessment methodology[M]. NewYork: Wiley,1986.

[23] 廖建桥. 脑力负荷及其测量[J]. 系统工程学报,1995,10(3):19-23.

[24] Moray N. Mental wokrload: Its Theory and Measurement [M]. New York: Plenum,1979.

[25] Meister D. Behavioral of foundations of system development[M]. New York: Wiley,1976.

[26] 史盛庆. 不同脑负荷下驾驶执行过程动作量化分析研究[D]. 北京:北京工业大学,2014.

[27] Warr D, Colle H A, Reid G B A. Comparative Evaluation of Two Subjective Workload Measures: The Subjective Workload Assessment Technique and The Modified Cooper Harper Scale [R]. ADA289493. 1986.

[28] Cooper G E, Harper R P. The use of pilot rating in the evaluation of aircraft handling qualities[R]. NASA TND25153,1969.

[29] 张景亭. 论库珀–哈珀驾驶员评定等级[J]. 飞行力学,1996,14(3):75-80.

[30] Newman R L. Rotary-Wing Flight Display Test and Evaluation[R]. SAE,1999: 1298-1311.

[31] Newman R L, Greeley K W. Cockpit Displays: Test and Evaluation[M]. England: Ashgate Publishing, 2001.

[32] Craig I R, Burrett G L. The Design of A Human Factors Questionnaire for Cockpit Assessment[A]. International Conference on. Bath,1999: 16-20.

[33] Rubio S, Diaz E, Martin J, et al. Evaluation of Subjective Mental Workload: A Comparison of SWAT, NASA -TLX, and Workload Profile Methods [J]. Applied Psychology: An International Review, 2004,53(1):61-86.

[34] Rubio S, Diaz E, Martin J, et al. Evaluation of subjective mental workload: a comparison of SWAT, NASA-TLX, and workload profile methods [J]. Applied Psychology: An International Review, 2004,53(1):61-86.

[35] Faerber R A, Etherington T J. Advanced flight deck for next generation aircraft[A]// Proceedings 17th Digital Avionics Systems Conference,1998: E42/1-E42/8.

[36] Redden M, Rolek E, Montecalvo A, et al. Integrated mission precision attack cockpit technology (IMPACT) role playing[A]//Proceedings of the IEEE,1994: 720-725.

[37] Aust R. Mission planner evaluation in the mission reconfigurable cockpit[A]//Proceedings of the IEEE,1996:102-108.

[38] Reynolds M C, Purvis B D, Marshak W P. A demonstration/evaluation of B-1B flight director computer control laws: a pilot performance study[A]//Proceedings of the IEEE,1990:490-494.

[39] Newman R L, Haworth L A, Kessler G K, et al. TRISTAR I: Evaluation Methods for Testing Head-Up Display (HUD) Flight Symbology[R]. NASA-A-94141,1995.

[40] Siegel A I, Wolf J J. Man-Machine Simulation Models[M]. New York: Wiley, 1969.

[41] 廖建桥. 脑力负荷的预测与分析方法[J]. 工业工程,1998,1(1):38-42.

[42] Mitchell D H. Workload Analysis of the Crew of the Abrams V2 SEP: Phase I Baseline IMPRINT Model[R]. ARL-TR-5028,2009.

第7章 工效学评价方法

> **探索的问题**
> ➢ 为什么要进行工效学评价？
> ➢ 何时进行工效学评价？
> ➢ 常用的工效学评价方法有哪些？如何用这些评价方法进行评价？
> ➢ 采用哪种工效学评价方法对系统进行评价？

7.1 概 述

一切与人有关的系统或产品的设计都应该符合工效学提出的指标要求,如显示器显示字符的大小、分辨率、颜色;按钮的大小、力量、可达性;抓握工具的形状、粗细、质量等。各项指标是否满足工效学要求,必须进行检验或评价,这个检验或评价的过程就是工效学评价。根据工效学的评价结果,可以对人-机系统进行调整和改进,改善薄弱环节,消除不良因素或潜在危险,以达到系统的最优化。

系统设计的整个过程都应该进行工效学评价,都应该有工效学专家的参与。在系统的分析和规划阶段,工效学专家应该对人机功能分配和系统功能的各种方案进行比较研究,对各种性能的作业进行分析调查、决定必要的信息显示与控制的种类,根据人机功能分配方案分配预测所需人员的数量和质量以及训练计划和设备,提出试验评价方法,设想与其他子系统的关系和准备采取的对策。在系统设计阶段,工效学专家需要提出工效学设计标准;参与系统最终方案的确定;决定人与机器之间的最终功能分配;决定空间设计、人员和机器的配置,使人在作业过程中的信息、行动能够迅速、准确地进行;决定照明、温度、噪声等环境条件和保护措施。在系统样机完成之后,工效学专家要对系统的安全性、舒适性及人-机系统的效率等进行评价。只有对系统进行工效学评价并分析评价结果才能判断是否能将其投入到生活或生产中。

工效学评价对于复杂的人-机系统尤为重要,如航空航天中的人-机系统,它包括人(航天或飞行员)、机(飞船或飞机)、环境(飞行器座舱内环境和舱外的空间环境)三个方面,任何一方面都是一个复杂系统,而三方面的交互又增加了系统的复杂性。如何使这样复杂的系统进行协调的工作,这就需要有工效学人员的参与,分阶段、分层次对系统进行工效学设计和评价,既包括部件级评价也包括装置级评价,既包括单项评价也包括系统评价,通过评价结果了解系统是否满足了工效学要求,满足的程度,存在的隐患,是否允许系统进行实际飞行。通过工效学评价对飞行系统进行改进,使飞行系统更加安全、可靠和高效。

7.2　工效学评价原则及过程

对系统或产品进行工效学评价时应该遵循一定的原则,按照科学的流程进行工效学评价。

7.2.1　工效学评价原则

为更好地进行工效学评价,要注意以下原则:

1. 评价的客观性

评价的目的是确保产品设计满足工效学设计要求,以充分发挥人的作用,并提高完成任务的成功率。为此,工效学评价必须客观地反映实际,需要做到:

① 保证评价资料的全面性和可靠性,对工效学评价试验应按规范进行设计。
② 采取相关措施,防止参与评价人员的倾向性。
③ 对于有主观体验的评价试验,应按规范或标准选择有代表性的受试者。
④ 在进行工效学数据分析时,应保证工效学专家或本领域的技术人员占多数。

质量直接影响决策的正确性。为此,要保证评价的客观性,保证评价数据的可靠性、全面性和正确性,就应防止评价者的主观因素影响,同时对评价结果进行检查。

2. 评价方法的通用性

对于同一类产品其评价方法应该相同,此外,评价方法应该适应评价同一级别的各种系统。

3. 评价指标的综合性

评价指标体系要能反映评价对象各个方面的功能和因素,这样才能真实地反映被评价对象的实际情况,以防止评价出现片面性。

4. 评价项目的重点性

在对复杂系统进行工效学评价时,应将其中与人的安全性和可靠性密切相关的对象作为评价重点,进行科学评定。

7.2.2　评价的步骤

工效学评价是一项复杂的系统工程,为了保证评价过程高效、有序地进行,应遵循以下步骤(见图7.1)。

1. 确定评价目标

评价目标是工效学评价的依据。因此,确定评价目标对整个评价过程至关重要。通常可以从以下三个方面设置评价目标:

① 使所评价对象的工效性能达到最优。
② 针对任务所需的工效性能。
③ 根据人的生理与心理特点评判可能具备的限制条件。

大多数评价目标在产品设计阶段已得到确认,因而可以预先制订好评价计划,进行综合集成。但也可能在产品研制的过程中产生一些新的评价需求,尤其是当出现预料之外的事件或

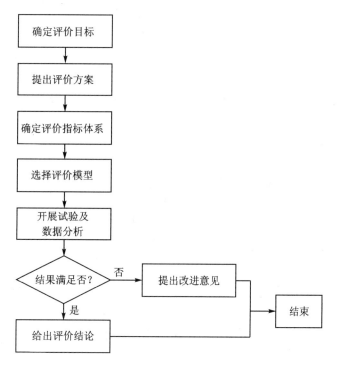

图 7.1　工效学评价的步骤

与预期严重不符的结果时,会产生一些临时性的评价需求。这样,评价的目标也应能动态地调整。

2. 提出评价方案

根据工效学评价目标,在分析各种信息的基础上,提出评价方案并对各评价方案做出简要说明,使之清晰明了,便于评价人员掌握。

在确定评价方案的过程中,评价对象的集合一般有两种类型:一是根据评价目标必须检验的所有对象,是一个全集;二是由于评价对象太多,不可能——评价,而且只能针对全集的一个样本,用样本作为全集的代表。此时,样本工效学评价的目的是根据对样本的评价结论来推断全集的评价结论,因而更应注意评价方案的科学性和规范性。

某些情况下,评价方案中所选用的评价数学模型包含某些未知参数,这些参数可以通过抽取适当的样本进行统计,有时也可以用还价咨询法估计。在确定评价方案中用于做出评价结论的评价标准时,应使评价标准适应于评价目标,并且适应于所面临的环境条件。

3. 确定评价指标体系

评价指标体系是根据工效学评价目标的层次、结构、特点和类型来设置的。它的设置要注意全面与重点结合、绝对量指标与相对量指标结合、定量与定性指标结合,具体选择应注意以下几点:

① 评价指标必须与评价目标密切相关;
② 评价指标应该构成完整的体系,即全面反映工效学评价对象的各个方面;
③ 评价指标应尽可能少,以降低评价负担;
④ 确定评价指标时,要注意指标数据的可得性。

4. 选择评价模型

模型是工效学评价的工具,评价模型本身是多属性、多目标的,不同问题使用的评价模型可能不同,同一个评价问题也可能使用不同的评价模型。因此,对选用什么样的评价模型本身也需做评价,一般地说,应选用能更好地达到评价目标的评价模型。

5. 开展试验及数据分析

开展工效学评价试验是采集评价数据的基础,对数据采集的基本要求是:正确、准确和适时。其中,正确是指所采集的数据与工效学评价所要求的性质相同,口径一致,没有张冠李戴;准确就是误差在允许的范围之内;适时就是数据值的发生时间符合评价目标要求。只有获得高质量的基础数据,才有可能产生高质量的评价结果。总之,在开展工效评价试验时,应通过严格的试验设计,对数据采集方法进行规定。

数据分析主要是针对采集到的工效学评价数据进行分析处理,并通过一定的评价方法获得评价结果的过程。一般来说,评价结果有两种形式:一种形式是针对评价对象获得一组评价总指标的值;另一种形式则是在第一种结果的基础上,根据评价标准,确认其是否满足工效学要求。第二种形式是根据主、客观数据,通过规范性模型而得出的。

6. 给出评价结论

在这里应首先区分评价结果和评价结论这两个概念,前者是根据评价试验数据给出的客观结果,但评价结论并不这么简单。评价结论是在评价结果的基础上,通过进一步的分析,对评价对象符合评价标准的状况做出判断,给出一个权衡的综合评价结论。这是因为产品的工效学评价比较复杂,没有绝对的好与坏,需要从各个角度提出评价意见,并且要把正反两方面的后果都陈述清楚。评价结论的得出一般由若干专家集体讨论,并注意各种观点、意见的综合。

7.3 常用的工效学评价方法

工效学评价方法有很多,有的是定量评价方法,有的是定性评价方法。定量评价方法可以测出大小、形状、功耗等具体数值,由于有人的存在,使得系统性能产生不确定性,很多指标不便于定量化,只能通过相对模糊的设计原则来表达,没有绝对的评价标准,如"要保证可操作性"、"不要产生误操作"、"不要使人的工作负荷过高",因此,只能采用定性的评价方法。可以根据工程实际选择定性或定量评价方法,也可以将二者结合进行综合评价。

7.3.1 动作分析法

动作分析是一种分析技术,它以人在操作过程中的人体各部位(手、眼和身体)的动作(抓取、搜索、移动)为研究对象,通过分析,找出并剔除不必要的动作要素、减少无效动作,简化操作方法,使操作流程合理化,以消除实施动作过程中存在的浪费、不合理性和不稳定性,对降低操作者身体疲劳、增加其操作舒适性及提高工作效率具有重要意义。动作分析可以用于发现空闲时间,以及为制定标准的作业方法和进行时间研究提供基础。在大量的重复性作业过程中,微小的动作改进都可以带来很大的收益。

为了对动作进行分析,必须了解动作的活动状况,观察动作分析的常用方法有两种:目视动作分析法和摄像动作分析法。

① 目视动作分析 涉及的观察目标明显、肉眼就能分辨。分析者直接用肉眼观察实际的作业过程,并将观察到的情况直接记录到专用表格上,再对记录结果做进一步分析。目视动作分析法只适用于比较简单的操作活动。

② 摄像动作分析 利用摄像设备将整个操作过程录制成视频保存在录像带或者光盘中,然后回放视频对动作进行慢放加以分析和改进。摄影动作分析可以对细微的动作进行更精确的分析和描述,这种方法由于摄像技术的发展和普及,在实际中得到广泛应用。吉尔布雷斯的著名的砌砖实验就是利用摄像手段对砌砖动作进行分析改进的最早研究和应用。

1. 动素分析

人的操作活动是由动作构成的,构成操作活动的最小动作要素称为动素。任何操作活动最后都可以分解成为动素。虽然动作有多个种类,但是将它们细分后,可以发现所有的动作都是由一些简单的、基本的动素组成。动素分析就是通过观察人的肢体(手、脚、头、眼等)活动,把动作的顺序和方法与人手、眼、脚的活动联系起来详尽地分析,用动素符号记录和分类,找出动作顺序中存在的问题,并加以改善的一种分析方法。

吉尔布雷斯夫妇是最早对操作活动进行科学分析的研究人员,他们发现任何操作动作都是由 17 种动素组成的,这 17 种动素被称为萨布里克动素(therblig)。后来,他们又增加了"计划"这一脑力动素,即把人体动作划分为 18 种动素,后来经美国工程师协会(ASME)采用、修正并重新分类,每种动素用形象符号表示,分为三类,如表 7.1 所列。

表 7.1 18 种动素名称及符号

分类	序号	名称	形象符号	文字符号	说明
第一类	1	伸手	⌒	RE	接近或离开目的物的动作
	2	握取	∩	G	握住目的物
	3	移物	⌣	TL	移动目的物
	4	装配	#	A	将两个以上目的物组合起来
	5	使用	∪	U	使用工具进行操作
	6	拆卸	#	DA	对组合物体做分解动作
	7	放手	⌒	RL	放下目的物
	8	检查	0	I	将目的物与规定标准比照
第二类	9	寻找	⊂⊃	Sh	为确定目的物位置的动作
	10	选择	→	St	为选择欲抓取的目的物的动作
	11	计划	ρ	Pn	为确定下一步骤所做的考虑
	12	定位	9	P	为便于使用目的物而校正位置的动作
	13	预定位	8	PP	调整目的物使之与某一轴线或方向相适合
	14	发现	⊙	F	找到目的物的瞬间动作

续表 7.1

分类	序号	名称	形象符号	文字符号	说明
第三类	15	持住	⌢	H	保持目的物的状态
	16	休息	℮	R	不含有动作，而以休息为目的
	17	不可避免的延迟	⋀	UD	含有有用动作，作业者不能控制的延迟
	18	可避免的延迟	⌣	AD	不含有用动作，作业者可以控制的延迟

第一类为有效动素，即进行操作所必须的动作，包括 1~8 项。

第二类为辅助动素，此类动作有时是必要的，但会延缓第一类动作的实施，延长作业时间，降低工作效率，应尽量避免此类动素，包括 9~14 项。

第三类为无效动素，不是操作所需要的，是改进操作方法时首先考虑剔除的。

动素分析的基本任务就在于通过分析研究尽可能地排除动作中的第二、三类动素，将第一类动素组合成合理的系列，并配以适当的工具和劳动设施，使操作活动更为经济有效。

动素分析一般包括 7 个基本步骤：①现场观察；②按作业顺序记录双手、眼、头、足等身体各部位的活动；③以动素为单位对动作分解；④填表；⑤分析改进；⑥实施；⑦动作标准化。

2. 动作经济原则

经过对动作的研究，吉尔布雷斯首创了动作经济原则。动作经济原则是一组指导人们如何节约动作、如何提高动作效率的准则。其基本思想是：以尽可能减少工人疲劳、发挥工人最高效率为准则制定操作方法，再配备有效的加工工具、机械设备和合理的工作地布置。动作经济原则经过多位学者的改进，归纳为以下的 10 条原则：

① 手部动作分析，双手的动作应该是同时的、对称的。这样能适合人体的对称，使动作得以相互平衡而不易疲劳。平衡感会使操作者有节奏地工作，可以提高工作效率。如果只有一只手运动，则身体肌肉必须一方面维持静态，另一方面保持动态，肌肉无法休息，容易疲劳。

② 工具或目标物应该放在操作者面前或近处，以便使它处在双手容易得到的位置，手的移动距离越短越好，移动次数越少越好。

③ 不要在重体力劳动之后立即做精确的工作。

④ 所有的工具和物料应该有固定的明确的存放地点。

⑤ 尽量降低人体的动作等级。如表 7.2 所列，工作时人体的动作等级可以分为 5 级。第 1 级动作效率最高。第 2 级动作比第 1 级动作慢。第 5 级的动作最慢，是最耗时的动作，所以应尽量使用前 3 级动作。常通过避免举起肘部来减少第 4 级动作。通过合理的设计可以避免第 5 级动作。以点灯开关为例，使用接触式开关比使用闸刀式开关动作等级低。

⑥ 尽量利用重力或下坠方式传送物料。

⑦ 手和脚的任务要合理分配。手的特点是灵活，脚的特点是力量大。一些较为简单的或者费力的工作可以让脚完成。所有的工作只要是脚做更为有利，就避免用手做。

⑧ 物料和工具的摆放要能使操作流畅和有节奏。

⑨ 要避免骤然改变方向的曲折或直线的动作发生，更宜采用流畅而连续的手动动作。

⑩ 工作地和座椅的高度最好在工作时能适应站和坐替换要求，同时应该具备适宜的光

线,使工作者尽可能舒适一些。

表 7.2　人体的动作级别

级别	运动枢轴	人体运动部位	典型动作
1	指节	手指	拧螺母、打字、按按钮、抓小零件
2	手腕	手指及手腕	翻书、电子元件装配、转动门轴
3	肘	手指、手腕、小臂	小玩具装配、肘部自然下垂的装配
4	肩	手指、手腕、小臂及大臂	拿起桌上工具、手举高于头部
5	身体	手指、手腕、小臂、大臂及肩	坐在椅子上抓起放在地上的物体

7.3.2　问卷调查法

问卷调查是一种预先设计好需要询问的一系列问题的方法,目的是获得受试者的态度/喜好和意见的可度量表达方式。能够产生确凿可靠结果的问卷的设计需要对技能和经验有一种测量尺度。

问卷调查法适用于各种类型的评价,可用来评价许多种定性变量(如可接受性、使用方便性等),是使用最频繁的一项主观评价方法。在航空航天领域显示和控制系统的工效学评价中经常用到问卷调查法,如图形显示信息的可接受性评价,不同显示格式的显示器的可接受性评价,新型控制方式的可接受性评价,以及平视显示器飞行符号的可接受性评价等。表 7.3 所列为飞船返回舱舱门开启的可操作性问卷评价举例。

表 7.3　返回舱舱门开启的可操作性

问　题	主观感觉	备　注
舱门开启方式	能够操作:○优、○良、○中、○及格 不能操作:○差	
操作空间	能够操作:○优、○良、○中、○及格 不能操作:○差	
开关手柄抓握宽度	能够操作:○优、○良、○中、○及格 不能操作:○差	
舱门开关手柄抓握直径	能够操作:○优、○良、○中、○及格 不能操作:○差	
开光手柄抓握时与相邻机构的间隙	能够操作:○优、○良、○中、○及格 不能操作:○差	
抓握时的双手间距	能够操作:○优、○良、○中、○及格 不能操作:○差	
开关手柄转动角度	能够操作:○优、○良、○中、○及格 不能操作:○差	
助力装置及其安装位置	能够操作:○优、○良、○中、○及格 不能操作:○差	
……	……	……

问卷调查表是获得主观评价资料的最基本方法,但也是最难设计的一项主观评价方法,设计一份问卷调查表需要设计者对被评价系统有足够的背景知识。

1. 问卷设计的指导原则

问卷调查的设计和构成一般不能从教科书上学到,因为对每项测试的要求往往是不同的,并有些新的问题。但是,问卷调查的设计和实施还是有某些规则和原理的。遵循这些原理,可以避免和消除某些较具共性的缺陷,这些缺陷会造成提出不正确的问题及导致不确定的结果。下面是设计问卷的一些指导原则,对制订计划和实施问卷调查提供一些指导。

①有明确的主题。重点突出,没有可有可无的问题。

②结构合理、逻辑性强。一般是先易后难、先简后繁、先具体后抽象。

③通俗易懂,受访者愿意如实回答。语气亲切,符合受访者的理解能力和认识能力,避免使用专业术语。对敏感性问题采取一定的技巧调查,使问卷具有合理性和可答性,避免主观性和暗示性,以免答案失真。

④控制问卷的长度。回答问卷的时间控制在 30 min 左右,问卷中既不浪费一个问句,也不遗漏一个问句。

⑤便于资料的校验、整理和统计。

2. 问卷设计的步骤

准备一份问卷调查表要很细心,首先对被评价系统要有足够的背景知识,对主持答卷人员的背景和结果进行分析的类型也有一定的知识。实际中,经常是还没有进行足够的策划就去制定问卷调查表,直到分析、解释结果时才认识到设计的问题及缺点,这样就会造成许多人力和物力的损失。因此,设计问卷必须按照一定的逻辑顺序进行。适用于由人-机工程测试与评价人员进行各种测试的问卷调查表的设计方法,可分为以下 10 个步骤:

1) 把握调研的目的和内容。

在问卷设计之前,调研人员必须明确要了解需要调研的信息,这些信息中的哪些部分是必须通过问卷调研才能得到的,这样才能较好地说明所需要调研的问题,实现调研目标。在这一步骤中,调研人员应该列出所要调研的项目清单。

2) 搜集有关研究课题的资料。

要想把问卷设计得完善,研究者还需要了解与研究项目相关的详细信息资料。

搜集有关资料的目的主要有三个:一是帮助研究者加深对所调研问题的认识;二是为问题设计提供丰富的素材;三是形成对目标总体的清楚概念。在搜集资料时对个别调查对象进行访问,可以帮助了解受访者的经历、习惯、文化水平以及对问卷问题知识的丰富程度等。研究者应该很清楚地知道,适用于大学生的问题不一定适合家庭主妇。调查对象的群体差异越大,设计一个适合整个群体的问卷就越难。

3) 确定调查方法的类型。

问卷的类型一般包括面对面的访谈(面访)、电话访问、邮寄方式和计算机辅助访问。

不同类型的调查方式对问卷设计是有影响的。在面对面的访谈中,受访者可以看到问题并可以与调研人员面对面地交谈,因此可以询问较长的、复杂的和各种类型的问题。在电话访问中,受访者可以与调研人员交谈,但是看不到问卷,这就决定了只能问一些短的和比较简单的问题。邮寄问卷是自己独自填写的,受访者与调研人员没有直接的交流,因此问题也应简单些并要给出详细的指导语。在计算机辅助访问中,可以实现较复杂的跳答和随机化安排问题,以减小由于顺序造成的偏差。而面访和电话访问的问卷则要以对话的风格来设计。

4) 确定每个问答题的内容。

在确定问题内容时,必须注意以下两点:

① 这个问题有必要吗?

② 是需要几个问题还是只需要一个就行了?

问卷中的每个问题都应对所需的信息有所贡献,或服务于某些特定的目的。如果从一个问题得不到满意的使用数据,那么这个问题就应该取消。

在确定每个问题的内容时,调研者不应假设受访者能够对所有的问题都能提供准确或合理的答案,也不应假定他一定会愿意回答每一个知晓的问题。对于受访者"不能答"或"不愿答"的问题,调研者应当想法避免这些情况的发生。

5) 决定问答题的结构(开放式、封闭式)。

一般来说,调查问卷的问题有两种类型:封闭性问题和开放性问题。

开放性问题,又称为无结构的问题,受访者用他们自己的语言自由回答,不具体提供选择答案的问题。例如:

"您为什么喜欢模拟飞行?"

"您认为这个型号的飞机座舱有哪些地方不太令您满意?"

开放性问题可以让受访者充分地表达自己的看法和理由,并且比较深入,有时还可获得研究者始料未及的答案。它的缺点有:搜集到的资料中无用信息较多,难以统计分析,面访时调查员的记录直接影响到调查结果,并且由于回答费事,可能遭到拒答。

开放性问题在探索性调研中是很有帮助的,但在大规模的抽样调查中,就不太适合。

封闭性问题,又称有结构的问题,它规定了一组可供选择的答案和固定的回答格式。例如:

您觉得影响显示器可读性的因素是什么?

(A)显示器的距离 (B)显示器的倾角 (C)显示字符的大小 (D)显示字符的亮度 (E)显示字符的格式(F)眩光设计(G)其他_____(请注明)

封闭性问题的优点主要有三个方面:一是答案是标准化的,对答案进行编码和分析都比较容易;二是受访者易于作答,有利于提高问卷的回收率;三是问题的含义比较清楚。因为所提供的答案有助于理解题意,这样就可以避免受访者由于不理解题意而拒绝回答。封闭性问题也存在一些缺点,主要有两点:一是受访者对题目不正确理解的,难以觉察出来;二是可能产生"顺序偏差"或"位置偏差",即受访者选择答案可能与该答案的排列位置有关。研究表明,对陈述性答案受访者趋向于选第一个或最后一个答案,特别是第一个答案。而对一组数字(数量或价格)则趋向于取中间位置的答案。为了减少顺序偏差,可以准备几种形式的问卷,每种形式的问卷答案排列的顺序都不同。

6) 确定问题的措词。

问卷调查表中最重要也是最困难的就是问题的措辞。措辞的好坏,将直接或间接地影响调研的结果。因此对问题的用词必须十分审慎,要力求通俗、准确、客观。所提的问题应对受访者进行预试之后,才能广泛地运用。

7) 安排问题的顺序。

在设计好各项单独问题以后,应按照问题的类型、难易程度安排询问的顺序。如果可能,引导性的问题应该是能引起受访者兴趣的问题。回答有困难的问题或私人问题应放在调研访问的最后，以避免受访者处于守势地位。问题的排列要符合逻辑的次序，使受访者在回答问题时有循序渐进的感觉，同时能引起受访者回答问题的兴趣。

8) 确定格式和排版。

主要是文字的整体版面设计要规范、合理，包括字体大小和颜色、段落间距、答题的空间等。

9) 拟定问卷的初稿和预调查。

在问卷用于实施之前，应先选一些符合抽样标准的受访者进行预测试，在实际环境中对每一个问题进行讨论，以求发现设计上的缺失，如：是否包含了整个调研主题，是否容易造成误解，是否语意不清楚，是否抓住了重点等，并加以合理的修正。

10) 制成正式问卷。

7.3.3 连接分析

1. 连接及其表示方法

连接是指人-机系统中，人与机、机与机、人与人之间的相互作用关系。相应的连接形式有人-机连接、机-机连接和人-人连接。人-机连接是指作业者通过感觉器官接收机械发出的信息或作业者对机械实施控制操作而产生的作用关系；机-机连接是指机械装置之间所存在的依次控制关系；人-人连接是指作业者之间通过信息联络，协调系统正常运行而产生的作用关系。

连接分析涉及人-机系统中各子系统的相对位置、排列方法和交往次数。人与外界发生信息传递是通过多种感官通道发生的，因此，连接可以分为视觉连接、听觉连接、控制连接及语音连接等。按连接的性质，人-机系统的连接方法主要有以下两种：

（1）对应连接

对应连接是指作业者通过感觉器官接收他人或机器装置发出的信息或作业者根据获得的信息进行操纵而形成的作用关系。例如，飞行员根据航向指示表向左侧压操纵杆；空管人员根据所听到飞行员关于飞机突发故障的报告后要求其紧急迫降；航天员根据显示器中目标飞行器的位置调整飞船姿态进行空间交汇对接。这些都是由显示器传给眼睛，或由声信号传给耳朵后进行的。这种以视觉、听觉或触觉来接受指示形成的对应连接称为显示指示型对应连接。操作人员得到信息后，以各种反应动作操纵各种装置而形成的连接称为反应动作对应连接。

（2）逐次连接

人在进行某一作业过程中，往往不是一次动作便能达到目的，而需要多次逐个的连续动作。这种由逐次动作达到一个目的而形成的连接称为逐次连接。如飞行员操纵飞机降落的过程：与地面空管员对话确认可以降落→操纵驾驶杆对正飞机跑道→降低发动机推力并将襟翼放至最大→调整姿态→放起落架→将机头拉起→控制飞机使后轮着地→打开减速板→将发动机推力降至反推力→利用机轮制动→将飞机停于跑道上。飞行员通过以上一系列操作实现飞机平稳着陆的复杂过程即为一个典型的逐次连接。

2. 连接分析及目的

连接分析是指综合运用感知类型（视、听、触觉等）、使用频率、作用负荷和适应性，分析评价信息传递的方法。

人-机系统的各组成要素可以通过一些由图形符号和连接线组成的连接关系图进行连接

分析,圆圈"○"表示人,方框"□"表示显示或控制装置。圆圈与方框之间的对应关系用不同的线型连接,实线"——"表示操作连接,点画线"-·-"表示视觉观察连接,虚线"----"表示听觉信息传递连接。

可以看出,连接分析涉及人-机系统的各组成要素的空间布局、各要素之间的信息传递方式、方向和次数。连接分析的目的就是根据观看频率和重要程度,运用连接分析合理配置显示器与操作者的对应位置,以求达到视距适当、视线通畅,便于观察;根据操作者对控制器的操作频率和重要程度,通过连接分析将控制器布置在适当的区域内,以便于操作,提高操作的准确性;连接分析还可以帮助设计者合理配置机器间的位置,降低物流指数。可见,连接分析的目的是合理配置各子系统的相对位置及其信息传递方式,减少信息传递环节,使信息传递简洁、通畅,提高系统的可靠性和工作效率。

3. 连接分析的步骤

用连接分析法对系统进行分析和优化时,一般可按以下步骤进行。

(1) 绘制连接关系图

在绘制连接关系图前,应该先弄清系统中有哪些岗位人员和设备,岗位人员与设备之间、设备与设备之间是怎样传递信息的。根据人-机系统列出系统的主要要素,并用相应的符号绘制连接关系图。图7.2所示的控制台系统的设计中,作业者3、1、4分别对显示器和控制装置C、A、D进行监视和控制,作业者2对显示器C、A、B进行监控,并对作业者3、1、4发布指示。根据前边所述的人-机系统各要素的符号表示方法绘制的连接关系图如图7.3所示。

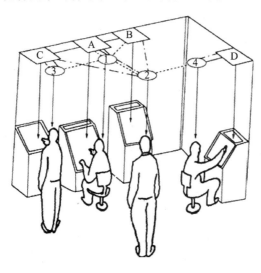

图7.2 控制台系统的设计

(2) 调整连接关系

为了实现连接分析的目的,系统的各元素在连接关系图中应该尽量无交叉或少交叉,这样可以避免或减少信息传递环节的相互干扰。图7.4(a)为初步绘制的连接关系图,该图还可以进行优化。图7.4(b)为改进后方案,交叉点消失。显然,图7.4(b)比图7.4(a)所示的方案合理。这种图形修改绘制可能要反复多次,直至取得简单、合理的配置为止。

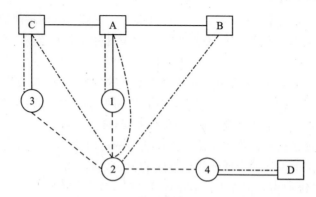

图 7.3 连接关系

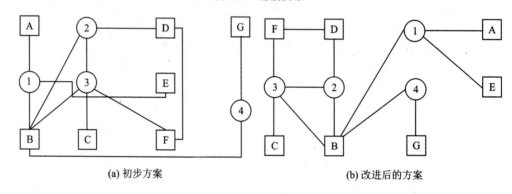

(a) 初步方案   (b) 改进后的方案

图 7.4 连接方案的优化

(3) 综合评价

前边的步骤适合于对简单人-机系统的连接分析,对于较为复杂的人-机系统,必须引入系统的"相对重要性"和"使用频率"两个因素进行综合评价。

① 相对重要性。请有经验的人员确定连接的重要程度,经加权平均打分得到连接间的重要程度数值。

② 使用频率。按使用频数的大小确定使用频率。

③ 综合评价。将相对重要性和使用频率两者相对值之乘积的大小作为综合评价值,将值标在连接线上,然后根据此值调整连接关系对系统进行优化配置。

若单纯以相对重要性评价与优化,则重要性大的相对靠近配置,重要性小的相对远离配置,会忽视经常使用的装置;若按使用频率的大小对连接及进行评价与优化,又会忽视紧急操纵时连接使用频率小的问题。利用综合评价值进行综合评价可以避免上述问题,可以使重要程度高、使用频率高的人或机相对靠近配置。

图 7.5(a)是某连接图,连线上所标的数值是重要性和使用频率的乘积值,即综合评价值。在进行方案分析中,既要考虑减少交叉点,又要考虑综合评价值。图 7.6(b)为调整后方案,与改进前方案相比连接流畅且易使用。从图 7.6(b)可以看出,连接值大的连接线较短,需靠近配置;连接值小的连接线较长,可以远离配置。

(4) 运用感觉特性配置系统的连接

在人-机系统中,当人、显示器、控制器三者之间传递信息时,可以形成视觉连接、听觉连接或触觉连接(控制、操纵连接)。按照人的感官特性,视觉连接或触觉连接应配置在人的前面,

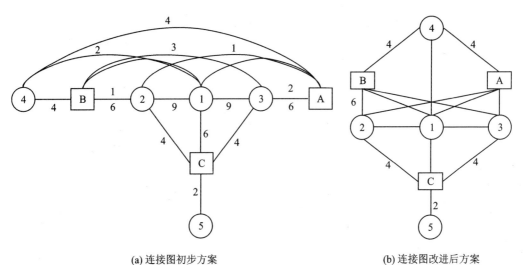

(a) 连接图初步方案　　　　　　　　(b) 连接图改进后方案

图 7.5　利用综合评价值的连接分析

而听觉连接可以配置在人的任意方位。因此,连接分析除运用上述减少交叉、综合评价原则外,还应考虑运用感觉特性配置系统的连接方式。

图 7.6 描述了 3 人和 5 台机器连接关系图,小圆圈中的数值表示连接综合评价值,图(a)为改进前的连接关系图,图(b)为考虑了以上各种因素后进行改进后的方案。可以看出,图(b)更加科学合理。

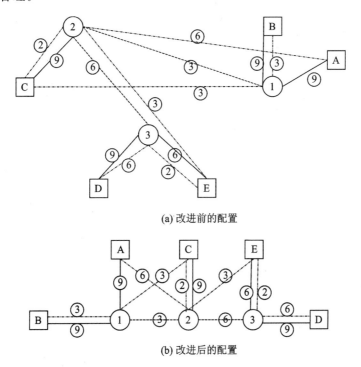

(a) 改进前的配置

(b) 改进后的配置

图 7.6　运用感觉特性配置系统连接

7.3.4 检查表法

检查表法(也叫校核表法)是一个较为普遍的评价方法,是利用工效学原理检查构成人-机系统各因素及作业过程中操作人员的能力、心理和生理反应状况的评价方法。该方法既可以用于系统评价,也可用于单元评价。

1. 检查表编制要求

编制检查表必须根据评价对象和要求特点编制,要有针对性,要尽可能系统、详细。具体要求如下:

① 从人、机、环境要求出发,利用系统工程方法和工效学方法的原理将系统划分成单元,以便于集中分析问题。

② 以各种规范、规定和标准等为依据。

③ 要充分收集有关资料和信息。

④ 由工效学技术人员、生产技术人员和有经验的操作人员共同编制,并通过实践检验不断修改,使之不断完善。

检查表具有提问式和叙述式两种格式,有的还可以打分,表7.4是某型号飞机座舱工效的检查表的部分内容。检查表的编制流程可以参考图7.7。

表7.4 某型号飞机座舱工效评价的检查表的部分内容

序号	名称	工效学问题的描述	评价	具体问题和建议	打分
1	登机通道	飞行员登机路线是否符合驾驶习惯,且无阻挡	是( )否( ) 无法评价( )		1□ 2□ 3□ 4□ 5□ 6□ 7□ 8□ 9□ 10□
2	驾驶位	进出门设置、把手设置、座椅位置等是否符合驾驶习惯	是( )否( ) 无法评价( )		1□ 2□ 3□ 4□ 5□ 6□ 7□ 8□ 9□ 10□
4	设备布局	设备布局是否符合驾驶员握杆、手操作开关或机载设备的习惯	是( )否( ) 无法评价( )		1□ 2□ 3□ 4□ 5□ 6□ 7□ 8□ 9□ 10□
5	可达性	飞行员完成座椅调整定位后,飞行员是否能触及并操纵飞行程序所规定的设备	是( )否( ) 无法评价( )		1□ 2□ 3□ 4□ 5□ 6□ 7□ 8□ 9□ 10□
6	工作负荷	飞机地面发动机启动时的噪声是否会引起人的不适感	是( )否( ) 无法评价( )		1□ 2□ 3□ 4□ 5□ 6□ 7□ 8□ 9□ 10□
7	外部视野	飞行员完成座椅调整定位后,驾驶舱窗口、玻璃是否满足驾驶员外部视野要求	是( )否( ) 无法评价( )		1□ 2□ 3□ 4□ 5□ 6□ 7□ 8□ 9□ 10□

续表 7.4

序 号	名 称	工效学问题的描述	评 价	具体问题和建议	打 分
8	内部视野	飞行员完成座椅调整定位后,遮光罩、仪表板、操纵台是否满足飞行员内部视野要求	是( )否( ) 无法评价( )		1□ 2□ 3□ 4□ 5□ 6□ 7□ 8□ 9□ 10□
9	操作装置	危险开关、应急操作装置是否有特别提示	是( )否( ) 无法评价( )		1□ 2□ 3□ 4□ 5□ 6□ 7□ 8□ 9□ 10□
10	颜色色调	舱内颜色设计是否协调	是( )否( ) 无法评价( )		1□ 2□ 3□ 4□ 5□ 6□ 7□ 8□ 9□ 10□
11	调节可及性	座椅调整手柄是否易于接近和操作	是( )否( ) 无法评价( )		1□ 2□ 3□ 4□ 5□ 6□ 7□ 8□ 9□ 10□
12	束带	飞行员调整就位后,肩带和腰带是否阻碍飞行操纵	是( )否( ) 无法评价( )		1□ 2□ 3□ 4□ 5□ 6□ 7□ 8□ 9□ 10□
……	……	……	……		……

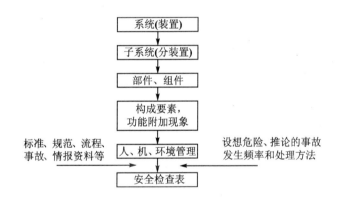

图 7.7 安全检查表的编制流程

2. 人-机系统分析检查表

人-机系统分析检查表是指对整个人-机系统(包括人、机、环境)进行检查时所使用的检查表,其检查内容很多,这里仅介绍其中的信息显示、操纵装置、作业空间和环境要素几个重要部分的检查内容。由于人-机系统复杂多样,下边的检查内容只能作为参考,研究人员可根据不同的人-机系统,也可以有针对性地制定自己的检查内容。

(1) 信息显示

a. 作业(操作)能得到充分的信息显示吗?

b. 信息数量合适否?

c. 作业面的亮度能否满足视觉的判断对象及进行作业要求的必要照明标准?

d. 警报指示装置是否配置在引人注意的地方?

e. 仪表控制台上的事故信号灯是否位于操作者的视野中心?

f. 标志记号是否简洁、意思明确？

g. 信号和显示装置的种类和数量是否符合信息的特性？

h. 仪表的安排是否符合按用途分组的要求？排列顺序是否与操作者的认读次序相一致？是否符合视觉运动规律？是否避免了因调节或操纵手柄时遮挡视线？

i. 最重要的仪表是否布置在最有利的视区内？

j. 显示仪表与控制装置在位置上的对应关系如何？

k. 能否很容易地从仪表板上找出所需要的仪表？

l. 仪表刻度能否十分清楚地分辨？

m. 仪表的精度符合读数精度要求吗？

n. 刻度盘分度的特点不同,是否引起读数误差？

o. 根据指针是否能容易地读出所需要的数字？指针运动方向符合习惯要求吗？

p. 音响信号是否受到噪声干扰？必要的会话是否受到干扰？

（2）操纵装置

a. 操纵装置是否设置在手易达到的范围内？

b. 需要进行快而准确的操作动作时是否便于操作？

c. 操纵装置是否按不同功能和不同系统分组？

d. 不同的操纵装置在形状、大小、颜色上是否有区别？

e. 操作极快、使用频繁的操纵装置是否用按钮？

f. 按钮的表面大小、揿压深度、表面形状是否合理？

g. 手控操纵机构的形状、大小、材料是否与施力大小相符合？

h. 从生理上考虑,施力大小是否合理？是否有静态施力状态？

i. 脚踏板是否必要？是否坐姿操作脚踏板？

j. 显示装置与操纵装置是否按使用顺序原则、使用频率原则和重要性原则安排？

k. 能用复合的操纵装置（多功能的）吗？

l. 操纵装置的运行方向是否与预期的功能和被控制的部件运动方向一致？

m. 操纵装置的设计是否满足协调性（适应性或兼容性）的要求（即显示装置与操纵装置的空间位置协调性,运动上的协调性和概念上的协调性）？

n. 紧急停车装置设置的位置是否合理？

o. 操纵装置的布置是否能保证操作者以最佳体位进行操作？

（3）作业空间

a. 作业地点是否足够宽敞？

b. 仪表及操作机构的布置是否便于操作者采取方便的工作姿势？能否避免长时间保持站立姿势？能否避免频繁出现的前屈弯腰？

c. 如果是坐姿工作,是否有容膝空间？

d. 从工作位置到眼睛的距离来考虑,工作面的高度是否合适？

e. 机器、显示装置、操作装置和工具的布置是否能保证人的最佳视觉条件、最佳听觉条件和最佳触觉条件？

f. 能否按机器的功能和操作顺序安排？

g. 设备布置是否考虑到进入作业姿势和退出作业姿势的充分空间？

h. 设备布置是否注意到安全和交通问题？

i. 大型仪表板的布置是否能满足作业人员操纵仪表、巡视仪表和在控制台前操作的尺度要求？

j. 危险作业点是否留有足够的退避空间？

k. 操作人员进行操作、维护和调节的工作位置在坠落基准面 2 m 以上时，是否在升降设备上配置了供站立的平台和护栏？

l. 对可能产生渗漏的生产设备，是否有收集和排放设施？

m. 底面是否平整、不出现凹凸？

n. 危险作业区和危险作业点是否隔离？

(4) 环境要素

a. 作业区的环境温度是否适宜？

b. 全区照明与局部照明的比例是否合适？是否有忽明忽暗、频闪现象？是否有产生眩光的可能？

c. 作业区的湿度是否适宜？

d. 作业区的粉尘怎样？

e. 作业区的通风条件怎样？强制通风的通风能力及其分布位置是否符合规定要求？

f. 噪声是否超过卫生标准？采取的措施是否有效？

g. 作业区是否有放射性物质？采取的措施是否有效？

h. 电磁波辐射量怎样？采取的措施是否有效？

i. 是否有出现可燃、有毒气体的可能？检测装置是否符合要求？

j. 原材料、半成品、工具及边角废料置放是否可靠？

k. 是否有刺眼或不协调的颜色存在？

7.3.5 环境指数法

环境指数评价法通常包括空间指数法、可视性指数法和会话指数法。

1. 空间指数法

作业空间狭窄会妨碍操作，使作业者采取不正常的姿势和体位等，影响作业能力的正常发挥，提早产生疲劳或加重疲劳降低工效；狭窄的作业空间、通道或入口还会造成作业者无意触碰危险机件或误操作，导致事故发生。因此，为了评价人-机系统的作业空间大小、通道和入口通畅性，用空间指数作为评价指标，包括密集指数法和可通行指数。

密集指数表明了作业空间对操作者作业活动的限制程度。查耐尔(Channell R. C.)和托克特(Tolcote M. A.)将密集指数划分为四级，3 为最好，0 为最差，见表 7.5。

表 7.5 密集指数表

指数值	密集程度	典型事例
3	能舒服地进行作业	在宽敞的地方操作机床
2	身体的一部分受到限制	在无容膝空间的工作台上工作
1	身体的活动受到限制	在高台上仰姿工作
0	操作受到显著限制，作业相当困难	维修化铁炉内部

可通行指数表明通道、入口的通畅程度,也分为四级,见表 7.6。

表 7.6 可通行指数表

指数值	入口宽度/cm	说 明
3	>90	可两人并行
2	60～90	一人能自由通行
1	45～60	只可一人通过
0	<45	通行相当困难

实际工作中,可通行指数的选择,与作业场所中作业者的数目、出入频率、是否可能发生紧急状态造成堵塞以及这种堵塞可能带来的后果的严重性有关。

2. 可视性指数法

可视性指数也称视觉环境综合评价指数,是评价作业场所的能见度和判别对象(显示器、控制器等)能见状况的评价标准。该方法借助评价问卷,考虑光环境中多项影响人的工作效率与心理舒适程度的因素,通过主观判断确定各评价项目所处的条件状态,利用评价系统计算各项评分及总的可视性指数,以实现对环境的评价。该评价过程大致分为 4 步。

(1) 确定评价项目

评价项目包括:对环境的第一印象、照明强度、眩光感觉、亮度分布、光影、颜色显现、光色、表面装修与色彩、室内结构与陈设、同室外的视觉联系等。

(2) 确定分值及权值

对各项评价项目由好到坏分为 4 个等级,相应的值为 0、10、50、100。项目评分计算公式为

$$S_n = \sum_m (P_m V_{nm}) \Big/ \sum_m V_{nm} \tag{7.1}$$

式中:S_n 为第 n 个评价项目的评分;P_m 为 m 个评价项目的分值;V_{nm} 为第 n 个评价项目第 m 个状态所得票数。

(3) 综合评价指数计算

计算式为

$$S = \sum_n (S_n W_n) \Big/ \sum_n W_n \tag{7.2}$$

式中:S 为视觉环境评价指数;W_n 为第 n 个评价项目的权值。

(4) 确定评价等级

将视觉环境评价指数分为 4 个等级,根据表 7.7 确定评价等级。

表 7.7 可视性指数表

视觉环境指数 S	$S=0$	$0<S\leqslant50$	$10<S\leqslant50$	$S>50$
等 级	1	2	3	4
评价意义	毫无问题	稍有问题	问题较大	问题很大

3. 会话指数法

会话指数是指房间中的会话能达到两人自由交谈的通畅程度,考虑噪声、距离等因素而得

出的评价基准值。在某些环境里,为了衡量噪声对会话通畅程度的影响,通常采用语言干扰级(SLL)来衡量在某种噪声条件下,某人在一定距离下讲话,必须达到多少强度的讲话声;或者相反,在某一强度的讲话声下,噪声必须降低到多少才能使会话通畅。使用 SLL 评价是十分方便的,距离与 SLL 的关系见表 7.8。

表 7.8 距离与语言干扰级 SLL 的关系

讲话者与听者的	语言干扰级 SLL/dB			
距离/inch*	正常声	高声	大声	呼喊
0.5	71	77	83	89
1	65	65	77	83
2	58	58	71	77
3	55	55	67	73
4	53	59	65	71
5	51	57	63	69
6	49	55	61	67
12	43	49	55	61

* 1 inch=25.4 mm

7.3.6 海洛德分析评价法

分析评价仪表与控制器的配置和安装位置对人是否适当,常用海洛德法(Human Error and Reliability Analysis Logic Development,HERALD),即人的失误与可靠性分析逻辑推算法。按海洛德法规定,求出人们在执行任务时成功与失误的概率,然后进行系统评价。如图 7.8 所示,人在最佳视野内即人的水平视线的上下 15°范围内对目标的判读或操作的效果最佳,最不容易失误。距离最佳视野越远,操作和判断的失误概率越高,因此人的水平视线上下各 15°的正常视线区域是最不易发生错误而易于看清的范围。因此,在海洛德分析法中对不同的视区以劣化值的形式规定了操作失误的概率。

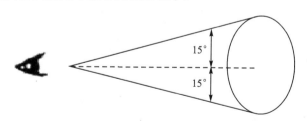

图 7.8 人的最佳视野

以人的视线为中心,向外每隔 15°划分一个区域,在每个扇形区域内规定了不同的劣化值 D_e 及失误概率,如表 7.9 所列。如果显示仪表安置在 15°以内最佳位置上,其劣化值 D_e 则为 0.0001~0.0005。如果将该仪表安置在 80°的位置上,则其劣化值增大到 0.003。在进行仪表布局时,应该考虑使它的劣化值尽量小。有效作业概率的计算公式为

$$P = \prod_{i=1}^{n}(1-D_e) \qquad (7.3)$$

式中：P 为有效作业概率；D_e 为根据显示仪表的位置规定的劣化值。

表 7.9　区域与 D_e 值

区　域	D_e 值	区　域	D_e 值
0°～15°	0.0001～0.0005	45°～60°	0.0020
15°～30°	0.0010	60°～75°	0.0025
30°～45°	0.0015	75°～90°	0.0030

例　某仪表显示面板上按装了 6 种仪表，其中有 5 种仪表在水平视线 15°之内，有 1 种仪表装在水平视线 50°的位置上，求操作人员的有效作业概率。

解　从表 7.9 中可查得，布置在水平视线 15°以内的 5 种仪表的劣化值 D_e 值为 0.0001；在水平视线 50°位置上的仪表的 D_e 值为 0.0020，则操作人员能成功完成该工作的有效作业概率为
$$P = (1-0.0001)^5 \times (1-0.0020) = 0.9975$$

如果监视显示面板的人员除了主操作者，还配备了辅助人员，这时该系统的可靠性概率 R 可以用下式计算：
$$R = \frac{[1-(1-P)^n] \times [T_1 + p \times T_2]}{T_1 + T_2} \tag{7.4}$$

式中：P 为操作者的有效作业概率；n 为主操作人数；T_1 为辅助人员修正主操作人员的潜在差错而进行行动的宽裕时间，以百分比表示；T_2 为辅助人员剩余时间的百分比。

在上例中，$P=0.9975$，$n=2$，$T_1=60\%$（估计），$T_2=100\%-60\%=40\%$。计算 R 为
$$R = \frac{[1-(1-0.9975)^2] \times [60+0.9975 \times 40]}{40+60} = 0.9989$$

7.3.7　德尔斐法

人们在对一个重大问题采取决策时，往往找一些熟悉这个问题的专家来开会研究讨论，从中得出必要的结论，这个方法叫做专家会议法。专家会议法有一些局限性：①参加会议的专家有限，代表性不够广泛；②专家在会议上发表意见，往往受到参加会议的领导、权威或大多数其他意见的影响，难以或不愿畅所欲言；③不同的、对立的意见容易发生僵持。有的人出于自己的地位和声誉，明知自己意见有片面、不足之处，也难以公开修正自己的观点。

为此，美国著名的智囊集团"兰德"公司提出了一种书面的专家咨询法，称为德尔斐法。德尔斐法依据系统的程序，采用匿名发表意见的方式，即成员之间不得互相讨论，不发生横向联系，只能与调查人员发生关系，集结问卷填写人的共识及搜集各方意见，经过几轮征询，使专家小组的评价意见趋于集中，最后做出评价结论。"兰德"公司从 1964 年开始采用德尔斐法，对几十个重大课题（如人口问题、战争问题）进行了预测，大多取得较好的效果，后来便迅速推广到世界各国。目前，德尔斐法在国外各类预测方法中占有相当重要的地位。

本质上，德尔斐法是一种反馈匿名函询法，其主要内容是：在对所要研究的问题征得专家的意见后，进行整理、归纳、统计，再匿名反馈给各专家，再次征求意见，然后再次归纳、统计，第三次反馈给各专家征求意见……直到得到稳定的意见。为了消除被征求意见成员间相互影响，参加的专家可以互不了解。这种运用匿名、反复多次征询意见进行背靠背交流的方式，可以充分发挥专家们的个人智慧、知识和经验，最后汇总得到一个能比较反映群体意见的研究

成果。

德尔斐法具有以下三个特点：

① 匿名。在咨询过程中，给各位专家发出咨询表，要他们回答所问的问题。专家互不见面，直接与咨询主持人联系，因而消除了专家之间的心理影响，做到充分自由地发表意见。

② 循环和有控制的反馈。德尔菲咨询法要经过几次循环才能完成，各轮循环都是在精心控制下的反馈。

③ 统计团体响应。在最后一轮，要适当集结每个专家的意见，组合成专家群体的集体意见。

由于德尔斐法具有以上特点，使它在复杂系统尤其是航空航天人-机系统的工效学分析和评价中得到广泛应用。这种方法的主要优点是简便易行，使大家意见较快收集，参加者易接受结论，具有一定程度的客观性。

在德尔斐法实施过程中，主要有两方面的人在活动：调查主持人和受聘的专家。按照德尔斐法的原理，其实施的基本程序如下：

① 确定调查题目，拟定调查提纲，准备向专家提供的资料（包括研究课题的目的、期限、调查表以及填写方法等）。

② 组成专家小组。按照课题所需要的知识范围，确定专家。专家人数的多少，可根据课题的大小和涉及面的宽窄而定，一般不超过 20 人。

③ 向所有专家提出所要咨询的问题及有关要求，并附上有关这个问题的所有背景材料，同时请专家提出还需要什么材料。然后，由专家做书面答复。

④ 各个专家根据他们所收到的材料，提出自己的预测意见，并说明自己是怎样利用这些材料并提出预测值的。

⑤ 将各位专家第一次判断意见汇总，列成图表，进行对比，再分发给各位专家，让专家比较自己同他人的不同意见，修改自己的意见和判断。也可以把各位专家的意见加以整理，或请身份更高的其他专家加以评论，然后把这些意见再分送给各位专家，以便他们参考后修改自己的意见。

⑥ 将所有专家的修改意见收集起来，汇总，再次分发给各位专家，以便做第二次修改。逐轮收集意见并为专家反馈信息是德尔斐法的主要环节。收集意见和信息反馈一般要经过三四轮。在向专家进行反馈时，只给出各种意见，并不说明发表各种意见的专家的具体姓名。这一过程重复进行，直到每一位专家不再改变自己的意见为止。

⑦ 对专家的意见进行统计处理。

上述几个步骤可以用图 7.9 表示。

德尔斐法虽然具有许多优点，但也存在以下缺点：

① 身为专家，一般时间安排紧张，可能因此做出草率的回答。

② 德尔斐法需要经过几轮的操作，过程较长而且费时。

③ 由于进行评判主要依靠专家，因此归根结底仍属于专家的集体主观判断，有可能不能真正中立地做出决策。

④ 在选择合适的专家方面也存在着困难。

尽管存在上述缺点，但只要运用时注意以下问题，德尔斐法仍然是比较有效的评判分析方法：

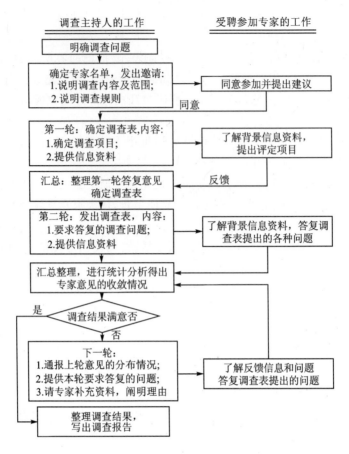

图 7.9 德尔斐法的实施程序

① 编制的问题必须清楚无疑义。问题数量不要太多，一般能够在 2 h 内完成为宜。

② 避免专家们面对面集体讨论，保证由专家单独提出意见。

③ 专家的挑选应该是第一线的工程设计人员，也可以是管理人员甚至是其他领域对此问题有所专攻的专家。

④ 具体经过几轮来结束整个问卷过程要视情况而定，不能一概而论。有的问题可能在第二轮就达到统一，就不必在第三轮出现。事实上，专家对各项目的评判也不一定都能统一，此时可以用中位数的上下四分点得出结论。

7.3.8 模糊综合评价法

在对复杂人-机系统进行工效学评价时，通常是根据系统同时受到多种因素影响的特点，在综合考察多个有关因素时，依据多个有关指标对复杂系统做出整体性、全局性评价。在过去的几十年里，这些评价方法得到了广泛应用。在不断的研究和实践中发现，评价对象所具有信息的不完备性和不确定性以及人们在表述问题时的模糊性降低了评价的质量，例如工效学评价对象究竟达到什么程度才算"感觉舒适"？照明环境的照度到什么量级才算"合适"？因此，这种模糊性与不确定性，给工效学评价提出了新的研究方向。为此，基于系统评价理论的发展，现代工效学评价技术引入模糊数学理论，对复杂的人-机系统进行了模糊综合评价。

模糊综合评价方法是一种用于涉及模糊因素的对象系统的综合评价方法。它以模糊数学为基础,应用模糊关系合成的原理,将一些边界不清、不易定量的因素定量化,从多个因素对被评价对象隶属等级状况进行综合性评价。

在研究复杂系统中所遇到的问题时,不仅涉及多方面的客观因素,而且还涉及人的问题。因此,研究过程中就必然不能忽视客观外界事物在人脑中反映的不精确性——模糊性以及事物本身的模糊性,它是由客观事物的差异在中介过渡时所引起的划分上的一种不确定性,即"亦此亦彼"性。L. A. Zadeh 于 1965 年首次提出模糊集合(Fuzzy Sets)的概念,并设定论域 U 到[0,1]闭区间的任一映射:

$$\mu_A : U \to [0,1]$$
$$\mu \to \mu_A$$

都确定 U 的一个模糊集合 A,μ_A 叫作 A 的隶属函数,$\mu_A(\mu)$ 叫作 μ 对 A 的隶属度。

模糊集合 A 完全由其隶属函数所刻画。若值 $\mu_A(\mu)$ 靠近 1,则表示 μ 属于 A 的程度高。反之,若 $\mu_A(\mu)$ 靠近 0,则表示 μ 属于 A 的程度低。当 μ_A 的值域为{0,1}时,μ_A 退化成一个普通集合的特征函数,A 即退化成一个普通集合。模糊集理论的本质是用隶属函数作为桥梁,将不确定性在形式上转为确定性,即将模糊性加以量化,从而为模糊不确定性问题的解决提供了数学工具。

模糊综合评价方法就是在模糊集合理论基础上形成的一种综合评价方法,其基本评价程序可以分为以下几个步骤:

(1) 评价因素集

$$U = \{u_1, u_2, \cdots, u_n\} \tag{7.5}$$

式中:U 表示人-机系统工效评价体系各项评价指标(目标或对象)的集合,共有 n 项评价指标。

建立评价因素集之前,首先应对影响人-机系统工效性能的各种因素进行分析和分类,确定要评价的项目。不同类型系统和产品的使用要求不同,其工效学评价的侧重点也不同。可以参考现有的标准、规范、各类手册以及研究成果,基于被评价对象及其环境的信息特征,选择采用数据统计分析方法、德斐尔法或其他方法。

(2) 评价集

$$V = \{v_1, v_2, \cdots, v_m\} \tag{7.6}$$

式中:V 表示对人-机系统的各因素指标进行工效学评价的等级的集合,或称评语集,共有 m 个评价级别。评价等级的标度应根据系统工效学评价因素的特征及相应的因素基准相比较而确立。通常基于心理学的测度原理定为 5～9 级,不同级别用评价语言描述,级别之间没有明显的界限,具有一定的模糊度。

(3) 权重集

U 中的每个评价指标对于评价系统都具有不同的重要程度,在对系统进行工效学评价前应先确定每个指标的权重系数。

$$W = \{w_1, w_2, \cdots, w_n\} \tag{7.7}$$

式中:w_i 为第 i 个指标 u_i 所对应的权,且一般均规定:$\sum_{i=1}^{n} w_i = 1 (0 < w_i \leqslant 1)$。

确定权重的方法有很多,如两两比较法、专家打分法、德斐尔法、主成分分析法及层次分析法等。

(4) 隶属度矩阵

对第 i 个指标 u_i 的单指标模糊评价为 V 上的模糊子集。因为有 m 个评语等级,所以对于第 i 个指标 u_i 就有一个相应的的隶属度向量

$$R_i = (r_{i1}, r_{i2}, r_{i3}, \cdots, r_{im}) \quad (i = 1, 2, \cdots, n) \tag{7.8}$$

式中:r_{ij} 表示第 i 个指标 u_i 对第 j 个评价 v_j 的隶属度。

因此,整个指标集 U 内各指标的隶属度向量组成隶属度矩阵,即模糊评价矩阵 R 为

$$R = \begin{bmatrix} R_1 \\ R_2 \\ \vdots \\ R_i \\ \vdots \\ R_n \end{bmatrix} = \begin{bmatrix} r_{11} & r_{12} & \cdots & r_{1i} & \cdots & r_{1m} \\ r_{21} & r_{22} & \cdots & r_{2i} & \cdots & r_{2m} \\ \vdots & \vdots & & \vdots & & \vdots \\ r_{i1} & r_{i2} & \cdots & r_{ij} & \cdots & r_{im} \\ \vdots & \vdots & & \vdots & & \vdots \\ r_{n1} & r_{n2} & \cdots & r_{nj} & \cdots & r_{nm} \end{bmatrix} \tag{7.9}$$

(5) 综合评价矩阵

考虑权重后,利用矩阵的模糊复合运算可得到 $U \times V$ 上的模糊综合评价结果

$$B = W \circ R = \{w_1, w_2, \cdots, w_n\} \circ \begin{bmatrix} r_{11} & r_{12} & \cdots & r_{1i} & \cdots & r_{1m} \\ r_{21} & r_{22} & \cdots & r_{2i} & \cdots & r_{2m} \\ \vdots & \vdots & & \vdots & & \vdots \\ r_{i1} & r_{i2} & \cdots & r_{ij} & \cdots & r_{im} \\ \vdots & \vdots & & \vdots & & \vdots \\ r_{n1} & r_{n2} & \cdots & r_{nj} & \cdots & r_{nm} \end{bmatrix} = \tag{7.10}$$

$$(b_1, b_2, \cdots, b_i, \cdots, b_n) \tag{7.11}$$

式中:$b_j = \sum_{i=1}^{n} w_i \circ r_{ij}$,"$\circ$"表示模糊算子。在实际计算中,"$\circ$"算子可以采用加权平均算子 $M(\cdot, +)$,因为该算子不会导致信息丢失。

根据隶属度最大原则 $\max B$ 所对应的评价等级即为人-机系统工效学评价的定性结果。

(6) 评价应用实例

利用模糊综合评价方法对某型战斗机座舱进行工效学评价。

首先,利用德尔斐法经过 3 轮的咨询调查,专家取得一致性的意见,可以得到以下评价指标集:

$$U = \{u_1, u_2, u_3, u_4, u_5, u_6, u_7\} =$$
{座舱尺,座舱视野,显示装置,操纵装置,座舱环境,飞行安全,通讯}

评语等级用模糊性语言表达为 5 级,定量表示为 10 分制,即:

$$V = \{v_1, v_2, v_3, v_4, v_5\} = \{优秀,良好,一般,较差,极差\} = \{9\sim10, 7\sim8, 5\sim6, 3\sim4, 1\sim2\}$$

评价指标权重系数大小的确定方法采用目前使用较多的 $G1$ 法,即:

$$W = \{w_1, w_2, w_3, w_4, w_5, w_6, w_7\} = \{0.09, 0.13, 0.16, 0.16, 0.13, 0.22, 0.11\}$$

聘请了飞过多种型号战斗机的 24 名现役有经验飞行员作为咨询专家,对 7 个指标分别进行评价,对评价结果处理后可得飞机座舱工效学评价的隶属度矩阵 R 为

$$R = \begin{bmatrix} 0.35 & 0.35 & 0.2 & 0.1 & 0 \\ 0.15 & 0.3 & 0.4 & 0.1 & 0.05 \\ 0.4 & 0.45 & 0.15 & 0 & 0 \\ 0.1 & 0.35 & 0.4 & 0.1 & 0.05 \\ 0 & 0.45 & 0.4 & 0.15 & 0 \\ 0.05 & 0.35 & 0.3 & 0.3 & 0 \\ 0 & 0.15 & 0.45 & 0.3 & 0.1 \end{bmatrix}$$

矩阵中某一指标对某一评价等级的隶属度 r_{ij} 的计算方法为

$$r_{ij} = \frac{m}{n}$$

式中：n 为聘请的专家总数，本实例中为 20；m 为对某一指标在某一等级上评价的专家数量。例如，对座舱视野指标评价优秀的专家为 3 人，则

$$r_{21} = \frac{3}{20} = 0.15$$

采用加权平均算子 $M(\cdot, +)$ 计算后，可得模糊综合评价结果为

$$\boldsymbol{B} = \boldsymbol{W} \cdot \boldsymbol{R} = (0.142 \quad 0.3505 \quad 0.3255 \quad 0.1565 \quad 0.0255)$$

根据隶属度最大原则 $\max \boldsymbol{B} = 0.3505$，其对应的评价等级为良，因此该型号战斗机座舱的工效综合评价结论为良。进一步的聚类分析可以发现，该型号飞机座舱的优良率为 0.4925，一般水平为 0.3255，较差以下为 0.182，所以其优良率并不高，而且还有不少需要改进之处，有个别问题亟需改进。

本章小结

1. 为什么要进行工效学评价？

以便使有关人员了解现有产品的优缺点和存在的问题，为今后改进产品设计提供依据和积累资料；也通过评价，使在规划和设计阶段预测到系统可能占有的优势和存在的不足，并及时改进，消除不良因素或潜在危险，以达到系统的最优化。

2. 工效学评价的原则是什么？

（1）评价方法的客观性

评价的质量直接影响决策的正确性。为此，要保证评价的客观性，应保证评价数据的可靠性、全面性和正确性，应防止评价者的主观因素的影响，同时对评价结果进行检查。

（2）评价方法的通用性

评价方法适应评价同一级的各种系统。

（3）评价指标的综合性

指标体系要能反映评价对象各个方面最重要的功能和因素，这样才能真实地反映被评对象的实际情况，以保证评价不出现片面性。

3. 常用的工效学评价方法有哪些？

动作分析法；问卷调查法；连接分析；检查表法；环境指数法；海洛德分析评价法；德尔斐法；模糊综合评价法。

思考题

1. 如何对如今智能手机的界面进行工效学评价？
2. 怎样对汽车驾驶室进行工效学评价？
3. 如何对飞行服装进行工效学评价？

关键术语：工效学评价　动作分析法　问卷调查法　连接分析法　检查表法　环境指数法　海洛德分析评价法　德尔斐法　模糊综合评价法

　　工效学评价：一切与人有关的系统或产品的设计都应该符合工效学提出的指标要求，如：显示器显示字符的大小、分辨率、颜色；按钮的大小、力量、可达性；抓握工具的形状、粗细、质量等。各项指标是否满足工效学要求必须检验或评价，进行检验或评价的过程就是工效学评价。

　　动作分析法：动作分析法是一种分析技术，它以人在操作过程中的人体各部位（手、眼和身体）的动作（抓取、搜索、移动）为研究对象，通过动作分析，找出并剔除不必要的动作要素，减少无效动作，简化操作方法，使操作流程合理化，以消除实施动作过程中存在的浪费、不合理性和不稳定性，对降低操作者身体疲劳、增加操作舒适性、提高工作效率具有重要意义。

　　问卷调查法：是一种预先设计好需要询问一系列问题的方法，目的是获得受试者的态度/喜好和意见的可度量表达方式，可用来评价许多种定性变量（如可接受性、使用方便性等），是使用最频繁的一项主观评价方法。

　　连接分析：指综合运用感知类型（视、听、触觉等）、使用频率、作用负荷和适应性，分析评价信息传递的方法。

　　检查表法：也叫校核表法，是利用工效学原理检查构成人-机系统各因素及作业过程中操作人员的能力、心理和生理反应状况的评价方法。

　　环境指数法：通常包括空间指数法、可视性指数法和会话指数法。

　　空间指数法是用来评价人-机系统的作业空间大小、通道和入口通畅性的方法。

　　可视性指数也称视觉环境综合评价指数，是评价作业场所的能见度和判别对象（显示器、控制器等）能见状况的评价标准。

　　会话指数是指房间中的会话能达到两人自由交谈的通畅程度，考虑噪声、距离等因素而得出的评价基准值。

　　海洛德分析评价法：分析评价仪表与控制器的配置和安装位置对人是否适当，常用海洛德法（Human Error and Reliability Analysis Logic Development，HERALD），即人的失误与可靠性分析逻辑推算法。按海洛德法规定，求出人们在执行任务时成功与失误的概率，然后进行系统评价。人在最佳视野内即人的水平视线的上下15°范围内对目标的判读或操作的效果最佳，最不容易失误。距离最佳视野越远，操作和判断的失误概率越高，因此人的水平视线上下各15°的正常视线区域是最不易发生错误而易于看清的范围。因此，在海洛德分析法中对不同的视区以劣化值的形式规定了操作失误的概率。

　　德尔斐法：美国著名的智囊集团"兰德"公司提出了一种书面的专家咨询法，称为德尔斐法。它是一种反馈匿名询函法，其主要内容是：在对所要研究的问题征得专家的意见后，进行整理、归纳、统计，再匿名反馈给各专家，再次征求意见，然后再次归纳、统计，第三次反馈给各专家征求意见……直到得到稳定的意见。

模糊综合评价法：是一种用于涉及模糊因素的对象系统的综合评价方法。它以模糊数学为基础，应用模糊关系合成的原理，将一些边界不清、不易定量的因素定量化，从多个因素对被评价对象隶属等级状况进行综合性评价。

推荐参考读物：
1. 马冶家,周前祥.航天工效学[M].北京:国防工业出版社,2008.
   该书详细描述了航天活动中的工效学评价方法。
2. 赖朝安.工作研究与人因工程[M].北京:清华大学出版社,2012.
   该书详细介绍了动作分析法。
3. 张广鹏.工效学原理与应用[M].北京:机械工业出版社,2008.
   该书详细介绍了动作分析法、连接分析法等工效学评价方法。
4. 孙林岩,崔凯,孙林辉.人因工程[M].北京:科学出版社,2011.
   该书系统详尽介绍了产品的可用性测试方法及一些人-机系统的工效学评价方法。
5. 周前祥,蔡冽,李杰.载人航天器人机界面设计[M].北京：国防工业出版社,2009.
   该书详细介绍了工效学评价指标权重的确定方法及德尔斐法、模糊综合评价法等工效学评价方法在航天器人-机设计和评价中的应用。
6. 李银霞,袁修干,杨锋.飞机座舱工效多级模糊评价研究[J].中国安全科学学报,2003,13(3):50-54.
   该论文全面详细地介绍了模糊综合评价法在飞机座舱工效学评价中的应用。

参考文献

[1] 孙林岩.人因工程[M].北京:高等教育出版社,2008.
[2] 孙林岩.人因工程[M].北京:中国科学技术出版社,2001.
[3] 郭亚军.综合评价理论与方法[M].北京:科学出版社,2002.
[4] 王宗军.定性与定量集成式综合评价及其智能决策支持系统的研究[D].武汉:华中理工大学,1993.
[5] 张广鹏.工效学原理与应用[M].北京:机械工业出版社,2008.
[6] 赖朝安.工作研究与人因工程[M].北京:清华大学出版社,2012.
[7] 范中志.工效学[M].广州:广东科技出版社,1987.
[8] 刘金秋,石金涛,李崇斌,等.人类工效学[M].北京:高等教育出版社,1994.
[9] 马冶家,周前祥.航天工效学[M].北京:国防工业出版社,2008.
[10] 风笑天.方法论背景中的问卷调查法[J].社会学研究,1994 (3):13-18.
[11] 王海军,徐克静.问卷调查中的信度和效度问题[J].中国健康教育,1994 (11):21-23.
[12] 蒋祖华.人因工程[M].北京:科学出版社,2011.
[13] 张敏,鲁洋.《工效学检查要点》在中国的推广应用(2):工效学检查表及其使用方法[J].劳动保护,2014(4):109-112.
[14] 国际劳动局.工效学检查要点[M].2版.张敏,译.北京:工人出版社,2010:288-293.

[15] 童时中.核查表法对提高人的可靠性的价值[J].人类工效学,2000(4):39-42.

[16] 刘卫华,冯诗愚.现代人-机-环境系统工程[M].北京:北京航空航天大学出版社,2009.

[17] 周前祥,蔡刿,李杰.载人航天器人机界面设计[M].北京:国防工业出版社,2009.

[18] 徐华.德尔斐法简介[J].城市规划,1984,4:21.

[19] 李银霞,袁修干,杨锋.飞机座舱工效多级模糊评价研究[J].中国安全科学学报,2003,13(3):50-54.

[20] 赵欣,叶海军,姜治.基于模糊的特种飞机任务系统操作台人机工效综合评价研究[J].现代电子技术,2013,36(5):11-13.

[21] 洪永军,朱仁淼,郑润昊.基于模糊理论的直升机驾驶舱人机工效综合评价研究[J].直升机技术,2014,2:1-4.

[22] Zadeh L A. Fuzzy Sets [J]. Information and Control,1965,8(3):338-353.

第8章 典型工效学问题

> **探索的问题**
> ➢ 航天环境下有哪些典型的工效学问题?
> ➢ 飞行员在飞行过程中有哪些典型的工效学问题?

8.1 典型的航天工效学问题

太空环境非常恶劣(失重、高低温、辐射、真空和陨石等),但是在太空的探索过程中,有很多任务需要航天员到舱外去完成,此种出舱技术工作简称为舱外活动(ExtraVehicular Activity,EVA)。通过半个多世纪的舱外活动,人们已完成了许多有意义的工作,例如登月、哈勃空间望远镜修复、空间站在轨组装与维修等。由于出舱活动非常危险,且代价非常大,因此航天员舱外作业的工效一直是载人航天工程的重要研究内容。与 EVA 相关的工效学问题主要包括舱外航天服的工效学设计和评价问题、舱外活动工作台或装配架工效学问题、路径规划问题、舱外活动工具的工效学设计问题、出舱活动监测与控制问题、气闸舱的工效学问题等。在这些 EVA 的作业中,约有 90%需要航天员的上肢参与,本节基于我们的研究成果,给读者介绍舱外航天服手套的作业工效学评价实验和航天员上肢动力学仿真两个工效学实例,目的是让读者了解航天中工效的复杂性,以及两种典型的工效学研究方法。

8.1.1 舱外航天服手套工效学评价

1. 背 景

在航天员舱外作业中,舱外航天服手套是完成任务的关键部件,它不仅要保证航天员舱外作业的顺利进行,还要保证航天员能够抵御各种恶劣的舱外环境(−170~180 ℃、真空、微流星体等),因此舱外航天服手套的工效学被认为是航天服中最复杂、最具挑战的研究内容之一。

现有的舱外航天服手套一般有 3 层,分别为气密层、限制层和 TMG(Thermal Micrometeoroid Garment)层。关于舱外航天服手套的工效研究,从人类进入太空之前就已经开始,但还不全面,直到 1998 年 O'Hara 等(1998)对此作了较为全面的总结,将手套的工效主要分为 6 个方面指标:力量、活动范围、疲劳、感知感觉、灵活性和舒适性。由于每个方面的指标都涉及比较多的评价内容,下面以力量为例,介绍如何将 12 项力量指标进行优化,筛选出最佳的力量指标用于舱外航天服手套的力量工效指标评价。

2. 方 法

(1) 实验设计

依据手的活动机理和手动操作可知,手的主要功能是:抓、拿、握、转动和扭动等。但从作业力量来讲,这几种功能的力量都可分解为握力、捏力和拧力三种,通常是通过掌部向上、掌部向下和掌部水平几种姿势来施力作业。因此,可建立如表 8.1 所列的三级力量指标评价体系,其中每个三级指标都有三种力量姿势。

表 8.1 力量的评价体系

一级指标	二级指标	三级指标
力量	握力	指尖握力
		指中间握力
		指根握力
	捏力	拇指和食指捏力
		拇指和中指捏力
		拇指和无名指捏力
		拇指和小指捏力
		拇指、食指和中指捏力
		拇指在食指中间捏力
	拧力	拇指、食指和中指拧力矩
		拇指和食指拧力矩
		所有手指拧力矩

(2) 受试者

为使试验具有代表性,共进行了两个批次试验。每批试验受试者为 13 名大学生,其中 6 名为女生,7 名为男生。两批次试验采用不同受试者,并要求身体健康,手部功能正常,且是右利手。

(3) 试验设备

使用握力计进行握力和捏力的测试(见图 8.1 和图 8.2),握力计的最小刻度为 0.1 kg,测量范围为 0~100 kg。使用拧力计测试手指拧力,拧力计的拧力部分是 30 mm 直径的滚花杆件(见图 8.3),最小刻度为 0.01 N·m,测量范围为 0~5 N·m。

图 8.1 握 力　　　图 8.2 捏 力　　　图 8.3 拧力矩

(4) 测量指标及测量方法

试验时,受试者平静坐在桌子前,将手臂水平放在桌上进行试验。每次完成一种力量方式试验后,都要求休息 5 min 以上,恢复后再进行下一项试验。由于力量测量易于疲劳,不能达到最大力量,因此每次以不同姿势进行 3 次力量试验后,要求休息一天以上再进行试验。

(5) 统计分析

所有数据均采用 $\bar{x} \pm s$ 表示,利用 Excel 2003 进行 t 检验,来比较和分析各组之间的差别。

2. 结果与分析

(1) 握　力

由于参与握力的主要是浅屈肌、深屈肌和部分手肌,因此根据参加作业肌肉群的合力可知,手指力量从小到大为指尖、指中和指根;而以近节指骨与掌骨的关节处为力矩的基点,手指力臂从小到大为指根、指中和指尖。综合手指的肌腱拉力和作用力臂,在手指的三个指节中力矩应该是手指中间为最大(见表8.2,$P<0.001$)。因此测试最大握力时,只需测试手指中间握力即可。

表 8.2　手部力量的数据统计及最佳指标($\bar{x} \pm s$)

作业工效指标			结　果	
一级指标	二级指标	三级指标	女性	男性
力量	握力/N	掌部向上 指尖握力	143.4±46.0	228.2±46.0
		掌部向下	164.4±46.4	216.1±54.9
		掌部水平	149.1±39.5	219.4±53.3
		掌部向上 指中间握力●	250.8±40.2	403.9±77.2
		掌部向下	244.6±44.1	392.9±79.8
		掌部水平	257.2±52.0	411.2±88.1
		掌部向上 指根握力	200.9±47.3	338.4±83.6
		掌部向下	173.8±46.5	301.6±80.8
		掌部水平	176.5±51.5	320.9±89.5
	捏力/N	拇指和食指捏力	56±12.3	79.6±10.8
		拇指和中指捏力	46.5±22.4	75.1±19.8
		拇指和无名指捏力	36.3±1.35	45.2±8.5
		拇指和小指捏力	14.7±11.8	32.8±9.5
		拇指、食指和中指捏力●	62.5±15.9	101±16.6
		拇指在食指中间捏力●	61.7±17.1	99.7±15.8
	拧力/(N·m)	拇指、食指和中指拧力矩	0.65±0.15	0.83±0.10
		拇指和食指拧力矩	0.61±0.23	0.84±0.0.1
		所有手指拧力矩●	2.07±0.51	2.59±0.63

注:男女横向比较差异性非常显著($P<0.01$)。

从手指的生理结构来讲,姿势对肌腱的拉伸影响不大,因此不同姿势的握力应该是基本一致的。通过对手指不同姿势的握力两两比较也可看出,手掌向上、手掌向下和手掌水平的握力均无显著差异($P>0.5$)。因此,在一般情况下的工效试验可以不考虑手所采用的不同姿势。

(2) 捏　力

由于指深屈肌和指浅屈肌的力量明显大于拇指的力量,因此拇指、食指和中指的捏力实际就是测拇指屈肌的捏力,同样拇指在食指中间的捏力也是测拇指捏力。通过捏力比较可以看出,两种捏力无显著差异($P>0.8$),即为拇指捏力。从手指之间的捏力比较来看,拇指的捏力显著大于其余手指的捏力($P<0.01$)。食指和中指捏力无显著差异($P>0.45$),但都显著大于无名指和小指($P<0.01$),无名指显著大于和小指($P<0.01$)。据此可以认为,测出拇指捏力就是测出了最大捏力,即为与拇指指尖相连的屈肌拉伸的力最大。

(3) 拧力矩

手在进行拧力动作时,指尖首先是压紧螺母,使手指与物体之间存在较大的摩擦力,然后才能做拧的动作,这主要涉及指尖的屈肌和手指间的手肌。试验中,拇指、食指和中指同时拧的最大力矩与拇指和食指同时拧的最大力矩差异不显著($P>0.85$),可以认为两者是一致的。所有拧力两两比较,所有手指的拧力非常显著是最大拧力($P<0.01$),因此在测试最大拧力矩时,只需测试所有手指拧力矩即可。

(4) 其 他

在实际舱外作业中,受到试验条件限制,对于舱外航天服手套的力量评价通常是只能采用少数指标评价力量。从握力、捏力和拧力的试验结果来看,每个二级指标选出一个最大力量可准确地评价手部不同特点的力量,即通过评价最大握力、捏力和拧力矩可较准确地反应手部力量。最大握力是手指中间握力,最大捏力是拇指的最大捏力,最大拧力矩是所有手指同时作用的拧力矩(表 8.2 中指标后有"·")。在只能用一个试验评价不同因素对手动作业力量的影响时,由于所用测试设备简单,又是手部最大力量,因此可采用最大握力来评价手动作业力量。由于特殊情况,也可采用最大捏力和拧力进行力量评价。

3. 结 论

为准确评价舱外航天服手套、温度和压力等因素对手部力量的影响,并为准确评价舱外航天服手套力量提供理论依据,可通过系统地对手动作业力量的试验研究,得到以下主要研究结论:

① 评价力量时,可以不考虑手的不同姿势对力量的影响。

② 手动作业力量的最佳评价指标是测试最大握力、捏力和拧力矩,即手指中间握力,拇指最大捏力,所有手指拧力矩(表 8.2 中指标后有"·")。

③ 当只能用一个试验评价不同因素对手动作业力量的影响时,可采用最大握力评价手动作业力量。

8.1.2 舱外作业工效仿真评价

1. 背 景

在航天员的舱外作业中,失重下的舱外活动研究主要有两种方法:①利用地面模拟失重环境的方法对航天员进行培训;②利用计算机仿真方法计算分析航天员执行 EVA 时的相关运动及力学参数。为尽量减少地面模拟失重(中性水槽、失重飞机、落塔等)实验所存在的巨大耗资,通常会先使用耗资小、周期短的计算机仿真进行研究得到最佳的方法,然后再用于真实实验。

本书以航天员搬运物体为 EVA 实例,结合人体解剖学知识,针对一个具有肌肉作用力的航天员上肢模型,介绍上肢作业工效的运动学、动力学仿真计算方法及过程。

2. 仿真模型

仿真模型原型系 STS-63 飞行中航天员搬运重物的实例(见图 8.4)。STS-63 任务中要求航天员在脚部限制情况下,在一定时间内,手部沿半径为 r 的圆形轨迹上逆时针匀速运动,搬运大质量物体(尺寸为 1.344 m×1.241 m×1.309 m)。这里仅对上肢运动仿真进行介绍,分为运动学模型和动力学模型。

(1) 运动学模型

由于模型为反向运动学问题,即已知人体末端节段(手部)运动,反求各关节(肩、肘关节)的运动学参数。故假设航天员肩关节固定,其上肢可简化为上臂 B_1、前臂 B_2、手部 B_3 三个部分,分别由肘关节和腕关节相连,腕关节无自由度(见图 8.5)。考虑本文着重于仿真方法验证,验证模型相关参数列于表 8.3。

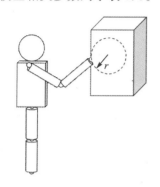

图 8.4 航天员搬运重物实例示意图

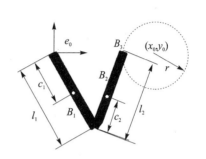

图 8.5 航天员上肢运动学模型示意图

表 8.3 航天员上肢参数

节 段	长度/m	质心距离/m	质量/kg	惯量/(kg·m²)
B_1	$l_1=0.287$	$c_1=0.187$	$m_1=2.05$	$J_1=0.015$
B_2	$l_2=0.259$	$c_2=0.159$	$m_2=1.45$	$J_2=0.010$
B_3(质点)	—	—	$m_3=50$	$J_3=20.00$

(2) 动力学模型

由人体解剖学可知,肩关节的前屈主要由三角肌前束完成,肘关节的前屈主要由肱二头肌完成(见图 8.6(a)),并且肌肉的作用力方向始终沿着其肌肉起始—终止位置。故可将肌肉力简化为沿起始—终止位置方向的作用力,并将起始、终止位置进行比例计算,在模型中按照相应距离设置肌肉着力点。具体分析如图 8.6(b)所示,三角肌前束肌肉起始位置位于肩峰上表面,终止位置位于肱骨三角肌粗隆;而肱二头肌起始位置位于肩胛骨关节盂上结节、喙突,终止位置位于桡骨粗隆。各自位置按比例加入运动学模型中,三角肌作用力记为 f_s,肱二头肌作用力记为 f_g。

3. 仿真计算步骤

仿真计算主要分运动学和动力学两部分:运动学是先建立坐标系,然后再对关节运动角度、角速度、角加速度求解,继而再求出关节(加)速度、节段质心(加)速度。

(1) 运动学仿真

在肩关节处建立惯性坐标系 e_0,同时分别在肩关节、肘关节及腕关节建立连体坐标系 $e_i(i=1,2,3)$,选取 q_1、q_2 为本文模型广义坐标,二者同时分别是肩关节、肘关节运动角度参数,如图 8.7 所示。

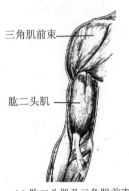

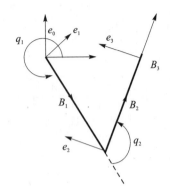

(a) 肱二头肌及三角肌前束　　(b) 两肌肉起始—终止位置

图 8.6　航天员上肢活动主要肌肉示意图　　　图 8.7　坐标系及广义坐标

采用直观几何约束来确定关节运动角度。已知末端手部运动方程如下式：

$$\begin{cases} x_s = x_0 + r\cos(\omega_0 t + \pi) \\ y_s = y_0 + r\sin(\omega_0 t + \pi) \\ \omega_0 = 2\pi/T \end{cases}$$

根据模型有以下几何约束方程：

$$\begin{cases} l_1\cos q_1 + l_2\cos(q_1 + q_2) = x_s \\ l_1\sin q_1 + l_2\sin(q_1 + q_2) = y_s \end{cases}$$

求解上式可得肩、肘关节运动角度 q_1、q_2 的表达式为

$$\begin{cases} q_2 = \arccos\left(\dfrac{x_s^2 + y_s^2 - l_1^2 - l_2^2}{2l_1 l_2}\right) \\ q_1 = \arccos\left(\dfrac{x_s - \dfrac{l_2 y_s \sin q_2}{l_1 + l_2\cos q_2}}{l_1 + l_2\cos q_2 + \dfrac{l_2^2\sin^2 q_2}{l_1 + l_2\cos q_2}}\right) \end{cases}$$

角度求一阶导数即为关节角速度，求二阶导数即为角加速度。

由速度公式

$$\boldsymbol{v} = \boldsymbol{v}_A + \boldsymbol{\omega} \times \boldsymbol{r} \tag{8.1}$$

及欧拉公式

$$\dot{\boldsymbol{r}} = \boldsymbol{\omega} \times \boldsymbol{r} \tag{8.2}$$

所得结果（参考惯性坐标）表示为矩阵形式如下：

针对 B_1，有

$$\boldsymbol{\omega}_{1,0} = [0\ \ 0\ \ \dot{q}_1]^T,\ \ \dot{\boldsymbol{\omega}}_{1,0} = [0\ \ 0\ \ \ddot{q}_1]^T$$

$$\boldsymbol{v}_{c1,0} = [-c_1\dot{q}_1\sin q_1\ \ \ c_1\dot{q}_1\cos q_1\ \ \ 0]^T$$

$$\dot{\boldsymbol{v}}_{c1,0} = \begin{bmatrix} -c_1\dot{q}_1^2\cos q_1 - c_1\ddot{q}_1\sin q_1 \\ -c_1\dot{q}_1^2\sin q_1 + c_1\ddot{q}_1\cos q_1 \\ 0 \end{bmatrix}$$

针对 B_2，有

$$\boldsymbol{\omega}_{2,0} = [0 \quad 0 \quad \dot{q}_1 + \dot{q}_2]^T, \quad \dot{\boldsymbol{\omega}}_{2,0} = [0 \quad 0 \quad \ddot{q}_1 + \ddot{q}_2]^T$$

$$\boldsymbol{v}_{c2,0} = \begin{bmatrix} -l_1 \dot{q}_1 \sin q_1 - c_2(\dot{q}_1 + \dot{q}_2) \cdot \sin(q_1 + q_2) \\ l_1 \dot{q}_1 \cos q_1 + c_2(\dot{q}_1 + \dot{q}_2) \cdot \cos(q_1 + q_2) \\ 0 \end{bmatrix}$$

$$\dot{\boldsymbol{v}}_{c2,0} = \begin{bmatrix} -l_1 \dot{q}_1^2 \cos q_1 - l_1 \ddot{q}_1 \sin q_1 - c_2(\dot{q}_1 + \dot{q}_2)^2 \cdot \cos(q_1 + q_2) - c_2(\ddot{q}_1 + \ddot{q}_2) \cdot \sin(q_1 + q_2) \\ -l_1 \dot{q}_1^2 \sin q_1 + l_1 \ddot{q}_1 \cos q_1 - c_2(\dot{q}_1 + \dot{q}_2)^2 \cdot \sin(q_1 + q_2) + c_2(\ddot{q}_1 + \ddot{q}_2) \cdot \cos(q_1 + q_2) \\ 0 \end{bmatrix}$$

针对 B_3,有

$$\boldsymbol{\omega}_{3,0} = [0 \quad 0 \quad \dot{q}_1 + \dot{q}_2]^T, \quad \dot{\boldsymbol{\omega}}_{3,0} = [0 \quad 0 \quad \ddot{q}_1 + \ddot{q}_2]^T$$

$$\boldsymbol{v}_{c3,0} = \begin{bmatrix} -l_1 \dot{q}_1 \sin q_1 - l_2(\dot{q}_1 + \dot{q}_2) \cdot \sin(q_1 + q_2) \\ l_1 \dot{q}_1 \cos q_1 + l_2(\dot{q}_1 + \dot{q}_2) \cdot \cos(q_1 + q_2) \\ 0 \end{bmatrix}$$

$$\dot{\boldsymbol{v}}_{c3,0} = \begin{bmatrix} -l_1 \dot{q}_1^2 \cos q_1 - l_1 \ddot{q}_1 \sin q_1 - l_2(\dot{q}_1 + \dot{q}_2)^2 \cdot \cos(q_1 + q_2) - l_2(\ddot{q}_1 + \ddot{q}_2) \cdot \sin(q_1 + q_2) \\ -l_1 \dot{q}_1^2 \sin q_1 + l_1 \ddot{q}_1 \cos q_1 - l_2(\dot{q}_1 + \dot{q}_2)^2 \cdot \sin(q_1 + q_2) + l_2(\ddot{q}_1 + \ddot{q}_2) \cdot \cos(q_1 + q_2) \\ 0 \end{bmatrix}$$

式中:第一个数字下标表示刚体编号;第二个数字下标表示参考坐标系的编号(本文公式下标意义相同)。

(2) 动力学仿真

Kane 方法巧妙地避免了系统内力的计算,故采用 Kane 方法进行动力学计算,并通过特定广义速率的选取简化动力学方程。

选取广义坐标的导数为广义速率,进而得到关节(角度)速度、质心速度关于广义速率的系数,即为偏速度、偏角速度。其中,第 r 偏速度、偏角速度分别表示为 $\boldsymbol{v}_i^{(r)}, \boldsymbol{\omega}_i^{(r)}$。求得偏速度及偏角速度表示为矩阵形式如下:

针对 B_1,有

$$\boldsymbol{\omega}_{1,0}^{(1)} = [0 \quad 0 \quad 1]^T, \quad \boldsymbol{\omega}_{1,0}^{(2)} = [0 \quad 0 \quad 0]^T$$

$$\boldsymbol{v}_{c1,0}^{(1)} = [-c_1 \sin q_1 \quad c_1 \cos q_1 \quad 0]^T$$

$$\boldsymbol{v}_{c1,0}^{(2)} = [0 \quad 0 \quad 0]^T$$

针对 B_2,有

$$\boldsymbol{\omega}_{2,0}^{(1)} = [0 \quad 0 \quad 1]^T, \quad \boldsymbol{\omega}_{2,0}^{(2)} = [0 \quad 0 \quad 1]^T$$

$$\boldsymbol{v}_{c2,0}^{(1)} = \begin{bmatrix} -l_1 \sin q_1 - c_2 \sin(q_1 + q_2) \\ l_1 \cos q_1 + c_2 \cos(q_1 + q_2) \\ 0 \end{bmatrix}^T$$

$$\boldsymbol{v}_{c2,0}^{(2)} = [-c_2 \sin(q_1 + q_2) \quad c_2 \cos(q_1 + q_2) \quad 0]^T$$

针对 B_3,有

$$\boldsymbol{\omega}_{3,0}^{(1)} = [0 \quad 0 \quad 1]^T, \quad \boldsymbol{\omega}_{2,0}^{(2)} = [0 \quad 0 \quad 1]^T$$

$$\boldsymbol{v}_{c3,0}^{(1)} = \begin{bmatrix} -l_1 \sin q_1 - l_2 \sin(q_1 + q_2) \\ l_1 \cos q_1 + l_2 \cos(q_1 + q_2) \\ 0 \end{bmatrix}^T$$

$$\boldsymbol{v}_{c3,0}^{(2)} = [-l_2 \sin(q_1 + q_2) \quad l_2 \cos(q_1 + q_2) \quad 0]^T$$

选用节段质点为参考点,可得用偏速度(角速度)表示的 $F^{(r)}$ 和 $F^{*(r)}$ 公式如下:

$$\left. \begin{aligned} F^{(r)} &= \sum_{i=1}^{m} (\boldsymbol{F}_i \cdot \boldsymbol{v}_i^{(r)} + \boldsymbol{M}_i \cdot \boldsymbol{\omega}_i^{(r)}) \\ F^{*(r)} &= \sum_{i=1}^{m} (\boldsymbol{F}_i^* \cdot \boldsymbol{v}_i^{(r)} + \boldsymbol{M}_i^* \cdot \boldsymbol{\omega}_i^{(r)}) \end{aligned} \right\} \quad (8.3)$$

其中,$\boldsymbol{F}_i$ 及 $\boldsymbol{M}_i$ 公式为

$$\left. \begin{aligned} \boldsymbol{F}_i &= \sum \boldsymbol{f}_A, \quad \boldsymbol{M}_i = \sum (\boldsymbol{r}_A \times \boldsymbol{f}_A) \\ \boldsymbol{F}_i^* &= -\sum m_i \cdot \boldsymbol{v}_A, \quad \boldsymbol{M}_i^* = -[\boldsymbol{J}_A \cdot \boldsymbol{\omega}_i + \boldsymbol{\omega}_i \times (\boldsymbol{J}_A \cdot \boldsymbol{\omega}_i)] \end{aligned} \right\} \quad (8.4)$$

将两个未知肌肉作用力 $\boldsymbol{f}_g, \boldsymbol{f}_s$ 力分别正交分解,写成矩阵形式如下:

$$\boldsymbol{f}_s = [f_s \cdot \cos A \quad f_s \cdot \sin A \quad 0]$$
$$\boldsymbol{f}_g = [f_g \cdot \cos B \quad f_g \cdot \sin B \quad 0]$$

式中:A,B 的正余弦值可通过肌肉起始和终止位置的坐标求得,如下:

$$\sin A = \frac{\Delta y_3}{\sqrt{\Delta x_3^2 + \Delta y_3^2}}, \cos A = \frac{\Delta x_3}{\sqrt{\Delta x_3^2 + \Delta y_3^2}}$$

$$\sin B = \frac{\Delta y}{\sqrt{\Delta x_3^2 + \Delta y_3^2}}, \cos B = \frac{\Delta x_3}{\sqrt{\Delta x_3^2 + \Delta y_3^2}}$$

其中:

$$\Delta x_3 = x_3 - l_3 \cos q_1$$
$$\Delta y_3 = y_3 - l_3 \sin q_1$$
$$\Delta x_2 = x_2 - [l_1 \cos q_1 + l_4 \cos(q_1 + q_2)]$$
$$\Delta y_2 = y_2 - [l_1 \sin q_1 + l_4 \sin(q_1 + q_2)]$$

选取两个子刚体的质心作为参考点写出广义主动力代入 Kane 公式如下:

$$F^{(r)} + F^{*(r)} = 0 \quad r = 1, 2, \cdots, n \quad (8.5)$$

最终可得表达式结果如下:

$$f_g = \frac{-F^{*(2)} + m_2 g \cdot c_2 \cos(q_1 + q_2)}{M_1}$$

$$f_s = \{-F^{*(1)} - f_g \cdot M_2 + m_1 g \cdot c_1 \cdot \cos q_1 + m_2 g \cdot [l_1 \cdot \cos q_1 + c_2 \cdot \cos(q_1 + q_2)]\}/N$$

其中:

$$M_1 = -c_2 \cdot [\cos B \cdot \sin(q_1 + q_2) + \sin B \cdot \cos(q_1 + q_2)] - (c_2 - l_4) \cdot [\cos B \cdot \sin(q_1 + q_2) - \sin B \cdot \cos(q_1 + q_2)]$$

$$M_2 = \cos B \cdot [-l_1 \cdot \sin q_1 - c_2 \cdot \sin(q_1 + q_2)] + \sin B \cdot [l_1 \cdot \cos(q_1 + q_2) + c_2 \cdot \cos(q_1 + q_2)] +$$

$$(c_2 - l_4) \cdot [\cos B \cdot \sin(q_1 + q_2) - \sin B \cdot \cos(q_1 + q_2)]$$
$$N = -c_1 \cdot \cos A \cdot \sin q_1 + c_1 \cdot \sin A \cdot \cos q_1 +$$
$$(c_1 - l_3) \cdot [\cos A \cdot \sin q_1 - \sin A \cdot \cos q_1]$$

4. 结果比较分析

（1）运动学

仿真时间步长取做 0.05 s，利用 q_1，q_2 的表达式在 Matlab 6.5 中编程实现仿真计算，关节运动角度结果见图 8.8。

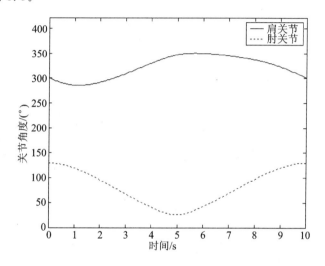

图 8.8　运动学计算结果

OpenGL 验证结果即上肢运动动画帧如图 8.9 所示，图中圆为实际运动轨迹。

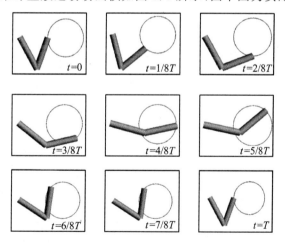

图 8.9　OpenGL 动画帧

由图 8.9 可得，前臂圆柱体的底面中心（即手部质点）一直沿着已知的圆形轨迹运行。可见，所得的肩关节及肘关节运动参数的规律是正确的，从而验证了采用反向运动学计算方法的正确性和可信性。

(2) 动力学

针对实物模型具体尺寸,代入航天员动力学仿真结果公式中,得到实物模型的仿真结果,并将试验结果绘制成点,如图8.10所示。

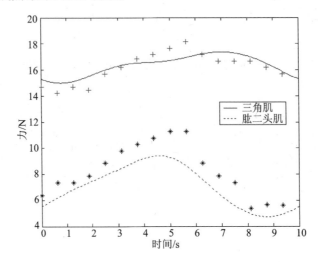

图 8.10 动力学验证结果

由图 8.10 可以看出,验证试验的结果和仿真计算的结果吻合较好,仅在仿真时间中期试验值略大,可能是模型存在的一定摩擦和阻力导致。由此证明了 Kane 法航天员仿真计算结果的正确性和可行性。

5. 结 论

采用运动学和动力学的仿真可以对航天员的舱外作业能力和作业动作难度进行有效的评价,将为进行舱外活动工作负荷的评价和任务规划等提供依据。

通过以上两个实例,读者可以了解到航天员舱外作业工效学研究的典型方法,并可以看出,对舱外作业的工效学研究是非常细致和复杂的,必须尽可能对出舱的所有细节进行研究,才能较好地保证舱外作业工效的顺利进行和合理安排。

8.2 典型的航空工效学问题

随着第四代战斗机超声速巡航、超机动性和超敏捷性等新概念的提出,飞行员所承担的生理和心理压力也越来越大;高过载导致的黑视和灰视等生理障碍的发生几率增大;大覆盖面积式抗荷服导致的目标拾取、舒适性、热负荷等工效水平都有不同程度的下降;显示仪器所提供大量数据导致的高信息流使得飞行员承受巨大的心理压力;复合因素(高空、高温、缺氧、超重等因素)下的飞行员的认知工效、人体力学和行为工效的下降;爆炸减压对飞行员的肺损伤的影响等。这一系列问题都不同程度地涉及飞行员的工效学,其中飞行员的个体防护装备作业工效和高空弹射救生是飞行员易面临的情况。下面将以这两个典型实例说明航空工效和个体防护的复杂性。

8.2.1 飞行员个体防护装备加压工效研究

1. 背　景

基于高性能战斗机的要求，个体防护装备的功能和结构越来越复杂，使得个体防护装备的防护功能和工效水平之间的矛盾日益突出。为准确评价不同过载加压环境下的个体防护装备对工效的影响，下面以侧管式高空代偿服为例介绍不同压力水平（0、200 mmH$_2$O[①]、400 mmH$_2$O、600 mmH$_2$O、800 mmH$_2$O、1070 mmH$_2$O）下，身着的加压服装的作业工效评价。

2. 实验方法

（1）受试者

根据个体防护装备选配表选择 10 名男性青年，年龄为（24.6±4.9）岁，身高为（171.6±2.9）cm，体重为（66.0±4.0）kg。受试者自愿参加实验，身体健康，心肺功能正常，无精神病史，并在实验前已熟练掌握加压呼吸要领。

（2）实验设计

飞行员的飞机操作动作包含动作力度、动作方向、动作幅度和动作速度四个要素，缺一不可。动作力度是指飞行员操纵装置必须施加一定的力量；动作方向是指操纵动作轨迹的指向；动作幅度是指动作量的大小；动作速度是指动作的快慢。防护装备的工效研究一般基于这几个要素展开，肌肉力量测试实验操作简单，可以反应动作力度的变化情况；关节活动范围（Range of Motion，ROM）或可达域可反应肢体在各个动作方向上的动作幅度；根据飞行员飞行过程中实际遇到的操纵情况设计的绩效测试可以记录正常操纵的动作幅度和速度情况。据此如表 8.4 所列，动作力度可采用最大握力表征，动作方向和幅度可采用关节活动范围表征，动作幅度和速度可采用灵活性操作绩效表征。

表 8.4　测试项目及动作

测试项目		测试动作
力量		最大握力
活动范围	头部	颈关节侧屈
		颈关节转动
	肩关节	上肢侧上举（外展）
		上肢前摆、后摆
	肘关节	肘部弯曲伸展
	臀（髋）关节	大腿上抬
灵活性		调整头盔
		收腿
		目标拾取

（3）实验设备

Vicon460 系统　由硬件（一组网络连接的运动捕捉红外摄像头）和应用软件（BodyBuild-

[①] mmH$_2$O 是航空业内常用于表示服装代偿加压水平的参数，1 mmH$_2$O 等于 9.8 Pa，本书根据航空业内的习惯采用 mmH$_2$O 表示服装压力水平。

er、Workstation、Polygon 等)组成。由摄像头和其他设备提供实时光学数据,基于纯动态校准结构,并通过硬件完成全自动三维数据重建、跟踪器自动识别等功能,可以被应用于实时在线或者离线的运动捕捉、分析。该仪器用于测试动作方向、活动范围和速度。

目标拾取板 模拟飞行员操作内容自制倾斜角度可调的长方形面板,面板上设有 2 个触摸点、4 个单向开关以及 5 个按钮,触摸点及开关的间距为 10 cm,按钮为上下排列。本文用测仪器测试动作方向、活动范围和速度。该仪器用于测试灵活性。

电子握力计 使用 WCS-100 型电子握力计,量程为 0~99 kg,精度为 0.1 kg,可以显示握力最大值。该仪器用于测试最大握力。

氧气呼吸训练器 用于地面模拟高空迅速减压供氧面罩迅速加压、代偿服突然充气的情况。其加压速度于 1 s 内余压值达到 400 mmH_2O,2 s 内达到 800 mmH_2O,3 s 内达到 1200 mmH_2O。该仪器用于在地面模拟座舱迅速减压后迅速提高加压呼吸余压值的加压供氧生理训练。

(4) 实验方法

受试者身着高空代偿服,佩戴密闭头盔,以坐姿进行实验。受试者粘贴好 39 个 marker 点后,进入 Vicon460 系统捕捉区域,从着装不加压开始,按照余压 0、200 mmH_2O、400 mmH_2O、600 mmH_2O、800 mmH_2O、1070 mmH_2O 的顺序依次进行,所有压力水平下测试项目一致。每次加压确保不超过 3 min,不同压力之间需充分休息。实验过程中同时进行生理监测以保障安全。

3. 结果及分析

(1) 活动范围

实验结果表明关节活动范围受压力影响非常显著。图 8.11 所示为不同压力水平下头部活动情况,分析参量为颈关节在动作面内的活动角度。压力 200 mmH_2O 时(以下统一省略单位)颈关节侧屈(Neck Lateral Flexion,NLF)已有显著影响($P<0.05$),压力 400 头部转动(Neck Rotation,NR)开始受到显著影响。NLF 加压后趋势相对平稳,随压力升高变化不显著($P>0.05$),NR 在 600 时所受影响进一步增大,与 200 相比下降显著($P<0.05$)。1070 时 NLF 和 NR 动作降低幅度分别为 27.6% 和 63.3%。这主要是与 3 种因素有关:①密闭盔内层的橡胶密封帽在颈部有层密闭颈套,在余压作用下稍微膨胀贴紧颈部防止漏气,这种膨胀会对 NLF 产生一定的影响;②头盔充压后,张紧装置被更加拉紧防止头盔脱出,压力越高,这种影响越显著;③余压值过高后产生的呼吸困难等舒适问题,这种影响使受试者将过多的精力放在控制呼吸上,主观对动作的能动性有所下降。

图 8.12 和图 8.13 所示为肩关节、肘关节及髋关节的活动趋势。肩关节前屈(Shoulder Flexion,SF)和后伸(Shoulder Extension,SE)分析参量为肘关节节点在矢状面垂直位移;肩关节外展(Shoulder Abduction,SA)、肘关节弯曲(Elbow Flexion,EF)及大腿上抬(Hip Flexion,HF)分析参量为运动面内的活动角度。上肢 4 个测试变量(SF、SE、SA、EF)在 200 均明显下降,变化非常显著($P<0.01$),200~400 趋势平稳($P>0.05$),400~600 间再次显著下降($P<0.05$),600~1070 间曲线再次趋于平稳,下降最大的为 SE(9.1%),最小的为 EF 和 HF(1%)。上肢动作 200~1070 间 SE 受影响最大,动作幅度减少 83.1%。下肢 HF 在 200 下降幅度为 42.3%,变化非常显著($P<0.01$),但不同压力水平间变化不显著,1070 下降幅度为 56.9%。这主要与 3 种因素有关:①侧管式代偿服两侧各有一纵向走向的橡胶拉力管,当侧管

式代偿服加压后,两侧的压力管充压膨胀,使得关节活动受到很大影响;②不同压力对关节活动的影响与关节不同的生理结构有关;③关节活动度产生显著降低—基本平稳—再显著降低—再平稳的过程主要是由于橡胶拉力管随压力升高时体积的膨胀程度、硬度以及拉紧衣面的程度不同。

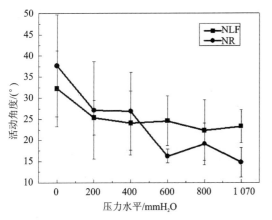

图 8.11　颈关节活动角度

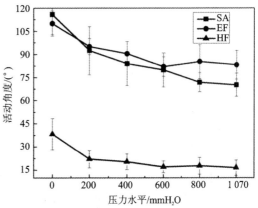

图 8.12　四肢关节活动角度

(2) 灵活性

在灵活性测试项目中,调整头盔(Helmet Adjustment,HA)为肘关节节点垂直位移,收腿(Legs Draw Back,LDB)为膝关节角度变化,目标拾取(Target Pointing,TP)为完成动作。实验结果表明三项测试在 200 时均产生非常显著的影响($P<0.01$),压力升高,再次显著下降的压力水平 HA 为 600,LDB 为 800,而目标拾取(见图 8.14)在不同压力之间变化不显著。三个测试项目最终降低幅度基本相同,分别下降 34.2%、39.3%、36.9%。这些主要关节的操纵灵活性对压力升高的敏感程度同样存在差异,相对简单的 HA 和 LDB 存在基本稳定再显著降低这种趋势,动作复杂的目标拾取 TP 在整个加压过程没有这种趋势,这可能与关节的参与程度有关。HA 和 LDB 测试虽都由 2 个关节协同完成,但是动作基本发生在同一个运动面内;而 TP 测试项目复杂,多个关节需在不同方向活动,代偿服加压对不同动作影响的积累导致了低压时就对其产生了最大的影响。总之,越复杂的操作动作受压力的影响越明显。

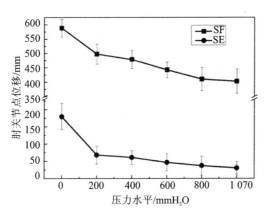

图 8.13　四肢关节活动位移

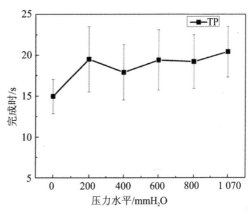

图 8.14　目标拾取完成时

(3) 不同压力水平对握力的影响

实验测试的力量参数为最大握力(Grip Strength, GS), 结果表明最大握力随压力的升高略有下降的趋势, 但加压对握力的影响不显著($P>0.05$), 200 mmH$_2$O 仅下降 1.7%, 1070 mmH$_2$O 下降 4.7%。这可能是力量测试项目简单, 服装代偿压方向和肌肉收缩方向垂直, 不足以对肌肉收缩产生太大影响的原因。

4. 结 论

飞行员个体防护装备加压对飞行员的活动和操作绩效会产生显著的影响, 但对不同关节和部位的影响存在差异。总的来说, 肩关节、肘关节、髋关节以及灵活性项目低压就会产生显著影响, 其中以肩关节和上肢灵活性最为敏感, 头部在高压值会产生显著影响, 力量受加压影响较小。

8.2.2 飞行员高空减压肺损伤仿真

1. 背 景

飞机正常飞行时, 座舱内气体压力高于高空环境大气压力。如果座舱结构突然发生破损, 座舱内的高压气体将通过破口急速向舱外流出, 座舱内气压可在很短时间内降至与舱外环境大气压力相等的程度, 这种气压降低即称为迅速减压。迅速减压对飞行员影响很大, 肺部影响尤甚。减压峰值瞬时升高程度主要受物理因素及呼吸系统功能的影响, 其中物理因素构成了各种减压条件, 包括: 减压时间(座舱压强降低为大气压强的时间)、减压压差(座舱初始压强与大气压强之差)、减压终压值(大气压强值, 即减压高度)以及座舱体积和破口面积等; 呼吸系统功能包括有肺容积及呼吸道通畅程度等。下面将建立一个座舱内肺部迅速减压仿真模型, 阐述高空迅速减压对飞行员肺部的影响。

2. 仿真模型

仿真模型包括两个部分: ①座舱刚性模型; ②肺部非刚性模型。它们均以气体动力学气流运动方程为基础。同时, 考虑了飞行员呼吸状态和呼吸道通畅程度等生理因素对迅速减压的影响, 对肺部模型进行假设: ①肺由相同性质的肺泡组成; ②肺泡为非刚体小球; ③肺内压处处一致。

(1) 座舱刚性模型

座舱破口处气体质量 m 减少的表达式为

$$-\frac{\mathrm{d}m}{\mathrm{d}t} = -\frac{7\rho P_z}{(5P_1 + 2P_z)}\sqrt{\frac{P_z - P_1}{0.7 P_z}} \frac{C_0 A_z}{V_z} \tag{8.6}$$

式中: t 为时间; ρ 为密度; P_1 代表大气压强; P_z 代表座舱压力; C_0 为声速; A_z 为座舱气体出口面积; V_z 为座舱体积。

(2) 肺部非刚性基本模型

根据上述座舱破口气体流动模型, 得到肺内部压强的微分方程为

$$\frac{\mathrm{d}P_L}{\mathrm{d}t} = -\frac{21 P_z P_L^4}{2^9 n \gamma^3 \pi (5P_L + 2P_z)}\sqrt{\frac{P_L - P_z}{0.7 P_z}} C_0 A_L \tag{8.7}$$

式中: P_L 代表肺内压力; n 为肺泡个数; γ 为弹性系数; A_L 为肺内气体出口面积; P_L 为气体压强。

(3) 基本模型方程组

结合座舱和肺部方程,得到微分方程组为

$$\left.\begin{aligned}\frac{\mathrm{d}P_Z}{\mathrm{d}t} &= -\frac{7P_ZP_1}{5P_Z+2P_1}\sqrt{\frac{P_Z-P_1}{0.7P_1}}\frac{A_ZC_0}{V_Z} \\ \frac{\mathrm{d}P_L}{\mathrm{d}t} &= -\frac{21P_ZP_L^4}{2^9n\gamma^3\pi(5P_L+2P_Z)}\sqrt{\frac{P_L-P_Z}{0.7P_Z}}C_0A_L\end{aligned}\right\} \quad (8.8)$$

(4) 肺和呼吸道生理影响因素

设 $Z_Z=\dfrac{A_ZC_0}{V_Z}$, $Z_L=\dfrac{A_LC_0}{n\gamma^3}$。考虑到飞行员肺内初始压强不变,容积变大可以理解成模型中肺泡的半径 r 变大,又知容积和参数 Z_L 呈反比例关系,故而将不同呼吸状态按照反比例关系整合为参数 Z_L 的系数 b 代入方程即可。根据生理情况,人在吸气末及呼气末肺内气体容积分别为正常平均情况肺容积的 120% 及 80%,故所得系数 b 分别为 5/6 及 5/4,正常平均情况下 b 取 1。呼吸道生理因素即为呼吸道通畅程度,在迅速减压的瞬间,若发生在呼吸道闭塞(屏住呼吸、吞咽、声门关闭或呼吸道炎症分泌物等)时,肺的减压时间会增大,减压峰值会增高,造成的损伤更明显。模型中,将该生理因素的影响整合成参数 Z_L 的系数 d,取值 $(0,1]$,其中 1 表示完全通畅,值越小呼吸道通畅程度越低。

结合生理因素,迅速减压非刚性肺模型为

$$\left.\begin{aligned}\frac{\mathrm{d}P_Z}{\mathrm{d}t} &= -\frac{7P_ZP_1}{5P_Z+2P_1}\sqrt{\frac{P_Z-P_1}{0.7P_1}}Z_Z \\ \frac{\mathrm{d}P_L}{\mathrm{d}t} &= -\frac{21P_ZP_L^4}{2^9\pi(5P_L+2P_Z)}\sqrt{\frac{P_L-P_Z}{0.7P_Z}}Z_L\cdot b\cdot d\end{aligned}\right\} \quad (8.9)$$

式中:b 为呼吸状态系数;d 为呼吸道通畅程度系数。

(5) 综合参数的确定

对于 Z_Z,可根据机舱体积 V_Z 及破口面积 A_Z 直接确定。而实验研究中,多数知道减压时间,然后进行反算而得。

对于 Z_L,根据人体肺的相关生理数据有 $n\approx 3\times 10^8\sim 4\times 10^8$, $\gamma=0.023$,而对于肺泡通气面积 A,结合模型的假设,肺泡的特征代表肺整体特征,故可以认为肺 V/A 等同肺泡的 V/A,则由呼吸道的有效截面积 17.9 mm² 可得式中 A 为 $(17.9/n)$ mm²。由此可以得到 Z_L 的近似取值范围。

3. 结果及分析

(1) 压差相同下减压峰值随减压时间或减压高度的变化

以减压压差 19.6 kPa 为例(见图 8.15),其余结果趋势相同。减压压差相同时,减压峰值随减压时间的增加呈下降趋势,而随减压高度的上升呈上升趋势。

由结果图可知,随着减压高度的增加,减压峰值最终趋于平稳,即减压峰值不会随高度的增高无限增加。事实上,随着高度的增加,大气压强的变化速率下降,故而减压峰值变化速率也应变小。这个结果同刚体模型计算结果明显不同,后者结果呈现线性变化趋势。

(2) 减压时间相同下减压峰值随减压高度或减压压差的变化

以减压时间为 0.1 s 为例(见图 8.16),其余结果趋势相同。减压时间相同,减压峰值随减压高度的上升呈增长趋势,随减压压差的增加亦呈上升趋势。

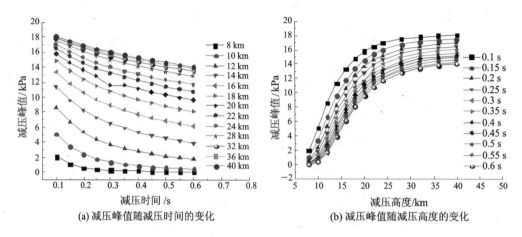

图 8.15　减压压差为 19.6 kPa,减压峰值随减压时间或减压高度的变化

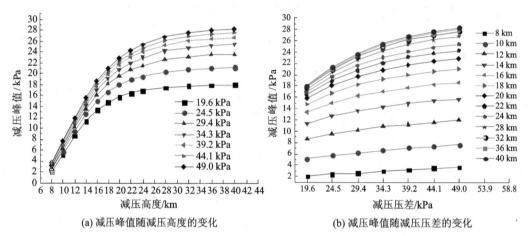

图 8.16　减压时间为 0.1 s,减压峰值随减压高度或减压压差的变化

(3) 减压高度相同下减压峰值随减压时间或减压压差的变化

以减压高度为 16 km 为例(见图 8.17),其余结果趋势相同。减压高度相同,减压峰值随

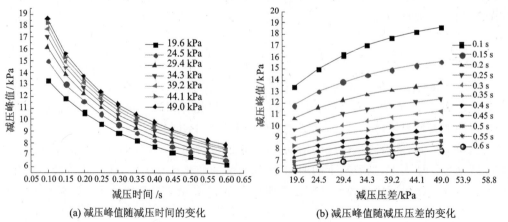

图 8.17　减压高度为 16 km,减压峰值随减压时间或减压压差的变化

减压时间的增加呈下降趋势,随减压压差的增加亦呈上升趋势。

4. 结　论

针对不同减压条件进行了减压峰值的预测,并对肺部损伤情况进行了分析,所得结果可为飞机生命安全保障系统及防护装备的设计提供参考。

两个实例分别从实验和仿真的角度说明了在飞行条件下,飞行员可能面临的安全和工效问题,通过这两个实例也可以窥见为什么工效学的学科成立和大发展的主要推动力之一是来源于航空工业的发展和特殊需求。

本章小结

1. 航天员出舱的工效学问题有哪些?

航天环境下的工效学问题很多,与航天员舱外作业相关的工效学问题主要包括气闸舱的工效学问题、舱外活动工作台或装配架工效学问题、舱外航天服的工效设计和评价问题、舱外活动工具的工效设计问题、出舱活动监测与控制问题、路径规划问题等。

2. 飞行条件下的工效学问题有哪些?

高性能战斗机所具有的超声速巡航、超机动性和超敏捷性使得飞行员所承担的生理和心理压力也越来越大,所导致的工效学问题有:大覆盖面积式抗荷服导致的目标拾取、舒适性、热负荷等工效水平都有不同程度的下降;显示仪器所提供大量数据导致的高信息流使得飞行承受巨大的心理压力,认知能力下降;复合因素(高空、高温、缺氧、超重等因素)下的飞行员的认知工效、人体力学和行为工效的下降;爆炸减压对飞行员的肺损伤的影响等。

思考题

1. 太空环境对人体的生理有很大的影响,请以肌肉的变化为例,说明是如何影响航天员的出舱活动的。

2. 高性能飞机的显示设备提供了大量的数据信息给飞行员的视觉系统,导致飞行员有很大的心理压力,如何处理这些高信息流的问题?

关键术语: 出舱活动　运动学　动力学

出舱活动: 也称太空出舱活动,是航天员在离开地球大气层后于太空飞行器外所做的工作。舱外活动主要在绕行地球的太空飞行器外执行(即太空漫步或称太空行走),但也包括在月球表面实行(即月球漫步)。到目前为止,拥有出舱活动能力的国家只有美国、俄罗斯和中国。

运动学: 从几何的角度(指不涉及物体本身的物理性质和加在物体上的力)描述和研究物体位置随时间的变化规律的力学分支。以研究质点和刚体这两个简化模型的运动为基础,并进一步研究变形体(弹性体、流体等)的运动。研究后者的运动,须把变形体中微团的刚性位移和应变分开。点的运动学研究点的运动方程、轨迹、位移、速度、加速度等运动特征,这些都随所选参考系的不同而异;而刚体运动学还要研究刚体本身的转动过程、角速度、角加速度等更复杂些的运动特征。

动力学：是理论力学的一个分支学科，它主要研究作用于物体的力与物体运动的关系。动力学的研究对象是运动速度远低于光速的宏观物体。动力学是物理学和天文学的基础，也是许多工程学科的基础。许多数学上的进展也常与动力学问题的解决有关，所以数学家对动力学有着浓厚的兴趣。

推荐参考读物：

1. 陈信,袁修干. 人-机-环境系统工程生理学基础[M]. 北京:北京航空航天大学出版社,1995.

   该书是关于工效学研究的一系列丛书之一,内容非常广泛。

2. 周前祥,等. 航天工效学[M]. 北京:国防工业出版社,2008.

   该书是关于航天员工效学评价的书籍,系统介绍了航天员的工效学。

参考文献

[1] 丁立,杨锋,刘何庆,等. 手动作业力量评价指标研究[J]. 哈尔滨工业大学学报,2009,41(1):239-241.

[2] 李静文,丁立,杨爱萍. 典型航天员舱外活动仿真及验证[J]. 医用生物力学,2012,27(4):438-443.

[3] 张春光,丁立,秦志峰,等. 侧管式高空代偿服加压力学工效分析[J]. 北京航空航天大学学报,2011,37(8):953-957.

[4] 李静文,肖华军,丁立,等. 飞行员迅速减压肺损伤仿真计算及应用[J]. 北京航空航天大学学报,2011,39(7):890-896.